ASSOLEMENTS

ET

SYSTÈMES DE CULTURE

PAR

F. NICOLLE

ANCIEN ÉLÈVE DE L'ÉCOLE POLYTECHNIQUE

ANCIEN CULTIVATEUR, DIRECTEUR DU SYNDICAT AGRICOLE D'ANJOU

PROFESSEUR D'AGRICULTURE AUX FACULTÉS CATHOLIQUES D'ANGERS

Ouvrage couronné par la Société des Agriculteurs de France

DEUXIÈME ÉDITION

PARIS

LIBRAIRIE AGRICOLE DE LA MAISON RUSTIQUE

26, rue Jacob

1893

ASSOLEMENTS

ET

SYSTÈMES DE CULTURE

ASSOLEMENTS

ET

SYSTÈMES DE CULTURE

PAR

F. NICOLLE

ANCIEN ÉLÈVE DE L'ÉCOLE POLYTECHNIQUE

ANCIEN AGRICULTEUR, DIRECTEUR DU SYNDICAT AGRICOLE D'ANJOU

PROFESSEUR D'AGRICULTURE AUX FACULTÉS CATHOLIQUES D'ANGERS

Ouvrage couronné par la Société des Agriculteurs de France

DEUXIÈME ÉDITION

ANGERS

GERMAIN ET G. GRASSIN, IMPRIMEURS-LIBRAIRES

40, rue du Cornet et rue Saint-Laud

1892

PRÉFACE

La première édition de l'ouvrage que nous présentons aujourd'hui au public agricole a été honorée, en 1886, d'un prix agronomique par la Société des Agriculteurs de France. C'est assez dire que les idées qui y sont exposées ont eu la pleine approbation d'agriculteurs autorisés.

La deuxième édition, qui se compose exclusivement de leçons professées en 1891-92 à l'Université Catholique d'Angers, n'en est que le développement. Ce livre s'adresse donc avant tout aux agriculteurs praticiens, propriétaires, fermiers, régisseurs chargés de diriger des exploitations agricoles.

Quoique le sujet qu'il traite touche par bien des côtés à la chimie agricole, je me suis efforcé d'en bannir, autant que possible, tout l'étalage chimique qui ne se rapportait pas directement aux questions traitées ; je me suis surtout efforcé de raisonner, car l'agriculture pratique est aussi une agriculture rationnelle et, dans cette science aussi bien que dans cet art, le raisonnement est comme partout la condition du succès.

On s'étonnera, peut-être, que j'aie choisi comme sujet d'enseignement dans cette première année de l'existence du cours d'agriculture, la question des assolements et des systèmes de culture, qui pourrait paraître à quelques esprits ne venir qu'au second plan des réformes à introduire dans notre agriculture française. On dira peut-être aussi que l'étude de l'agriculture ne doit pas commencer par celle des assolements. Qu'importe, si l'on finit par reconnaître que j'ai toujours tâché de raisonner, toujours tâché d'expliquer ce qui était obscur et toujours essayé de passer du connu à l'inconnu, ce qui est aussi nécessaire dans l'enseignement scientifique que dans tous les autres. Et, quant au reste, la question des assolements, malgré l'emploi des engrais chimiques, malgré les progrès de la mécanique agricole, malgré les enseignements donnés par des maîtres éminents, qui ont peut-être plus approfondi la culture scientifique que la culture des terres, la question des assolements demeure l'alpha et l'oméga de toute culture améliorante, progressive et économique.

L'ouvrage reste divisé, comme dans la première édition, en deux parties : la science et l'art des assolements ; la deuxième partie est restée à peu près ce qu'elle était. C'est dire qu'elle a besoin d'être développée par une étude raisonnée des sols et des climats que ne comportait pas le cadre des leçons de cette année. La première partie, au contraire, a reçu des développements considérables ; j'ai étudié en détail les exigences des plantes, le fumier et les fumures, les engrais chimiques, la sidération, la prairie temporaire et la prairie permanente, toutes questions qui se rapportent directement à la théorie des assolements exposée dans trois chapitres spéciaux.

On reconnaîtra, je l'espère, en me lisant, que mon travail n'est pas seulement celui d'un professeur, mais surtout d'un agriculteur consciencieux, ayant manié la terre pendant douze ans, et directeur, depuis quinze mois, du Syndicat Agricole d'Anjou, obligé par son devoir professionnel, par la préparation des conférences hebdomadaires aux fermiers de l'Anjou, de s'initier complètement aux pratiques agricoles de toute la région de l'Ouest. Je ne fais, d'autre part, en publiant ce livre, que donner satisfaction aux désirs des élèves étudiants, propriétaires, agriculteurs, qui, au nombre de plus de quarante, ont suivi régulièrement mon cours à l'Université Catholique d'Angers, et dont l'assiduité et la constante attention ont toujours encouragé mes efforts.

ASSOLEMENTS

ET

SYSTÈMES DE CULTURE

PREMIÈRE PARTIE

SCIENCES DES ASSOLEMENTS

CHAPITRE I

NÉCESSITÉ DES ASSOLEMENTS

La situation actuelle de la propriété foncière en France, l'incertitude des revenus qu'elle donne, l'énormité des impôts qu'elle supporte, la dépréciation dont elle est l'objet commandent impérieusement aux propriétaires soucieux d'en conserver la valeur, de faire des économies sur leurs revenus, afin de pouvoir, à l'occasion, aider l'exploitant, améliorer le fonds, conserver le domaine en bon état de culture, l'agrandir quelquefois, mettre, en un mot, l'exploitant en état d'en tirer, sans l'épuiser, le meilleur parti possible.

Quant à l'exploitant lui-même, quelle doit être sa conduite? Ici l'on n'est pas tout à fait d'accord. Quelques agronomes nous disent : Employez les méthodes modernes de culture; ne vous inquiétez pas outre mesure de ce que votre terre peut produire, elle produira tout, pourvu que vous lui donniez de l'engrais, du fumier, de bonnes semences, elle produira tout en abondance et elle vous donnera du bénéfice; ne soyez pas avare envers elle, et elle sera prodigue envers vous. D'autres nous disent avec sagesse : Il ne suffit pas de dépenser beaucoup pour produire beaucoup, il faut dépenser sagement, judicieusement, économiquement, si je puis m'exprimer ainsi. Economiquement, ce n'est pas parcimonieusement; il ne faut pas donner à la terre la moitié de ce dont elle a besoin pour produire; il ne faut pas donner à la plante la moitié de la culture dont elle a besoin pour pousser; il faut leur donner tout, mais il ne faut leur donner que cela ; et puis, il faut travailler avec la terre et avec la plante, c'est-à-dire adapter la plante à la terre, ne pas semer indifféremment telle ou telle plante, mais semer celles qui peuvent pousser, celles dont les exigences correspondent le mieux à l'état chimique du sol. Et ce conseil-là ne nous est pas donné par des agriculteurs quelconques, il nous est donné par la Société des Agriculteurs de France. A ceux qui prétendent, par exemple, que l'on peut produire du blé partout, la Société des Agriculteurs de France répond avec tous les cultivateurs praticiens, que cela est contestable, que la récolte n'est pas uniquement, comme on le croit, la résultante de la semence et de l'engrais, qu'elle est aussi la résultante des qualités du sol, qu'il y a des sols

qui conviennent au blé physiquement et chimiquement, et qu'il serait très imprudent de vouloir le cultiver dans ceux qui ne lui conviennent
ni physiquement ni chimiquement, s'exposant à
perdre à la fois engrais et semence. Il convient
de modifier le sol petit à petit par des cultures
appropriées et de l'amener petit à petit de la
période fourragère à la période céréale. La
Société des Agriculteurs de France ajoute encore,
par la bouche de M. Henri de Vilmorin : Ce ne
sont pas les plus grosses récoltes qu'il faut viser
en donnant à la plante le maximum de soins, à
la terre le maximum d'engrais ; ces récoltes-là
ne sont pas toujours économiques, et ce sont
celles-là qu'il faut poursuivre ; il faut avant tout
gagner de l'argent ; et il arrive souvent et même
toujours, dans les terres moyennes, que l'on en
gagne plus avec de bonnes récoltes qu'avec de
très bonnes récoltes. Et, du reste, il conclut
sagement : Ni l'agriculture ni le pays ne sont
intéressés à l'extension de la production du blé ;
que la France produise ce qu'il lui faut, et ce
sera assez. Jamais elle ne sera en mesure d'exporter, et l'accroissement de la production, en
dehors de certaines limites, pourrait avoir pour
conséquence une nouvelle diminution des prix.
Ainsi, c'est la Société des Agriculteurs de
France même qui nous enseigne la prudence ;
nous produisons aujourd'hui, année moyenne,
115.000,000 d'hectolitres sur 7,000,000 d'hectares, cela fait un peu plus de 16 hectolitres ;
n'essayons pas de produire plus de 125,000,000 ;
cela fera 18 hectolitres et ce serait déjà un chiffre
raisonnable, si l'on songe que, sur les 7,000,000,
il y a des terres a blé médiocres. Mais nous pouvons réduire en même temps les étendues consa-

sacrées au blé de 1/4, et alors les rendements moyens augmenteraient d'autant à 25 hectolitres par hectare. Ce serait très beau, et il est douteux que ce rendement soit jamais sensiblement dépassé. Voilà pourquoi, dans tout ce qui va suivre, nous raisonnerons toujours, sauf hypothèse contraire, sur le rendement moyen de 24 hectolitres de blé à l'hectare.

Quels moyens, maintenant, d'arriver à cette production rémunératrice du blé sans augmenter trop considérablement les rendements ? Il n'y en a qu'un, c'est de diminuer les dépenses. Or ces dépenses sont de deux catégories bien distinctes : les dépenses d'engrais et les dépenses de culture ; il faut, tout en augmentant les rendements, trouver le moyen d'économiser sur chacune d'elles. Considérons, si vous le voulez, un champ d'un hectare ayant produit en 1890, année moyenne, 20 hectolitres de blé à l'hectare ; nous voulons l'amener, en 1892, à produire 24 hectolitres. Cela est possible, car nous avons sûrement affaire à une terre à blé, mais nous voulons en même temps arriver à une culture rémunératrice ; et nous prenons, en conséquence, le parti de comparer quatre procédés de culture différents, afin d'en conclure quel sera le meilleur. Nous divisons donc notre champ en quatre parties que nous traitons de la manière suivante pour l'année 1891 :

	1re PARTIE	2e PARTIE	3e PARTIE	4e PARTIE
1891	Avoine d'hiver.	Jachère.	Pommes de terre.	Trèfle.
1892	Blé.	Blé.	Blé.	Blé.

Voilà quatre successions différentes de récoltes dans le même champ et voici quelles seront les résultats financiers de l'expérience :

	FR.		FR.		FR.		FR.
Fumier : 15,000 kil..	150	15,000 kil..	150	30,000 kil.. (moitié pour les pommes de terre).	150		
3 labours et hersages, 20 fr.....	60	3 labours et hersages.	60	Un labour.	20	Un labour.	30
Superphosphate ...	25			Superphosphate ...	25	Superphosphate ...	25
Nitrate....	30	Loyer	70				
Semence supplém.	15	Frais généraux	20				
TOTAUX :	**280**		**Fr. 300**		**Fr. 195**		**Fr. 55**

Les frais de culture dans les deux premières parcelles du champ atteindront , jusqu'aux semailles de blé, le même taux, environ 280 fr.; dans la troisième 195, dans la quatrième 55 fr. Cela fait de grosses différences, et si nous entrions dans le détail, nous pourrions sûrement conclure que la récolte supposée égale dans les quatre parcelles, ne le sera sans doute pas. Et, en effet, il n'y a pas de raison pour que la première partie, qui a produit en 1891 une récolte d'avoine, récolte épuisante, qui a consommé autant de superphosphate que nous en donnons à la récolte qui suit et presque le double de nitrate, il n'y a pas de raison pour que cette parcelle produise autant que la deuxième qui a été cultivée toute l'année, qui a reçu le fumier en juillet, où la nitrification s'est faite normalement, parce qu'elle a été complètement ameublie à la fin de mai, au lieu que la première ne l'a été qu'en septembre. Pour produire sûrement les 25 hectolitres de blé, il faudrait augmenter la dose d'engrais, et le résultat ne sera obtenu que si la terre est parfaitement propre après la récolte d'avoine, si elle n'a poussé ni chiendent ni plantes annuelles capables d'absorber à leur profit une partie de l'engrais, tout en prenant leur place dans la récolte de blé.

On peut en conclure que le blé ne peut pas convenablement succéder à l'avoine, que la dépense et les soins qu'il nécessite diminuent considérablement ou même suppriment le bénéfice ; le cultivateur est en perte. Et, en effet, 280 fr. ou plutôt 300 fr. de frais, cela représente 17 hectolitres de blé valant 18 fr. l'hectolitre ; en déduisant encore deux hectolitres de semence, il reste pour couvrir les autres dépenses, 5 hectolitres de blé valant 90 fr. et la paille valant 110 fr., en tout 200 fr., pour payer le loyer, les frais généraux, le moissonnage, le battage, l'intérêt du capital. C'est trop peu ; et on peut affirmer qu'une récolte de blé très supérieure à la moyenne ne donnera ainsi au producteur que de la perte.

Le blé obtenu sur jachère coûtera donc, en somme, moins cher que le blé obtenu sur avoine, et il sera plus sûr. Mais il n'est pas probable qu'il puisse donner du bénéfice.

Quant aux deux autres parcelles, elles donneront sûrement du bénéfice : le blé venu après pommes de terre aura coûté, jusqu'aux semailles, 100 fr. de moins que le blé après avoine ; je lui donne 25 fr. de superphosphate, quoique la terre n'en ait peut-être pas besoin ; la fumure se trouve, du reste, dans d'excellentes conditions de nitrification, et la récolte de pommes de terre produite est toujours abondante et rémunératrice. Il y a donc apparence que le blé qui lui succédera le sera également ; et la succession des deux récoltes produisant, l'une 25,000 kilos de pommes de terre, l'autre 24 hectolitres de blé, donnera sûrement un bénéfice annuel de 100 fr., au lieu que le blé sur jachère donnait un bénéfice nul et le blé sur avoine, probablement de la perte. Quant au blé venu sur trèfle, il produira encore plus de bénéfice, puisqu'il n'exige qu'un seul labour. Mais voici une chose surprenante, nous employons pour le blé sur jachère 15,000 kilos de fumier qui suffisent, pour le blé sur avoine, 15,000 kilos de fumier, qui ne suffisent certainement pas, et auxquels il faut ajouter 300 kilos de superphosphate et 150 kilos au moins de nitrate de soude ; nous employons sur le blé de pommes de terre le reste de la fumure que nous estimons à 15,000 kilos et qui est probablement plus considérable, et sur le trèfle, au contraire, nous n'employons pas de fumier du tout, nous ne donnons que 300 kilos de superphosphate. Pourquoi cette anomalie ? Est-ce que le blé après trèfle ne consomme pas comme les autres de l'azote ? Est-ce qu'il ne lui en faut pas, pour produire 24 hectolitres à l'hectare, au moins 50 kilos, représentés par 350 kilos de nitrate de soude. Nous ne lui donnons pourtant rien, et il n'en a pas besoin, ce serait même une faute de lui en donner ; car un bon trèfle laisse la terre suffisamment riche en azote pour produire un bon blé. Ainsi, voilà une récolte de trèfle qui succède à un blé, à laquelle on n'a pas donné de fumier, c'est-à-dire pas d'azote, qui a rendu 5,000, 6,000, 7,000 kilos de fourrage sec à l'hectare et qui

laisse à la surface du sol assez de détritus foliacés et dans le sol assez de racines pour produire
une bonne récolte de blé. Je reviendrai plus loin
sur ce fait important, mais, pour le moment, un
point est acquis : il est clair que le trèfle économise l'engrais, certain engrais au moins ; il ne
consomme pas d'engrais azotés, et il en rend. Il
ne se nourrit pas comme les autres plantes, il
absorbe et assimile l'azote de l'air ; c'est une plante
améliorante, et il y a, on le voit, grand avantage
à cultiver le blé après les plantes améliorantes.

Ainsi, de cette comparaison de nos quatre
parcelles, je tire des conclusions importantes. Il
y a des successions de récoltes économiques : ce
sont celles qui ménagent l'engrais et la culture,
comme la succession trèfle, blé ; celles qui diminuent beaucoup les frais de culture seuls et un
peu seulement les frais d'engrais, comme la succession pommes de terre, blé ; il y en a qui ne
sont point économiques, celles qui épargnent
l'engrais, comme la succession jachère, blé, mais
en grevant la terre de frais généraux et loyers supplémentaires ; il y en a d'autres enfin qui ne ménagent ni l'engrais ni la culture, qui les perdent
et qui les gaspillent au contraire en pure perte, en
les faisant appliquer à des terres ou trop épuisées
ou trop sales, en des saisons ou la terre est peu
maniable ou les façons ne l'ameublissent pas ; il
y a des successions, c'est-à-dire des rotations
productives et d'autres qui sont ruineuses.

Ainsi la rotation judicieuse des récoltes,
l'assolement qui la met en œuvre, qui divise la
terre en autant de soles qu'il y a dans la rotation
de cultures différentes, l'assolement et la rotation
sont la base de toute culture rémunératrice.

Ils sont aussi la base de toute culture améliorante ; car toutes les améliorations ne sont pas sages, toutes ne sont pas prudentes. Il y en a qui se font à coups d'argent et qui sont aussi fugitives que l'argent même : ce n'est pas beaucoup d'argent qu'il faut mettre dans une exploitation, c'est beaucoup de travail et beaucoup de fumier. Le travail et le fumier sont les deux bases de l'amélioration de la terre : le travail assainit le sol et l'aère, le travail le retourne et favorise la décomposition de cette matière organique qui y a été accumulée par les siècles, c'est le travail qui donne aujourd'hui la principale valeur à nos terres cultivées. Il y a des landes, il y a des marécages, il y a des forêts défrichées singulièrement plus riches en azote que ces terres, et pourtant improductives, parce que cet azote qui est, en général, le principe le plus actif de la production agricole, cet azote est engagé dans des combinaisons organiques très stables, la plupart du temps acides qui le rendent inutilisable, et qui rendent la terre elle-même impropre à toute production végétale. Va-t-on sur ces terres se mettre à ne cultiver que des céréales ? on peut alors leur donner de l'engrais, des phosphates et des nitrates, forcer, si je puis m'exprimer ainsi, la nourriture non pas de la plante mais de la terre, nourriture qu'elle n'absorbe même pas ; on échouera misérablement, on perdra son temps et son argent. Il faut, pour se servir de la terre, la purger en quelque sorte, c'est-à-dire décomposer sa matière organique, la lui faire absorber afin qu'elle puisse la rendre à la plante, il faut pour cela un assolement judicieux, et cet assolement contribuera tout autant à la conservation de la cultivabilité des vieilles terres qu'à la mise en culture des nouvelles.

Il y a des terres que l'on abandonne aujourd'hui en France ; ce sont les fortes terres, les terres difficiles à labourer, à retourner. On les abandonne à l'époque précise où les progrès de la mécanique agricole permettent de les cultiver avec plus de soin et, par conséquent, avec plus de succès, on les abandonne parce que l'on ne veut pas abandonner l'assolement de trois ans, et que l'on est obligé, dans cet assolement, de supprimer la jachère, cette année de culture qui permettait autrefois de remettre ces terres fortes en état de production, d'en détruire l'acidité et la compacité. Ainsi, non seulement l'amélioration mais le maintien de la capacité de production de la terre dépendent de l'assolement. Il n'y a de productives que les rotations qui permettent d'aérer de temps à autre le sol.

Et le fumier maintenant, j'en parlerai plus loin en détail, mais je tiens à dire de suite, ici, qu'il sera toujours la base de toute production végétale certaine et suivie. Il fait autre chose dans la terre que de donner à la plante les éléments dont elle a besoin ; il en modifie profondément les qualités physiques et chimiques. Physiques d'abord ; s'il s'agit d'un sol sec, sableux, toujours traversé par l'air, manquant de matière organique, c'est-à-dire trop perméable, le fumier lui donne de la matière organique ; il le rend plus apte à conserver l'humidité, car le sable n'est pas avide d'eau, il laisse tout passer il n'en retient rien ; la matière organique en absorbe, au contraire, beaucoup, 2 kilos quelquefois par kilo de matière ; elle remplit les intervalles qui existent entre les particules du sol, diminue le diamètre des canaux et augmente ainsi l'intensité des actions capillaires. L'eau qui tombe à la surface est mieux utilisée parce qu'elle est mieux retenue ; la couleur change, et la chaleur est mieux absorbée par rayonnement, mais moins par conductibilité, de sorte que les vents brûlants ont moins d'action sur ce sol, quoique les premières chaleurs du printemps s'y fassent mieux sentir, parce que la chaleur solaire y est mieux emmagasinée. Et, s'il s'agit au contraire d'une terre forte, le fumier la divise, la rend moins compacte, la mélange d'une matière organique qui la rend moins collante et plus facile à manier.

Mais ces qualités physiques, si importantes cependant dans les terres légères, ne sont presque rien si on les compare aux nouvelles propriétés chimiques que le fumier donne au sol. Donnez à du sable de l'engrais chimique, des nitrates, des sels de potasse, des superphosphates même ; vienne une pluie torrentielle, tout cela est dissous, tout cela traverse le sol, est entraîné dans le sous-sol, c'est de l'engrais perdu, c'est-à-dire de l'argent perdu. Avec le fumier les choses ne se passent pas ainsi, la décomposition est progressive, les matières ne deviennent solubles que petit à petit ; une pluie, même torrentielle, commence d'abord par rendre à la plante la sève, c'est-à-dire par lui donner la nourriture dont elle a besoin. Il y a donc moins de pertes, à condition que la terre soit toujours occupée. Le fumier paraît moins utile dans les terres argileuses qui sont toujours suffisamment pourvues de matières organiques ; mais le fumier leur apporte une matière organique spéciale, une matière à la fois animale et végétale mais surtout animale, et jouissant de toutes les propriétés des matières animales. Or, les recherches de ces dernières années nous ont appris que la décomposition du fumier en nitrate se fait par l'intermédiaire de microbes. Et ces animalcules, qui existent dans le fumier et dans les matières animales, n'existent pas dans les matières végétales ; de sorte que celles-ci, mises dans une terre dépourvue de microbes, ne se nitrifieraient pas : elles se décomposeraient, elles pourriraient cependant, mais elles se transformeraient en une matière noire de même forme que le végétal, en matières humiques, en une sorte de tourbe incapable de nourrir les plantes, car il n'y a que les produits de la décomposition complète, les nitrates, qui puissent les nourrir.

Le fumier est donc nécessaire au sol, à tous les sols, ne serait-ce que pour y entretenir la provision de ces microbes nitrifères qui contribuent si puissamment à leur fertilité. Cela est vrai pour la terre cultivée ; mais cela est encore bien plus vrai pour la terre qui ne l'est pas encore, pour les landes, pour les friches. Beaucoup de monde s'imaginent qu'une terre inculte se repose, qu'elle devient plus apte à produire ; mais les agronomes, ceux surtout qui ont cultivé ou fait cultiver, savent bien que les landes défrichées sont improductives, que les bois défrichés produisent irrégulièrement et que, malgré la surabondance de matières organiques que ces terres contiennent, il faut leur en donner encore ; il faut leur donner encore du fumier pour les amener à une production régulière. Il leur faut du fumier, parce qu'il faut y cultiver ces microbes fertilisateurs, parce qu'il faut les y répandre, en coloniser en quelque sorte le sol. Ainsi le fumier est la base de l'amélioration, comme il est la base du maintien de la fertilité.

Et, pour produire du fumier il faut du bétail, c'est-à-dire du fourrage. La succession des plantes fourragères, qui produisent le fumier dans l'exploitation, et des plantes céréales ou industrielles, qui le consomment, est donc une succession nécessaire, une succession avantageuse au sol, c'est-à-dire avantageuse à la bourse de celui qui l'exploite.

Il y a enfin dans cette question de la nécessité des assolements un dernier point de vue, celui de la récupération de l'engrais. Lorsque l'on cultive, depuis longtemps, une terre perméable, et profondément perméable, il s'est produit des pertes considérables d'engrais : les matières fertilisantes entraînées dans le sous-sol l'ont enrichi peu à peu en azote, en potasse, en acide phosphorique ; le sol s'est surtout appauvri en potasse, et il peut arriver qu'il devienne rebelle à la production du trèfle. Il convient, dès lors, d'aller chercher cette richesse accumulée dans le sous-sol, et l'on a commencé de le faire un peu partout, il y a trois quarts de siècle, à l'aide de la luzerne. On laissait la luzerne en possession du sol pendant 6 ans, 7 ans, 10 ans, 15 ans ; ses racines s'allongeaient, descendaient, plongeaient, et la plante donnait d'abondantes récoltes de fourrages qui ne coûtaient pas d'engrais et qui en produisaient, au contraire, d'énormes quantités. C'était à la fois l'azote et les éléments minéraux que la plante rendait ainsi au sol ; mais la végétation de la plante produisait toujours un excédent d'azote ; aussi, au bout de 15 ans, quand la végétation de la luzerne s'affaiblissait, on la défrichait et l'on obtenait, sans fumier, deux ou trois bonnes récoltes de céréales. C'était une plante bien avantageuse que la luzerne, et, après que nos grands-pères en eurent usé avec sagesse, nos pères, sans en abuser, en usèrent davantage, et bientôt toutes les terres de l'exploitation en eurent porté ; il fallut la faire revenir sur les mêmes terres, mais il ne fallait plus compter sur une durée d'une douzaine d'années, c'était assez de 3 ans, 4 ans, 5 ans au plus. La luzerne reste encore une plante avantageuse ; elle l'est d'autant plus qu'avec cette durée réduite on peut la faire entrer dans un assolement régulier, et combiner la rotation de manière qu'après une succession de plantes épuisantes qui se nourrissent dans le sol, on produise une récolte vivant des réserves du sous-sol, les ramenant sans frais à la surface au moyen d'une production abondante et économique.

Mais la luzerne n'est pas cultivable partout ; là où elle ne réussit pas bien, dans les terres humides, à sous-sol plus ou moins imperméable, c'est la prairie qui doit la remplacer, et son caractère est tout autre : elle pousse à la surface, elle monte même à la surface au fur et à mesure qu'elle vieillit. Le sol se tasse, quelquefois il devient acide, il s'enrichit toujours sûrement de l'acidité de la surface, acidité qui provient de la décomposition lente des détritus végétaux laissés pendant la fenaison, matières azotées qui augmentent la richesse en azote d'une couche superficielle, peu épaisse, dans laquelle la prairie se localise peu à peu, sortant en quelque sorte de terre. Aussi, à la longue, cette couche superficielle n'est plus qu'un enchevêtrement de racines de graminées, de légumineuses, de composées, qui se se disputent les quelques éléments minéraux qui s'y rencontrent encore, sans pouvoir y trouver les quantités qui leur seraient nécessaires pour vivre honorablement, c'est-à-dire largement et utilement pour la culture. C'est une lutte pour la vie qui ne profite qu'aux plus médiocres, aux moins riches, aux moins nutritives. C'est alors que le cultivateur commence à reconnaître que la prairie diffère quelque peu de la luzerne : elle est incapable de se soutenir seule sur la même terre pendant plus de 2 ou 3 ans. Il faut en entretenir la fertilité, il faut lui donner de l'engrais ; et l'engrais que l'on lui donne c'est tantôt du terreau seul formé avec des curures de mares et de fossés, élément toujours acide qui vient encore augmenter la richesse de notre couche superficielle en matière organique azotée, plus ou moins indécomposable. Tantôt ce terreau est mélangé de chaux, ce qui vaut un peu mieux, mais ne lui donne cependant pas les éléments minéraux qui lui manquent ; tantôt, enfin, le cultivateur se résout à employer à la fertilisation de ses prairies du fumier de ferme, c'est-à-dire à le perdre à moitié. Je n'insiste pas sur ce sujet, qui sera developpé dans la suite. Il suffit que l'on sache que la prairie enrichit toujours en azote 10 à 12 centimètres de la couche superficielle, qu'elle appauvrit considérablement toute la couche en matières minérales, qu'elle ne peut pas économiquement se soutenir seule, et que, dès lors, il est convenable, il est nécessaire de la renouveler de temps à autre, de la défricher pour utiliser l'azote accumulé, assainir physiquement la terre, l'aérer, y produire des décompositions chimiques qui rendent disponibles une certaine quantité de matières minérales, la fumer fortement pour, de ces matières, augmenter le stock. Il faut, en un mot, la faire entrer dans un assolement régulier et employer successivement

toutes les terres de la ferme, à quelques exceptions près, tantôt à la production des céréales,
tantôt à la production des plantes fourragères.
C'est par cette succession que l'on arrivera, si
tant est que la chose soit possible, et elle n'est
peut-être pas tout à fait impossible dans certaines
situations, à réparer, sans engrais artificiel, les
pertes inévitables du sol, celles qui dépendent de
la production même des récoltes.

Ainsi, au point de vue de la statique du sol,
les assolements sont indispensables ; ils ne le
sont pas moins au point de vue purement cultural. Qu'arrive-t-il en effet généralement, dans
les terres cultivées de longue date ? Ce sont souvent les plus sales, les plus difficiles à nettoyer
qui existent, et par conséquent à cause de cela
les moins productives. Elles se salissent ; et il est
bien important que cette vérité qui paraît être un
paradoxe, soit éclaircie. Une lande couverte de
bruyères, un bois, une vieille prairie ne se salissent pas. Tout ce qui y pousse d'herbes est consommé par le pâturage, une petite partie seulement porte semence. Ces semences tombent à la
surface, germent et se dessèchent ou pourrissent,
ce sont des semences incapables de se reproduire ;
voilà pour les plantes annuelles, pour celles qui
ne durent qu'un an, et ne se reproduisent que
par semence. Les plantes perennes se divisent
en deux catégories, plantes traçantes comme le
chiendent, qui vivent à la surface du sol, mais la
lande et la prairie ne sont pas assez riches pour
les nourrir ; au bout de deux ou trois ans, elles
souffrent dans ce milieu ; elles souffrent plus rapidement même, lorsqu'elles ont pu s'y implanter,
ou mieux lorsque l'on n'a pas pris soin de les détruire en même temps que l'on créait la prairie,

de sorte que la prairie, la lande et le bois détruisent les plantes traçantes; quant aux autres, celles à racines profondes, elles ne s'y établissent pas facilement, et il suffit pour les détruire de faucher une fois chaque année la prairie. Aussi, que l'on défriche une prairie, une lande ou même un bois, et l'on ne verra pousser sur le défrichement ni plantes annuelles ni plantes perennes, même lorsque la récolte serait mal réussie et ne couvrirait pas la terre. Les choses se passent tout autrement dans les terres cultivées, dans celles régulièrement semées en céréales, en blé surtout. Il n'y a pas de plante plus salissante que le blé ; cela se comprend : c'est une plante qui passe l'hiver, et que l'hiver éprouve plus ou moins, qui occupe le sol neuf ou dix mois. Que le blé soit mal semé, que l'hiver soit trop rigoureux, qu'il se prolonge comme l'année dernière jusqu'à la fin d'avril, la récolte souffre, il s'y produit des dégâts plus ou moins importants, il y a des vides. Au printemps, une graine apportée par le vent y tombe, s'y développe, mûrit avant l'enlèvement de la récolte, ses siliques s'ouvrent, sa graine se répand, voilà le commencement. Lorsqu'une terre vient d'être défrichée, il lui faut, on le comprend, pas mal de temps pour se salir; mais lorsqu'elle est cultivée depuis trois cents ans, depuis mille ans peut-être, lorsqu'elle a passé par les mains de cultivateurs plus ou moins attentifs, plus ou moins laborieux ; elle contient surtout, si elle est légère, un stock de graines qu'il est impossible de prévoir. Il y en a de nombreux exemples dans le Maine-et-Loire, dans la vallée de la Sarthe, dans celle du Loir, de l'Authion et de la Loire, dans toutes ces terres légères du département et de partout en un mot ; et puis il y a des plantes pérennes, le chiendent et le chardon : le chardon, dont chaque plante donne des milliers de graines, dont une seule peut infester tout un champ, lorsque l'on oublie de la couper, le chiendent qui aime la culture, la culture mal faite bien entendu. Labourez un champ infesté de chiendent, lorsque la terre est trop fraîche, laissez le labour entier et vous verrez le chiendent pousser avec vigueur, former de nouvelles racines, occuper la terre ; il est bien difficile de le détruire lorsqu'on l'a laissé s'implanter, et l'on n'y parvient que par une culture judicieuse. Ainsi la culture du blé et des céréales amène nécessairement la multiplication des mauvaises herbes ; il en résulte nécessairement qu'à considérer seulement le point de vue cultural, la culture exclusive du blé ou des céréales est impossible, à moins que l'on ne prenne le parti de ne conserver que les récoltes qui occupent entièrement le sol, de renverser toutes celles qui paraissent incomplètes. Et encore faudrait-il commencer par nettoyer le sol, par faire germer tout le stock de semences de plantes annuelles qu'il contient dans son épaisseur, ce qui exigerait sûrement pour les terres mal soignées quatre ou cinq années de cultures préparatoires, de sorte que sur ces terres au moins la culture continue des céréales est pour le moment impossible.

Aussi, il est permis de conclure que ceux qui veulent l'introduire exclusivement sur certains domaines, fussent-ils même agronomes, ne connaissent pas leur métier. Ils ont beau se dire progressistes même en culture, ils ne sont en réalité que des retardataires ; ils remontent le cours des siècles, sans avoir l'excuse de nos pères. qui ne faisaient du blé que pour les besoins d'une population de plus en plus nombreuse, au lieu que les modernes prétendent en faire pour le vendre. Nos pères, à bien considérer les choses, étaient sages de faire autant de blé, d'y consacrer le tiers, quelquefois, mais bien rarement, la moitié de leurs terres ; on ne connaissait alors que le blé, c'était la seule culture de valeur avec le seigle ; on faisait aussi un peu d'orge. A ce moment-là les chevaux n'avaient pas encore l'habitude de manger de l'avoine. Bref, il n'y avait et il ne pouvait y avoir que des assolements à céréales dont le blé ou le seigle faisaient les principaux frais.

Nous avons changé tout cela ; on fait maintenant de la viande, du lait, de l'huile, du chanvre, du sucre, de la pomme de terre ; l'agriculteur, pour composer son assolement, n'a plus que l'embarras du choix ; et, comme les rendements ont augmenté, comme ils augmentent d'autant plus que la culture est plus variée, il peut toujours séparer les céréales par des cultures fourragères et industrielles. Il le peut, et dès lors il a intérêt à le faire, car il a intérêt à récolter le maximum, il a intérêt à ne faire que des récoltes qui réussiront, il a intérêt aussi à varier autant que possible les produits qu'il demande à la terre. Or, il n'y a pas de doutes par exemple pour les raisons que j'ai exposées plus haut que, lorsqu'on demande à la terre deux récoltes de céréales de suite, deux récoltes de blé si l'on veut, la deuxième est exposée à beaucoup plus d'accidents que la première par le mauvais état physique de la terre, par les mauvaises conditions de sa culture, par sa malpropreté. Le blé se nourrit moins bien, moins régulièrement surtout, même quand on lui a donné avec abondance et surabondance tous les éléments chimiques qu'il lui faut. La production du blé n'est pas seulement une question de chimie, c'est une question de culture.

Le cultivateur ne peut pas non plus demander seulement à la terre du blé parce que toutes les années ne se ressemblent pas, les années culturales pas plus que les années économiques. Parmi les années culturales les unes sont plus favorables à la production des céréales, les autres plus favorables à la production fourragère ; les unes sont humides, les autres sèches, les unes ont un printemps froid et sec, avec un automne humide, les autres, au contraire, nous donnent de grandes chaleurs automnales, après des gelées de printemps et des pluies diluviennes en été.

Quant aux conditions économiques, elles sont pour le moins aussi bouleversées que les conditions météorologiques dont on se plaint tant? Est-ce que l'on ne voit pas le blé tantôt augmenter de 2 ou 3 francs, tantôt baisser d'autant, malgré ce fameux marché régulateur des céréales qui n'est pas en France, mais en Amérique. Celui qui n'aurait fait cette année que de l'avoine aurait vendu 15 fr. le quintal au lieu de vendre 19 ou 20 francs. Le bétail a aussi ses variations périodiques ; il a valu en 1877 jusqu'à 1 fr. 90 le kilo de viande ; il s'est abaissé en 1887 à 0 fr. 80, moins peut-être, il a valu en 1890 1 fr. 70, il valait l'hiver dernier 1 fr. 30. Mais le cultivateur judicieux, qui élève, ne doit jamais être obligé de vendre ; il peut attendre des prix plus favorables.

La conclusion à tirer de cet examen est qu'il

ne peut pas y avoir d'exploitations agricoles consacrées uniquement à la production des céréales, pas plus qu'il ne peut y en avoir qui ne s'occupent que de bétail. Il est nécessaire que les mêmes exploitations produisent à la fois céréales et bétail, cela est nécessaire afin que l'équilibre chimique de la terre se maintienne économiquement, afin que la terre soit toujours en état de transformer et de décomposer les principes fertilisants qu'elle contient. Cela est nécessaire afin que le sol soit maintenu en bon état de culture, afin qu'il soit ameubli à temps, que les récoltes lui soient confiées dans de bonnes conditions pour lever, pousser et mûrir, car la culture fait tout cela, et ce n'est pas la chimie qui le fait ; cela est nécessaire afin surtout que la terre soit maintenue propre, qu'elle ne nourrisse pas inutilement des plantes gourmandes, nuisibles aux récoltes et à elle-même. Cela est nécessaire enfin pour que le cultivateur n'ait pas trop à souffrir des révolutions ou simplement des variations économiques. D'où il résulte que les assolements sont la base indispensable de toute culture rémunératrice.

S'ils ont cette importance, il est certain que le choix de la rotation à adopter, la division de l'exploitation en sols qui permettent de la mettre en œuvre doivent avant tout préoccuper le cultivateur judicieux au commencement d'une entreprise agricole. La fixation de l'assolement est le point initial, le point important ; d'autant plus qu'on ne peut pas en général du premier coup arriver à son établissement, d'où dépend pourtant le plus souvent l'avenir de l'exploitation. Et ce que j'ai dit jusqu'ici démontre suffisamment qu'il y a une science des assolements, science qui tient compte particulièrement des conditions chimiques du sol, des exigences des récoltes et des moyens de fertilisation, et qu'il y a aussi l'art des assolements qui tient compte plus spécialement des conditions culturales et économiques.

La science des assolements est nouvelle ; c'est une science chimique, qui n'a pu être établie sur des bases solides, que lorsque les progrès de l'analyse chimique l'ont permis. Lorsque l'on coupe une plante verte quelconque et qu'on la pèse aussitôt, on observe en la pesant encore deux ou trois jours après, lorsqu'elle est complètement desséchée, qu'elle a perdu les 2/3 de son poids et qu'elle n'est plus guère susceptible d'en perdre. Les plantes vertes contiennent donc les 2/3 de leur poids d'eau. Voilà un élément bien important de la constitution des plantes, le véhicule de toute la nourriture qu'elles prennent, élément chimique au surplus, mais que l'engrais chimique n'est pas capable de donner, tant il en faut, non pas seulement pour la composition normale de la plante, mais pour l'entretien de sa vie, pour suffire aux besoins de sa respiration et de sa transpiration. La plante desséchée est incinérée et il en reste alors un résidu qui est tout au plus de 2 kilos par 100 kilos de plante desséchée. Tout le reste a été brûlé et a formé encore de l'eau et puis de l'acide carbonique, de sorte que cette partie sèche contient en définitive 90 0/0 de parties combustibles oxygène, hydrogène, carbone avec 2 0/0 d'azote et 2 0/0 seulement de matières minérales. Ainsi la plante verte contient de 60 à 70 0/0 d'eau et jusqu'à 85 0/0 dans la betterave, environ 30 0/0 de carbone hydrogène et oxygène, et moins de 1 0/0 de matières minérales. L'eau est fournie à la plante par le sol et par l'air, elle est aussi bien absorbée par les feuilles que par les racines ; mais le carbone n'est absorbé que par les feuilles qui, par l'action de la lumière solaire, décomposent l'acide carbonique de l'air. C'est l'air qui fournit ainsi à la plante la plus grande partie des éléments dont elle a besoin. Il y a déjà fort longtemps que ces phénomènes d'absorption et d'assimilation ont été étudiés expérimentalement. Les recherches datent du commencement de notre siècle; et tous les chimistes sont aujourd'hui d'accord, que, dans les végétaux, le carbone provient de l'acide carbonique de l'air par un phénomène de décomposition inverse du phénomène de combustion qui se passe continuellement dans l'organisme animal.

Les matières minérales au contraire ne peuvent être fournies que par le sol ; mais l'azote, l'azote dont l'air contient les 4/5 de son poids, gaz inerte du reste, non utilisable par les animaux, l'azote n'est pas directement absorbable par les feuilles des plantes. Il paraît que des expériences précises ont mis ce fait en évidence, peut-être d'autres expériences plus précises changeront-elles d'ici quelque temps nos idées à ce sujet ; mais cela n'a pas au point de vue de la pratique agricole une bien grande importance, puisqu'il est certain que, par un procédé ou par un autre, certaines plantes sont capables d'absorber directement ou indirectement l'azote de l'air.

Ainsi, c'est la terre qui fournit aux plantes les matières minérales, et une grande partie de l'azote est fourni par l'air. Mais il faut si peu de tout cela, que l'on pourrait croire bien peu importants pour la plante ces éléments fournis par le sol. Non seulement, en effet, il en faut peu, mais il en faut encore, aussi bien pour des plantes

d'espèces différentes que pour les divers individus de même espèce, des quantités variables. Il y
a des individus qui prennent plus d'azote, plus
de potasse, plus de phosphate que d'autres. Ce
n'est donc pas une quantité fixe qui est nécessaire à la vie de la plante ; mais il y a un minimum au-dessous duquel elle ne peut pas des-
cendre, avec lequel elle constitue pour ainsi
parler le squelette de ses cellules. Les matières
minérales et azotées sont nécessaires au commencement de la végétation ; ce sont elles qui
produisent le premier développement. Il faut que
la sève en soit riche pour que l'accroissement du
végétal soit rapide ; et, lorsque la vie végétale
est sur le point de se terminer, les matières en
excès sont éliminées, la plante s'appauvrit en
azote, en phosphates, en potasse et en chaux.
Mais si, à un moment de la végétation, elle a
manqué de l'un de ces éléments nécessaires, on
l'a vue jaunir, s'étioler, quelquefois périr.

C'est pour cela que les végétaux les plus exigeants ne réussissent pas dans les terres
médiocres ; c'est pour cela aussi qu'il ne suffit
pas en général de donner à la terre les éléments
qui lui manquent pour que les végétaux puissent
y prospérer ; il faut que ces éléments soient sûrement assimilés, et cela dépend de tant de conditions, qu'il faut que la terre en contienne trop,
beaucoup trop même d'assimilables, pour que
les plantes puissent y réussir.

Des agronomes illustres ont pourtant fait
pousser du blé dans du sable calciné et traité
par l'acide sulfurique, en lui donnant au fur et
à mesure de ses besoins les matières minérales
et azotées qu'il exige ; mais il est probable qu'ils
en donnaient plus qu'il n'exige, et il est certain

qu'ils donnaient aussi à la plante l'eau qui les dissout, non pas tous les quinze jours, tous les huit jours, mais tous les jours et plusieurs fois par jour. Leur expérience, conduite de cette façon, prouve donc très clairement, non seulement que les plantes ont en azote et en matières minérales des exigences certaines, qu'il faut absolument satisfaire, si on veut les voir prospérer ; mais aussi qu'il faut les nourrir à temps, ne pas les laisser souffrir, et que cela ne peut se faire que lorsque l'on met à leur portée deux fois, trois fois et souvent quatre fois plus de nourriture qu'il ne leur en faut.

Or, les terres contiennent en général des provisions plus ou moins considérables de ces matières nécessaires, azote, acide phosphorique, potasse ; ce sont les plus importantes, puisque ce sont les plus coûteuses ; c'est une réserve qu'il faut conserver, qu'il ne faut pas laisser diminuer en se disant : J'achèterai de l'engrais chimique quand il n'y en aura pas assez ; je donnerai chaque année à mes récoltes ce qu'il leur faut, car ce qui est nécessaire est bien loin d'être suffisant. Il est donc bien important de fixer dès maintenant les pertes approximatives et annuelles d'une exploitation agricole, d'en faire la statique chimique, afin de pouvoir lui rendre ce que les récoltes enlèvent chaque année au sol.

Je suppose, dans cette évaluation, que les fourrages et les récoltes vertes sont entièrement consommés dans l'exploitation. C'est ce qui a généralement lieu en Anjou et dans toute la région de l'Ouest. En Anjou, le blé seul est exporté avec le bétail ; ailleurs, l'avoine est aussi vendue, et il s'en produit des quantités importantes. Pour ne pas entrer dans trop de détail, j'admets ici, que, dans nos exploitations de la région de l'Ouest, le blé est entièrement vendu ; il couvre habituellement le tiers des terres arables de l'exploitation, davantage quelquefois, et contient, pour une récolte de 20 quintaux :

	AZOTE	ACIDE PHOSPHORIQUE	POTASSE
Paille.......	20	14	30
Grain.......	42	16.5	12

La perte par hectare est donc :

AZOTE	ACIDE PHOSPHORIQUE	POTASSE
42	16.5	12

puisque le grain est exporté et, pour une exploitation de 30 hectares, 10 hectares de blé :

	AZOTE	ACIDE PHOSPHORIQUE	POTASSE
Perte.......	420	165	140

La même exploitation consacrera 20 hectares aux récoltes fourragères qui seront, suivant les cas, utilisées pour l'élevage, l'engraissement, ou la production du lait. Chaque hectare de fourrage peut nourrir deux vaches à lait, un peu moins de deux bêtes à l'engrais, trois bêtes dans l'élevage. Dans ce dernier cas, si les animaux sont vendus à trois ans, un hectare aura suffi à en produire un du poids de 600 kilos, la même étendue de fourrage produira 4,000 litres de lait, ou dans l'engraissement, 300 kilos de viande, et voici quelles seront les pertes respectives :

	AZOTE	ACIDE PHOSPHORIQUE	POTASSE
Un animal de 600 kil., élevage..............	20	20	12
Viande, 300 kil., engraissement.........	12	1.500	2
Lait, 4,000 litres.	25	8	7

Les jeunes animaux assimilent, pour la formation des os, des tissus, des cartilages, de grandes quantités de phosphates dont la viande ne contient que très peu. Sur une ferme de 30 hectares la perte annuelle pour la consommation du bétail sera donc respectivement dans les trois cas considérés pour les 2/3 de l'étendue :

Élevage...........	400	400	40
Engraissement...	240	30	40
Lait...............	500	160	140

Mais il faut tenir compte, pour l'azote, d'une autre perte due à la respiration et à la transpiration des animaux; et cette perte, qui est plus grande dans l'engraissement que dans toute autre spéculation animale, peut être estimée en moyenne égale à la perte par assimilation dans l'engraissement, soit encore, 250 kilos.

Il résulte, en définitive, de là, que les pertes respectives dans les trois systèmes d'exploitation sont pour le blé et le bétail :

	AZOTE	ACIDE PHOSPHORIQUE	POTASSE
Élevage........	1.070	615	180
Engraissement.	910	195	180
Lait	1.170	325	280

Pour la potasse, le maximum de la perte ne représente pas, lorsque les fumiers sont bien soignés, lorsque les purins sont utilisés, plus de 10 kilos par hectare et par an ; c'est une perte insignifiante pour les terres de l'Anjou surtout, qui contiennent souvent 20,000 kilos de potasse à l'hectare, et il est inutile, quant à présent, de s'en préoccuper. Dans les terres calcaires du Poitou, dans les sables de la Sarthe, il faudra peut-être la remplacer, mais cela sera inutile dans les sols d'origine ancienne de la Bretagne.

Quant à l'acide phosphorique, on voit que la perte annuelle est énorme dans l'élevage, considérable dans la production du lait, beaucoup moindre dans l'engraissement ; elle représente, dans le premier cas, 20 kilos à l'hectare, dans des terres qui ne contiennent guère que 2,000 kil. à l'hectare d'acide phosphorique. Il est donc absolument nécessaire d'importer autant d'acide phosphorique qu'il en est vendu chaque année si l'on ne veut pas stériliser les terres, comme cela est arrivé dans le Baugeois, par la production exagérée du blé.

Pour l'azote enfin, les quantités enlevées sont considérables, elles s'élèvent à près de 1,200 kil. pour la ferme qui produit du lait. Mais il y a, heureusement, des plantes qui prennent l'azote dans l'air, et toutes même en prennent plus ou moins : nous avons le trèfle qui, pour une production de 8,000 kilos de foin sec, peut rendre à l'exploitation 200 kilos d'azote. Avec 7 hectares, soit un quart au plus de l'étendue, on remplacera les quantités d'azote exportées, et il sera inutile d'acheter des nitrates qui sont justement les engrais les plus coûteux. Les assolements nous permettent donc d'enrichir nos terres en azote sans avoir recours aux engrais chimiques ou autres, c'est-à-dire sans dépenses extraordinaires. C'est là le but que doit poursuivre tout cultivateur judicieux ; entretenir et augmenter les quantités d'azote disponibles dans les terres, c'est-à-dire leur fertilité, de manière à n'avoir besoin d'importer en général que des engrais phosphatés.

CHAPITRE II

LES EXIGENCES DES RÉCOLTES

Je considère toujours ma terre capable de produire 25 hectolitres de blé, terre moyenne pour la fertilité, moyenne pour la fraîcheur, pour la composition physique et chimique, pour la compacité, et je recherche maintenant en détail ce que les récoltes diverses lui enlèveront. Si elle produit 25 hectolitres de blé, elle pourra produire 9,000 kilos de trèfle, depuis l'enlèvement de la plante qui a abrité le semis jusqu'au défrichement, elle produira 50,000 kilos de betteraves ou de choux, 25,000 kilos de pommes de terre, 20 quintaux de céréales de toute espèce, 10,000 kilos de luzerne et 60,000 kilos de maïs-géant. Voici, ci après, d'après les tables de Wolf, les quantités d'azote, d'acide phosphorique, de potasse et de chaux contenues dans les diverses récoltes :

J'ai divisé ces plantes en cinq catégories, et l'on voit du premier coup que les plantes fourragères en général contiennent beaucoup plus d'azote, de potasse, d'acide phosphorique que les autres.

En azote, elles dépassent toutes 200 kilos pour une production d'environ 10,000 kilos de foin sec; c'est à peu près trois fois ce que contiennent à la moisson des récoltes équivalentes de blé; leur teneur en acide phosphorique est à peu près double ; en potasse, elles contiennent comme les céréales à peu près autant que d'azote, c'est-à-dire qu'elles en contiennent en moyenne trois fois plus que les céréales qui en contiennent le plus. Enfin, elles présentent cette particularité, d'être presque aussi riches en chaux qu'en potasse, à l'exception du maïs et du foin mixte de graminées et de légumineuses, qui le sont sensiblement moins.

Exigences des plantes pour des récoltes obtenues dans des terres de même fertilité

	Azote		Acide phosphor.		Potasse		Chaux
	paille	grain	paille	grain	paille	grain	
1° CÉRÉALES							
Blé, 20 quintaux	21	42	14	16.5	30	11	
Seigle, —	19	35	13	16.5	50	11	
Orge, —	14	32	5.5	15	27	11	
Avoine —	16	36	6	11	36	8.5	
Maïs, —	17	32	13	11	52	7	
2° CHOU ET COLZA							
Chou, 50,000 kil.	175 k.		125 k.		225 k.		275
Colza, 25,000 kil.	125		28		100		75
— 20 quintaux grain	95		51		80.80		90
3° RACINES							
Pommes de terre, plante entière, 25,000 kil.	85 k.		46 k.		150 k.		5
Betteraves fourrage, 50,000 kil.	140		50		240		
— à sucre. 40,000 kil.	100		54		200	200 soude	
Navets, 25,000 kil.	60		30		120		
Rutabagas, 50,000 kil.	180		120		250		150
Carottes, 40,000 kil.	130		50		150	140 soude	120
Betteraves sucre, 50,000 kil., Vilmorin							
4° LÉGUMINEUSES FOURRAGES							
Trèfle, 10.000 kil., Vilmorin	210 k.		70 k.		375 k.		200
— grande culture	230		52		122		274
Luzerne, 11,000 kil.	230		55		150		320
Sainfoin, 10.000 kil., Vilmorin	235		108		276		143
— grande culture	206		37.2		413		151
Maïs, 60.000 kil.	200		42		150		75
Foin mixte sec, 10,000 kil.	171		71.2		236		100
5° TEXTILES							
Chanvre, 1,200 kil. filasse	96		42		152		191

Les plantes fourragères paraissent donc, de prime abord, singulièrement plus exigeantes que les céréales ; mais ce n'est qu'une apparence au moins pour l'azote que les légumineuses prennent entièrement dans l'air, non pas directement, mais, comme je l'ai indiqué plus haut, à l'aide de ces nodosités des racines qui nourrissent des microbes nitrificateurs, lesquels ont la propriété de combiner l'azote et l'oxygène de l'air pour les faire servir à la nourriture de la plante. Quant aux matières minérales, il est bien certain que les légumineuses et les plantes fourragères en enlèvent beaucoup plus au sol que les céréales.

Et ce qu'il y a de plus remarquable, c'est qu'elles enlèvent relativement plus de potasse que d'acide phosphorique. Tandis que dans les céréales, la proportion est de 2 d'azote et 2 de potasse, quelquefois moins, pour 1 d'acide phosphorique, dans les légumineuses il y a toujours 3 et quelquefois 4 d'azote et de potasse pour 1 d'acide phosphorique.

Les légumineuses sont donc très avides de potasse ; elles consomment aussi beaucoup de chaux dont les céréales ne demandent que de très minimes quantités. On avait conclu de là que les légumineuses ne pouvaient réussir que dans les sols qui contiennent suffisamment de carbonate de chaux ; mais l'expérience a démontré qu'il n'en était rien, et que si la luzerne et surtout le sainfoin s'accommodent bien des sols calcaires plus ou moins secs, le trèfle ne s'en accommode pas aussi bien et réussit au contraire dans les terres froides, fortes et quelquefois même légèrement acides. Presque toutes les terres contiennent assez de calcaire pour lui permettre de végéter, et, du reste, on a trouvé le moyen, depuis longtemps déjà, de donner à la plante, à l'aide du plâtre, ce qui pourrait lui manquer. C'est, en effet, par la chaux qu'il contient que le plâtre agit dans les terres froides ou argileuses, qui contiennent toujours suffisamment de potasse, et l'on peut, sans inconvénient, lui donner dans ces terres 300 kilos de plâtre à l'hectare. Ces considérations nous font comprendre pourquoi il est impossible que le trèfle, la luzerne, le sainfoin reviennent trop souvent sur les mêmes terres ; elles l'enrichissent, il est vrai, d'azote, mais elles l'appauvrissent de phosphate et de potasse, et la plante ne peut revenir utilement que lorsque la culture, l'action de l'air, l'action de l'eau, les fumiers ont apporté ou rendu soluble dans le sol et dans le sous-sol une nouvelle quantité de phosphate ou de potasse capable de les nourrir. La culture continue du trèfle et de la luzerne n'est pas plus possible que la culture continue des céréales.

Au reste, quoique ces plantes se nourrissent de l'azote de l'air, elles ne réussissent pourtant que dans un sol riche en azote assimilable, en nitrates. Ce serait une erreur de croire que le trèfle, qui est par excellence la plante améliorante, puisse réussir dans les terres pauvres. Il a besoin d'azote dans les premiers temps de sa végétation et la réserve du sol lui sert tout d'abord à développer ses racines, à créer ses nodosités assimilatrices ; elle est un milieu favorable au développement du microbe nitrificateur, sans lequel les stocks même très considérables d'azote des terres en friche demeurent inertes. Il faut donc, pour produire de bons trèfles, des terres capables de produire par une culture bien entendue au moins 20 hectolitres de blé.

Si nous examinons maintenant en détail chacune de ces plantes précieuses, nous remarquons que le sainfoin, par exemple, peut contenir de 108 kilos à 37 kilos d'acide phosphorique ; c'est la plante légumineusse qui en contient le plus, mais c'est aussi celle qui paraît en exiger le moins. Pour la potasse, nous notons un fait analogue, le sainfoin de grande culture contient 113 kilos contre 273 kilos, teneur du sainfoin Vilmorin. Il est vrai que le développement des deux plantes est très inégal, mais le sainfoin de grande culture atteint pourtant un développement suffisant pour donner une récolte raisonnable, et il est permis d'en conclure que, dans la culture ordinaire, le sainfoin n'exige pas plus de 40 à 45 kilos d'acide phosphorique et de 120 à 140 kilos de potassse avec un peu plus de chaux. Le sainfoin est aussi singulièrement moins exigeant en azote que les autres légumineuses, au commencement de sa végétation. Il suffit qu'il soit semé dans une terre nitrifiante. C'est, par excellence, la plante fourragère des terres pauvres, pourvu qu'elles soient saines et suffisamment calcaires pour ne pas être acides. Il y a donc une grande variété de terres qui conviennent au sainfoin. C'est une plante qui est très cultivée en Brie, en Beauce et en Normandie, pays de riche culture, et qui n'est pas suffisamment cultivée en Anjou, quoiqu'elle puisse réussir presque partout, excepté dans les terres de landes des arrondissements de Cholet et de Baugé, lorsqu'elles sont trop humides. Partout ailleurs les chaulages et les plâtrages suffisent pour la faire réussir.

On voit de suite que la luzerne est beaucoup plus exigeante ; il lui faut 50 0/0 de plus d'acide phosphorique, à peu près autant de potasse, et au moins deux fois plus de chaux. Il semble donc que les sols calcaires lui conviennent particulièrement, et certainement ils lui conviennent très bien ; car il n'y a point de sols où elle réussisse aussi bien que sur les terres, qui bordent les routes réparées avec des pierres calcaires, que les boues viennent continuellement enrichir en carbonate de chaux. Ces portions de champ devraient être contiuellement maintenues en luzerne ou en sainfoin ; toutes les autres plantes y contractent une sorte de chlorose calcaire et n'y donnent point de produit. Mais les boues de route apportent au sol autre chose que du calcaire : du phosphate, de la potasse, de l'azote dont la luzerne est également avide ; et c'est ce manque d'azote ou de potasse qui l'empêche fréquemment de réussir dans les terres pauvres. C'est un fait d'expérience que la luzerne est une légumineuse de terres riches, qu'elle ne réussit point dans les terres incapables de produire 20 hectolitres de blé à l'hectare, quand même elle y lèverait bien et y paraîtrait vigoureuse la première année, et elle réussit d'autant moins alors que le sol est plus calcaire. La luzerne paraît être une plante de même ordre que la vigne américaine, capable de contracter la chlorose calcaire, lorsque l'engrais ne se trouve pas dans le sol en suffisante quantité, pour contrebalancer l'effet d'une absorption exagérée de calcaire ou même empêcher cette absorption.

Le trèfle est une plante de même ordre que la luzerne, et quoique le trèfle de grande culture contienne 274 kilos de chaux contre 122 kilos de potasse, ce qui est, du reste, une proportion beaucoup trop forte, puisque le trèfle Vilmorin qui pesait, par plante, quatre fois plus contient la proportion inverse, 375 kilos de potasse contre 200 kilos de chaux seulement, il est certain que les terres très calcaires ne conviennent pas au trèfle. Est-ce parce que ces terres sont trop sèches? Évidemment non. Il y a des plantes, dont les racines sont traçantes, les céréales et le blé, par exemple, plantes qui ne se nourrissent point de calcaire, qui n'en contiennent presque point et qui paraissent incapables de l'assimiler ; elles réussissent pourtant dans les terrains moyennement calcaires et très secs. Nous avons, dans la Meuse, des terres pierreuses à sous-sol de cosse calcaire, où le blé donne pourtant des récoltes de 18 à 20 hectolitres, et où le trèfle réussit médiocrement. Il semble donc que l'excès de calcaire lui soit nuisible, à moins que les terres calcaires, à cause de leur perméabilité, ne soient aussi trop pauvres en potasse pour la production du trèfle ; car le trèfle exige sensiblement plus de potasse que le sainfoin, 250 kilos (moyenne du trèfle Vilmorin et du trèfle de grande culture) contre moins de 200 kilos (moyenne des deux sainfoins correspondants) ; le trèfle se nourrit aussi dans une couche de terre beaucoup moins épaisse que le sainfoin, de sorte qu'il n'est pas surprenant que cette dernière plante, qui est sûrement beaucoup moins exigeante, réussisse là où le trèfle ne donne que de misérables récoltes. Terre profonde fraîche, riche en potasse et pas trop calcaire, ou même très peu calcaire, voilà ce que demande le trèfle. Les autres légumineuses annuelles, vesces, pois, se nourrissent à peu près de la même manière et ont les mêmes exigences considérables en acide phosphorique et en potasse, beaucoup moindres en carbonate de chaux.

J'ai placé le foin mixte dans la catégorie des

légumineuses. Il ne lui appartient pas exclusivement, puisqu'il contient à la fois des graminées
et des légumineuses, et celles-ci en quantités
moindres que les premières ; mais il s'en rapproche sous le rapport des exigences en principes
fertilisants. Il contient, en effet, en principes
minéraux :

Acide phosphorique.	71.2
Potasse	236
Chaux.	100

Mais il faut considérer qu'il s'agit ici d'un foin
théorique supposé contenir moitié de son poids
en légumineuses et moitié en graminées. Cette
composition résulte de nombreuses analyses faites
par M. Joulie sur un grand nombre d'échantillons. Cet agronome éminent a trouvé que
10,000 kilos de foin sec contiennent :

	AZOTE	POTASSE	ACIDE PHOSPH.	CHAUX
Foin de légumineuses.	249.5	281.6	91.7	144.7
Graminées	113.7	190.7	47.7	46.5

Les échantillons analysés ont été extraits des
cultures de M. Vilmorin, à Verrières ; ce sont
donc des plantes que l'on peut considérer comme
normales, quoique les graminées contiennent
sensiblement moins de principes fertilisants que
le foin d'une prairie Goetz, analysée également
par M. Joulie, et contenant :

AZOTE	ACIDE PHOSPHORIQUE	CHAUX	POTASSE
131	69.30	52.60	277.60

Le premier point à noter est la quantité minime
de chaux contenue dans la plante, 46.5 ou 52.60
pour 10,000 kilos de foin, à peu près 50 kilos en
moyenne. On peut en conclure que la chaux n'est
pas absolument nécessaire aux graminées et

que leurs exigences en cet élément sont quatre
fois moindres que celles des légumineuses. Peut-
être même les 50 kilos que nous trouvons ici au
moment de la fenaison n'expriment-ils pas le
taux exact des exigences de ces plantes en chaux,
car on ne trouve presque point de chaux dans
aucune des plantes céréales au moment de la
maturité ; presque toute la chaux qui s'y trouve
pendant la végétation en est expulsée, la chaux
ne paraît point intervenir ni activement ni essentiellement dans la formation du grain, mais bien
plutôt accidentellement ; et il est permis, dès lors,
de conclure que ce n'est qu'accidentellement que
se rencontre dans la plante pendant sa végétation
un élément, dont elle n'a pas besoin pour en
achever le cycle. Il m'est permis d'étendre aux
graminées les résultats trouvés pour les céréales ;
d'autant plus que, si le blé ne contient pas de
chaux à maturité, il en contient à la floraison
86 kilos, c'est-à-dire plus que le foin de pré.
Concluons donc que la chaux ne paraît pas fort
nécessaire à la végétation de l'herbe de pré, et
que, vraisemblablement, les prairies de graminées pourront prospérer sur des terres qui en
contiennent fort peu.

En potasse, les graminées contiennent très
sensiblement moins que les légumineuses ; il est
certain que le chiffre de 277 kilos est bien au-
dessus de celui du foin normal, et que celui de
190 kilos trouvé par M. Joulie pour les plantes
extraites des cultures de MM. Vilmorin à Verrières
est encore trop fort. Il est certain que les plantes
de grande culture présenteront, par rapport
aux plantes normales de MM. Vilmorin, des différences analogues à celles que nous ont déjà
montrées les légumineuses. Or, nous avons trouvé

ici, que la potasse pouvait être partiellement remplacée par la chaux, de sorte que les plantes Vilmorin en contiennent deux fois et demie plus que les plantes de grande culture. Pour les graminées, ce remplacement ne peut pas se faire d'une manière aussi importante, mais il peut se faire partiellement sans doute ; la soude peut aussi intervenir comme élément de remplacement ; et il n'est pas téméraire d'affirmer que le foin de graminées de grande culture n'enlève pas à l'hectare plus de 70 à 80 kilos de potassse, pour des récoltes annuelles de 10,000 kilos de fourrage. Les analyses de M. Joulie suffisent au surplus à mettre ce fait en évidence. C'est ainsi que, pour le dactyle pelotonné, par exemple, M. Joulie trouve sur deux échantillons pour 1,000 kilos de plante sèche :

	POIDS	AZOTE	POTASSE	ACIDE PHOSPHORIQUE	CHAUX
1	2^{kr} 121	7.76	14.95	4.23	2.91
2	4 029	9.70	30.87	4.49	3.45

Il s'agit de deux plantes venues l'une en 1877, l'autre en 1880, dans les mêmes cultures de Verrières, et présentant beaucoup moins de différences de poids que les trèfles Vilmorin et les trèfles de grande culture n'en présentent. La potasse y varie pourtant du simple au double. Il nous est donc permis de conclure que la récolte d'une prairie de composition botanique normale, c'est-à-dire une jeune prairie formée avec de bonnes plantes, n'enlève pas à la terre plus de 70 à 80 kilos de potasse.

Les exigences des prairies de graminées en acide phosphorique sont tout juste moitié moindres que celles des légumineuses, 47 kilos au lieu de 94 ; et il est probable que ce chiffre peut être quelque peu réduit pour le foin normal produit en grande culture, mais moins sûrement que le chiffre de potasse. Les exigences des plantes en acide phosphorique sont, en effet, singulièrement mieux déterminées que toutes les autres ; il y a un minimum qu'on ne peut pas leur refuser sans qu'elles souffrent considérablement. Il en est de même pour les légumineuses. Si nous écartons, en effet, le chiffre de 108 kilos d'acide phosphorique pour une récolte de 10,000 kilos de sainfoin Vilmorin, qui paraît absolument anormal, puisqu'il est unique, nous voyons que la différence entre les plantes Vilmorin et les plantes de grande culture est pour l'acide phosphorique de moins de 1/3 ; et il n'y a aucune raison d'admettre que cette différence n'existera pas de même pour les graminées, de sorte qu'il est très probable que les exigences de la production de 10,000 kilos de foin de bonne qualité se réduiront à 35 kilos.

Mais il faut remarquer que les essais de M. Joulie ont porté pour les graminées sur vingt-trois espèces qui présentent entre elles de grandes différences de composition. Il y en a de fort riches en azote, en acide phosphorique, en potasse ; et l'on peut dire, en général, que toutes celles qui sont riches en l'un de ces éléments contiennent également beaucoup des autres, de sorte que le foin qu'elles donnent est vraiment de première qualité. Dans cet ordre d'idées, l'avoine jaunâtre, le fromental, le brome de Schröder, la fetuque des prés, la fetuque traçante, le phalaris bleuâtre méritent certainement une mention spéciale ; ensuite viennent l'agrostis, le dactyle pelotonné, le ray-grass anglais, la fetuque élevée, la houlque laineuse, le vulpin, les paturins et la fléole. En poursuivant ses études, M. Joulie a trouvé comme résumé de ses analyses, les écarts suivants, pour 10,000 kilos de fourrage :

	MAXIMUM	MINIMUM	ÉCART	ÉCART 0/0 DU MAX.
Azote	188.6	77.2	111.4	59.07
Acide phosphor.	80.7	33.4	47.3	58.51
Chaux	98.7	32.1	66.6	67.47
Potasse.	363.30	108.5	254.5	70.11

suivant que l'on considère des plantes différentes, les plus riches ou les plus pauvres. Il est, dès lors, naturel d'admettre que les plus riches ne peuvent réussir que sur une terre riche et que, lorsque le sol s'appauvrit en éléments minéraux, elles disparaissent peu à peu pour faire place à d'autres moins exigeantes ; elles disparaissent sans mourir peut-être, elles ne sont qu'endormies, et elles végètent de nouveau, soit lorsqu'on leur apporte de l'engrais, soit lorsque leurs racines, qui sont toujours vivantes et agissantes, sont parvenues à mettre en réserve une quantité de principes nutritifs suffisante pour que la plante entre en végétation. Mais il faut tirer encore de cet examen une autre conclusion, c'est que les récoltes de 10,000 kilos de fourrage même en graminées ne peuvent s'obtenir que sur des terres riches en acide phosphorique et en potasse ; je veux dire, sur des terres qui en ont beaucoup de disponible, c'est-à-dire sur des terres ameublies ou entretenues meubles, aérées, cultivées régulièrement au moins à la surface et entretenues d'engrais, auxquelles on donne, suivant leurs besoins, une partie au moins de l'acide phosphorique et de la potasse que les récoltes de foin leur enlèvent. Les récoltes de 10,000 kilos de fourrage sont donc impossibles à obtenir sur les prairies ordinaires.

Celles-ci commencent par produire pendant un an ou deux 5 à 6,000 kilos de fourrage ; les rendements baissent ensuite ainsi que la qualité du fourrage, à moins que l'engrais n'intervienne. Concluons donc que 35 kilos d'acide phosphorique et 80 kilos de potasse suffisent théoriquement pour la production de 10,000 kilos de fourrage de qualité ordinaire, mais qu'ils ne le donneront probablement pas : d'abord, parce qu'il n'y a pas de prairies composées uniquement de graminées, et ensuite parce que, dans le combat pour la vie entre les plantes vivant sur le même sol, la victoire appartiendra aux plus vigoureuses, c'est-à-dire aux plus gourmandes toutes les fois que le sol pourra les nourrir, de sorte qu'une prairie nouvellement créée consommera au moins 45 kilos d'acide phosphorique et 120 kilos de potasse pour une production de 10,000 kilos de foin mixte graminées et légumineuses, et que, toutes les fois qu'elle ne possédera ces quantités de principes minéraux disponibles, la récolte sera réduite d'abord proportionnellement aux disponibilités, jusqu'à ce que les réserves devenant trop faibles pour nourrir de bonnes plantes, inférieures annuellement à 25 kilos d'acide phosphorique et à 50 de potasse, la prairie ne puisse plus en nourrir que de médiocres et en petite quantité. C'est donc définitivement une erreur de vouloir maintenir une prairie sur une terre non entretenue d'engrais.

Je n'ai pas encore parlé de l'azote des prairies. Ici, je ne considère que le foin de graminées, puisque les légumineuses ne se nourrissent que de l'azote de l'air. Le foin de la prairie Goetz contient 131 kilos d'azote ; le foin normal Joulie en contient 113 kilos. Sans doute l'herbe de pré ne se nourrit pas exclusivement de l'azote du sol, mais il n'y a aucune raison d'admettre, comme quelques-uns le veulent, qu'elle ne lui en prend point du tout. Les graminées se nourrissent à la manière des plantes céréales, et c'est un fait d'expérience journalière que les nitrates ont la plus grande influence sur leur végétation. Or, nous verrons plus loin que le blé, pour 40 hecto-litres environ de récolte, enlève au sol 75 kilos d'azote, et en contient à la floraison pour un poids de 16,000 kilos de matière sèche environ 200 kilos ; il faut donc lui donner à peu près les 2/5 de ce qu'il contient lorsqu'il en contient le plus. Si nous appliquons à la prairie de grami-nées la même proportion, nous voyons qu'il faudrait donner 45 kilos d'azote pour obtenir 10,000 kilos de foin. Il résulte de là que la con-sommation de la prairie Goetz en éléments azotés et minéraux est considérable : 48 kilos d'azote, 69 d'acide phosphorique et 277 de potasse, valant ensemble 255 francs, pour une production de 10,000 kilos de foin, valant 600 francs environ, avant le bottelage dans le grenier du cultivateur.

A ce premier point de vue, la prairie Goetz, composée exclusivement de graminées qui se nourrissent d'azote et consomment cependant à peu près autant de matières minérales qu'une prairie de légumineuses, n'est pas à recom-mander.

Le foin de prairie mixte, contenant à peu près autant de légumineuses que de graminées, a sûrement plus de valeur nutritive, et sa produc-tion n'exige point l'apport d'azote; il est pour-tant sensiblement moins exigeant en matières minérales que la prairie Goetz :

Acide phosphorique. . . 71   Potasse. . . 236

que l'on peut sûrement réduire aux exigences des légumineuses en grande culture, soit :

Acide phosphorique. . . 50   Potasse. . . 130

qui ne représentent plus qu'une valeur de 90 fr. d'engrais.

C'est évidemment à ces prairies-là qu'il faut donner la préférence; mais il faut aussi entretenir avec soin la provision d'engrais du sol qui les porte, si l'on veut qu'elles continuent de donner des récoltes abondantes.

Lorsqu'il s'agit de prairies temporaires devant durer seulement 4 ou 5 ans, il n'est évidemment pas nécessaire de remplacer intégralement les principes minéraux enlevés par la production du foin; il suffit de maintenir le sol soit par le pâturage, soit par une culture superficielle, en bon état d'engrais soluble et assimilable et capable de porter par conséquent une prairie mixte de graminées et de légumineuses. Dans les terres riches en potasse de l'Anjou, il suffit évidemment pour cela d'apporter la troisième et la quatrième année 40 à 50 kilos d'acide phosphorique, et suivant la richesse du sol en chaux, chaque année 2 ou 300 kilos de plâtre.

Les céréales sont en général beaucoup moins exigeantes que les plantes fourragères. J'ai indiqué dans le tableau leur composition pour des récoltes uniformes de 20 quintaux. Cela suppose un assolement réglé, l'ancien assolement de 3 ans, dans lequel les petites céréales succédaient au blé et produisaient sans fumier à peu près le même poids de graine que lui. Cette production correspond à peu près à 10,000 kilos de plantes sèches à la floraison et, à ce que j'ai supposé, à 10.000 kilos de fourrages. Ce dernier chiffre est peut-être un peu fort, et je pense qu'une terre capable de produire 25 hectolitres de blé, très convenable du reste pour la production du trèfle, produirait difficilement dans les deux coupes et les deux pâturages plus de 9,000 kilos.

Parmi les céréales, le blé est incontestablement la plante la plus exigeante : 32 kilos d'acide phosphorique partagés à peu près également entre la paille et le grain, 41 kilos de potasse dont la paille contient les trois quarts, et 63 kilos d'azote, les deux tiers dans le grain ; voilà ce que contient le blé. Il résulte de là, et cette observation est générale pour toutes les céréales, que, lorsque les pailles sont rendues au sol sous forme de fumier pas trop consommé, la production des céréales ne l'appauvrit que de 10 kilos de potasse par an, sur 15.000 kil. en moyenne que contiennent nos bonnes terres de l'Anjou. Nous avons donc une provision pour 1,500 récoltes de blé, pour 4000 ans de culture ; le monde sera bien vieux dans quatre mille ans. D'où il résulte qu'en général, pour le moment, nos exploitations angevines n'ont pas besoin d'engrais potassiques, sauf dans le Saumurois peut-être et dans le nord-est et l'est du département. Il en est de même, dans la partie ouest du Maine, dans toute la Bretagne, dans le bocage vendéen, mais le reste du Poitou demande de la potasse, dans des terres qui n'en contiennent pas plus de 3.000 kilos à l'hectare ; il en faut aussi dans la Sarthe et dans l'Indre-et-Loire.

. L'acide phosphorique doit évidemment être remplacé partout ; je n'insiste pas davantage sur ce point. Et, quant à l'azote, sur les 63 kilos que contient la récolte, on peut admettre que 50 kil. sont fournis par le sol, soit à peu près les quatre cinquièmes. Il résulte de là que la production d'une récolte de blé de 25 hectolitres ne consomme pas plus d'azote que notre prairie Goetz de tout à l'heure, et qu'elle en consomme même très sensiblement moins ; car j'ai supposé tout à l'heure que le blé qui contient à la floraison au moins deux fois plus d'azote qu'à la moisson, n'en rendait pas à la terre ; et cela est positivement inadmissible. Il en résulterait donc ou que la prairie Goetz consommerait plus de 45 kilos d'azote, puisque l'herbe en contient 131 kilos ou que le blé n'en consommerait pas 50. De ce côté, les expériences ne sont pas encore assez probantes pour que l'on puisse laisser de côté la vieille pratique agricole ; je suppose donc que les deux récoltes consomment autant d'azote.

Mais la récolte de blé ne consomme que 40 fr. d'engrais minéral, au lieu de 175 fr. que demande la prairie Goetz ; la valeur de la récolte de blé est sûrement plus grande que celle du foin (1); la différence est de près de 100 fr., en tout 240 fr.; or, les façons, la semence, le battage, ne valent pas pour le blé plus de 125 à 150 fr.; la prairie Goetz est donc beaucoup moins productive qu'une récolte moyenne de blé ; dès lors elle ne peut pas donner de bénéfice.

Si nous comparons le blé aux autres céréales, nous voyons que le seigle est à peu près aussi exigeant en acide phosphorique, qu'il l'est davantage en potasse, et sensiblement moins en azote, dont il contient seulement les six septièmes de ce que contient le blé. La potasse n'a pas une

---

(1) 10.000 kilos de foin à 60 fr., déduction faite du transport et du bottelage, valent 600 fr.; 20 quintaux de blé à 23 fr 50, prix moyen depuis 5 ans, valent 470 fr.; 5 000 kilos de paille à 40 fr., valent 200 fr., en tout 670 fr. contre 600 fr.

très grande importance, point du tout même pour nos terres de l'Anjou ; mais il n'en est pas de même dans les terres sèches et calcaires, les pierres du Barrois et de la Meuse, les craies de la Champagne, et peut-être dans les plateaux secs du Poitou. Les sables de la Touraine, de la Sarthe et du Beaugeois lui conviennent au contraire fort bien ; ils sont sans doute suffisamment riches en potasse, pour produire une récolte qui végète à basse température et qui occupe le sol du milieu de septembre à la fin de juin.

La végétation du seigle dure à l'automne deux mois et demi, au printemps, en hiver et en été, cinq mois, en tout sept mois et demi ; et il ne faut pas s'étonner que pendant cette période il trouve le moyen d'absorber, même dans une terre pauvre, suffisamment d'acide phosphorique et d'azote pour végéter raisonnablement. Malgré ses exigences apparentes, le seigle est donc bien véritablement une plante de terres pauvres. Aussi réussit-il beaucoup mieux que les autres céréales, sur les sables pauvres et maigres, sur les terres nouvellement défrichées, mais pas en première récolte ; il faut, en effet, au seigle une terre meuble pour qu'il puisse s'enraciner, pour qu'il ne craigne pas le déchaussement par suite des gelées, qui lui est plus nuisible qu'à toute autre plante, à cause de la continuité de sa végétation.

Cela n'empêche pas le seigle d'être véritablement une plante épuisante, aussi épuisante que le blé en matières minérales, un peu moins en azote, qu'à cause de la continuité de sa végétation, il est particulièrement propre à utiliser dans les terres perméables qui perdent leurs nitrates l'hiver par infiltration. Cette remarque nous fait comprendre pourquoi les terres sableuses, qui conviennent si mal au blé, sont éminemment favorables au seigle, qui s'y enracine toujours bien, qui y vient toujours suffisamment fort lorsqu'il a été semé de bonne heure, qui n'y craint jamais les dégàts de l'hiver.

Le blé, en effet, est semé en moyenne un mois plus tard que le seigle, ne végète pas à basse température et n'a ainsi que moins d'un mois de végétation avant les gelées ; il ne peut utiliser les nitrates formés qui sont perdus ; enfin, il est fréquemment gelé dans des terres qui conservent l'eau, non pas qu'il soit déchaussé, mais ses racines y sont brisées, ses premières racines surtout, avant que les deuxièmes qui partent du premier et du deuxième nœud se soient formées.

On ne peut donc compter réussir en blé dans les sables, qu'à la condition de le semer de très bonne heure, à fin septembre au plus tard, dans des terres riches, de manière qu'il ne redoute pas les froids de l'hiver, et qu'il puisse, sans craindre la rouille, monter de bonne heure, et résister ainsi aux menaces d'échaudage.

Ces explications, qui ne sont peut-être pas tout à fait à leur place ici, étaient cependant nécessaires pour bien faire voir que la réussite des récoltes n'est pas seulement une question de qualité chimique du sol, mais aussi une question de qualité physique, et qu'il est souvent difficile de séparer complètement ces deux ordres de considérations ; l'avoine et l'orge vont au reste nous présenter des faits analogues.

De toutes les céréales, l'orge est incontestablement la plante qui contient, tant dans le grain que dans la paille, le moins d'azote et le moins de potasse. Elle contient 3 kilos d'acide phosphorique de plus que l'avoine pour une récolte de 20 hectolitres, c'est peu de chose. En somme, il semble, d'après les tables de Wolf, qui ne sont peut-être pas ici l'exactitude même, il semble que l'orge soit de beaucoup la moins exigeante de toutes les plantes céréales ; 46 kilos d'azote, voilà ce qu'elle contient, l'avoine en absorbe 52 kilos. Tous les cultivateurs savent pourtant que l'avoine est beaucoup moins exigeante que l'orge, et que l'orge est vraiment très exigeante, à ce point qu'elle ne réussit bien que dans des terres assez riches pour donner une bonne récolte de blé. Aussi, lorsqu'on la cultive après le blé, comme dans les bonnes terres de l'arrondissement de Segré et de celui d'Angers, qui lui conviennent très bien, on ne la sème que sur demifumure, dans un sol bien ameubli par deux ou trois labours. On suivait, en Lorraine, la même méthode qui est, du reste, médiocre, parce que l'orge n'a pas le temps d'utiliser le fumier qu'on lui donne. A cause de cela, surtout dans les terres humides, on avait, en Lorraine, l'habitude de semer l'orge très tard, au commencement de mai ; et on trouvait que, par ce procédé, la récolte était augmentée en qualité et en quantité. On disait que la terre était plus chaude, ce qui voulait dire simplement qu'elle était mieux nitrifiée. Cela se comprend, puisque cela permettait de donner au sol, c'est-à-dire au fumier, au moins une culture de plus, de mettre en train la nitrification ; le fumier était mieux utilisé ainsi que la réserve d'azote du sol et, du reste, la végétation se trouvait simplement retardée dans les terres humides, sans que la maturation en souffrît.

L'avoine, au contraire, demande à être semée

de bonne heure pour donner une récolte abondante. Il est bien évident qu'elle ne fait pas exception à la règle générale, applicable aux céréales de printemps, et que c'est surtout dans les terres sèches, dans les graviers calcaires, dans les sables, dans toutes les terres perméables, qu'elle doit être semée de bonne heure. On peut, dans les autres terres, retarder la semaille de quinze jours ou trois semaines, surtout lorsque l'on craint les gelées. L'avoine de printemps se sème donc du commencement de février au 15 mars en Anjou ; l'orge peut, suivant les terres et suivant les espèces, être semée du commencement d'avril au commencement de mai. Elle mûrit aussi, dans ces conditions, quinze jours plus tôt que l'avoine, de sorte qu'elle n'occupe, en réalité, le sol que deux mois et demi, depuis le moment où elle commence à être enracinée jusqu'à celui où elle cesse de végéter, au lieu que l'avoine occupe la terre cinq mois et végète pendant quatre mois. C'est là la cause de la différence d'exigences apparentes des deux plantes.

L'avoine réussit dans une terre plus pauvre, parce qu'elle végète plus longtemps, elle utilise mieux les nitrates et les engrais qu'elle ne laisse point perdre dans le sol ; elle peut réussir dans les terres sèches et dans les sables, même où l'orge ne donne que de chétifs produits. Les terres moyennes, au contraire, les terres fortes même, pourvu qu'elles soient bien ameublies, conviennent à l'orge. L'ameublissement est la condition essentielle de la réussite d'une récolte qui végète aussi rapidement, qui, fréquemment, est semée dans une terre fraîche après une pluie et pousse avec la provision d'eau qu'elle trouve dans le sol, sans avoir besoin qu'elle soit renouvelée.

La différence d'exigences en acide phosphorique est aussi à considérer : 17 kilos pour l'avoine au lieu de 21 kilos pour l'orge, cela fait 1/4 en plus pour l'orge à enlever à un sol souvent sec en deux mois et demi seulement, soit 9 kilos par mois, au lieu que l'avoine enlève 17 kilos en plus de quatre mois, soit moins de quatre kilos par mois.

Aussi l'orge ne réussit point sur les défrichements, quels qu'ils soient, pas plus sur les défrichements de luzerne que sur ceux de landes ou de bois. Les premiers seraient suffisamment riches en azote pour donner une bonne récolte ; mais ils sont trop secs pour que la plante s'y enracine bien ; elle n'y talle pas et ne donne que de chétifs produits. Il semble même que la constitution anatomique de la plante ne lui permette pas d'y vivre normalement, car les orges de printemps, l'orge Chevallier notamment, qui se sème en février, n'y réussit point, comme si ses racines étaient incapables de pénétrer les mottes non encore désagrégées des bandes de terre retournées. Dans les défrichements de landes la richesse en azote est, en plus, insuffisante. L'avoine, au contraire, est par excellence la plante des défrichements ; elle y donne toujours un produit abondant et certain, elle n'y craint ni la sécheresse ni les mottes, pourvu, bien entendu, que par des roulages et des hersages convenables, on les ait suffisamment tassées et réduites et que l'on ait pris la précaution de semer de bonne heure. Il est admissible que sa faible exigence en acide phosphorique favorise sa végétation dans des terrains qui en manquent généralement. L'avoine n'est pas seulement une plante peu exigeante ; c'est aussi et surtout, comme le seigle, une plante très rustique.

Ces explications, qui ne s'appliquent qu'aux orges et avoines de printemps, nous permettent d'induire les exigences de la végétation des mêmes plantes lorsqu'elles sont semées avant l'hiver. Ici pourtant intervient un nouveau facteur, les dommages causés par les gelées. Ces dommages ne sont pas en général du même ordre que ceux causés au blé et au seigle. L'orge et l'avoine ne sont pas, en réalité, des plantes hivernales. Les gelées les éprouvent fortement, non pas seulement en coupant leurs racines, en cassant leurs tiges ; ce sont là, si je puis m'exprimer ainsi, des lésions mécaniques qui tiennent aux circonstances extérieures ; mais l'avoine et l'orge souffrent d'autres lésions, de lésions anatomiques. La gelée les désorganise, fait éclater leurs tissus ; soit que leurs feuilles soient trop tendres, soit qu'elles végètent encore à très basse température, la gelée en détruit toute la partie extérieure, de sorte qu'il ne reste plus de vivant que la racine et le collet, lorsqu'il est enterré assez profondément.

Dans notre région de l'Ouest, où les gelées ne sont généralement pas très rigoureuses, l'avoine y résiste suffisamment pour pouvoir être semée avant l'hiver, et on comprend que cette circonstance soit favorable à sa végétation, de sorte que dans les mêmes terres les avoines d'hiver donnent généralement des récoltes plus abondantes en paille et en grain que les avoines de printemps, même lorsqu'elles paraissent avoir gelé presque complètement. Il faut alors les semer de bonne heure, avant le blé, dans une terre pas trop

ameublie, de façon qu'elles s'enterrent convenablement et qu'elles soient bien enracinées avant
l'hiver. L'intégrité des racines, après l'hiver, est
la condition de la réussite ; les avoines semées
trop tard ne résistent pas à la gelée et, dès lors,
après le 15 octobre, on ne peut plus semer
d'avoine d'hiver ; mais on peut très bien, lorsque
le temps est favorable, recommencer sans imprudence à les semer à fin janvier.

Le maïs n'a point été, jusqu'ici, cultivé pour
grain en Anjou ni dans toute la région de l'Ouest,
et il est bien probable qu'il n'y réussirait pas en
général ; mais il y a, au contraire, des points
où le succès serait certain dans les environs
d'Angers et dans toute la vallée de la Loire, dans
nos vallées de la Sarthe et du Loir ; dans toutes
nos terres légères et calcaires de l'Anjou, dans
le Saumurois, la culture du maïs pourrait réussir,
et son introduction serait sûrement une amélioration considérable. Le maïs est, en effet, parmi
les plantes céréales, l'une des plus avantageuses.

Au point de vue des exigences, il est évidemment plus gourmand en potasse que le blé et les
céréales de printemps ; il se place à côté du seigle,
mais il est sensiblement moins exigeant que lui
en acide phosphorique ; des quantités moyennes
lui suffisent. Il se rapproche de l'orge pour la
consommation qu'il fait en azote, mais il paraît
en différer pour les quantités respectives qu'il
prend dans l'air et dans le sol. De toutes les
plantes céréales le maïs est sûrement celle qui
prend dans l'air le plus d'azote. C'est, en effet,
celle dont le développement radiculaire et foliacé
est le plus considérable. Il est vrai, on l'admet
aujourd'hui, que le développement foliacé n'est
point directement en relation avec l'absorption

de l'azote de l'air, puisque celle-ci se ferait par les racines; mais qu'importe, puisque le développement radiculaire est sûrement en relation avec le développement foliacé Il faut, du reste, tenir compte ici de la longueur de la végétation. Si l'absorption de l'azote se fait au moyen des nodosités des racines qui servent de demeure aux microbes nitrifères, il est certain que le développement de ces nodosités est d'autant plus considérable que la végétation dure plus longtemps, et c'est là sans doute l'une des raisons pour lesquelles le trèfle, qui est une plante bisannuelle, est aussi une plante améliorante.

Or, lorsque l'on considère la durée de la végétation, il est certain qu'il faut tenir compte de l'époque où elle se fait, et le maïs que l'on sème au commencement de mai, qui végète en mai, juin, juillet et août, pour être récolté sous nos climats à fin septembre, profite des chaleurs et du soleil des journées les plus longues de l'année. Il végète, à ce moment, deux mois de plus que l'orge, et tout indique que lorsqu'il a accompli sa première végétation et développé suffisamment ses racines, il ne prend plus au sol qu'une minime quantité d'azote. Dès lors, il est raisonnable d'admettre, conformément à la pratique agricole, que le maïs n'est pas une plante très épuisante d'azote : 25 kilos par hectare pour 25 hectolitres paraissent devoir lui suffire.

On voit de suite l'importance de cette observation. Le maïs, plante peu exigeante en azote, à végétation longue et vigoureuse, qui demande à ne pas être semé dru, le maïs, à l'inverse des autres céréales, peut servir de tête d'assolement, c'est-à-dire qu'on peut lui donner le fumier et le cultiver en ligne. Le maïs est une plante sarclée : lorsqu'on le sème sur fumier enterré depuis deux mois, il trouve dans la terre ce qu'il lui faut pour bien végéter. Les sarclages entretiennent la propreté du sol et de la récolte ; le fumier, ainsi que nous le verrons plus loin, se nitrifie régulièrement et la terre est ainsi parfaitement préparée pour porter ensuite du blé. Enfin, le maïs est une plante très productive. Ce n'est pas 25 hectolitres qu'il peut produire dans des terres moyennes et sous un climat convenable, mais bien 40 ou 50.

Concluons donc de ces considérations très variées sur ces céréales, que ce sont en général des plantes peu exigeantes en éléments minéraux, qui consomment de 35 à 60 kilos de potasse, c'est-à-dire en tenant compte de la durée de la végétation, une quantité mensuelle presque constante de potasse, environ 15 kilos par mois pour les mois de végétation vigoureuse. Pour l'acide phosphorique, elles exigent de 17 à 31 kilos, mais elles sont loin d'exiger les mêmes quantités mensuelles, puisque l'avoine ne consomme que 4 kilos, le maïs 6 kilos, le seigle et le blé à peu près autant, et l'orge, au contraire, en demande 9 kilos par mois et ne peut ainsi prospérer que dans des terres riches de cet élément, c'est-à-dire dans les terres bien entretenues d'engrais et de culture. Enfin, en ce qui concerne l'azote, les exigences varient de 46 kilos pour l'orge à 63 pour le blé ; mais les deux sources d'azote, le sol et l'air, contribuent inégalement à la nutrition des diverses plantes, l'azote du sol en faisant presque tous les frais pour celles qui végètent l'hiver ou courtement l'été, comme le blé, l'orge, et à un degré moindre le seigle et surtout l'avoine, et, au contraire, l'azote de l'air contribuant pour moitié au moins à la nourriture du maïs qui végète l'été vigoureusement et longuement. Ainsi donc l'on peut admettre que :

L'orge prend au sol les 6/7 de l'azote qu'il consomme, soit. 40 kilos.
Le blé moins des 4/5, soit . . . . 50 kilos.
Le seigle les 3/4, soit . . . . 40 kilos.
L'avoine les 3/5, soit. . . . . 34 kilos.
Le maïs la moitié, soit. . . . . 24 kilos.

Aussi, dans le commencement d'une entreprise agricole en terre pauvre et mal cultivée, c'est à l'avoine et au seigle qu'il faut donner la préférence. Le maïs vient ensuite lorsque le climat lui convient ; le blé et l'orge doivent être réservés pour les très bonnes terres seulement.

Les racines forment une troisième catégorie de plantes dans laquelle je comprends les tubercules. Les exigences de ces plantes sont assez variables et dépendent sûrement de leurs caractères botaniques. Parmi elles, les crucifères, comme les choux raves, le navet, le turneps, sont incontestablement les plus exigeantes en acide phosphorique. C'est ainsi que le rutabaga contient seulement 1 1/2 d'azote pour 1 d'acide phosphorique ; le navet, la même proportion à peu près, au lieu que la pomme de terre contient dans les tubercules seulement 2 d'azote pour 1 d'acide phosphorique et, dans les feuilles vertes, six fois plus d'azote que de phosphate. La betterave fourragère contient à peu près les mêmes proportions, mais la betterave à sucre est beaucoup plus riche en acide phosphorique et se rapproche des crucifères. C'est là un point très important à noter : les racines comme les céréales et les autres plantes ont, en effet, en acide phosphorique des exigences à peu près fixes qu'il faut absolument satisfaire ; les exigences sont moins bien déterminées en azote, et, du reste, elles peuvent être satisfaites soit par l'azote du sol soit par la provision de l'air. Les plantes racines sont aussi des plantes très exigeantes en potasse ; mais quelques-unes d'entre elles, comme les betteraves et les carottes présentent cette particularité que la potasse peut y être remplacée partiellement par la soude.

La carotte même contient normalement autant de soude que de potasse, et il est admissible que la proportion pourrait être renversée. C'est là un point très important dans la culture de ces plantes. Au contraire, la pomme de terre, le topinambour et les crucifères ne contiennent que très peu de soude, le quart à peine de ce qu'elles contiennent de potasse. C'est là une des causes pour lesquelles ces plantes réussissent aussi bien dans notre sol de l'Anjou et y sont aussi largement cultivées.

Enfin, la chaux est aussi un élément essentiel de ces plantes. Mais on remarque, en analysant les diverses parties, que les racines et tubercules en contiennent fort peu, au moins dans les pommes de terre et dans les betteraves. C'est dans les feuilles surtout que la chaux est localisée. C'est là un fait général dans toutes les plantes : la chaux est une nourriture spéciale des feuilles et il est sans doute permis d'en induire que c'est une des causes du succès de la bouillie bordelaise pour la guérison du mildew, comme des effets surprenants du plâtre et probablement aussi de la chaux éteinte semée à la rosée sur les légumineuses en pleine végétation. Les crucifères sont beaucoup plus exigeantes en chaux que les autres racines ; leurs feuilles en contiennent plus que de potasse, de sorte qu'il faut leur en donner, aussi bien qu'à la carotte, le double à peu près de ce qu'elles demandent de potasse.

Toutes ces plantes ne se nourrissent pas de la même manière aux différentes périodes de leur végétation. A peine levées, elles développent rapidement leurs feuilles, leurs tiges, leur squelette, et c'est à ce moment surtout qu'elles consomment le plus d'azote et de matières minérales ; mais en Anjou, on a l'habitude de les semer en pépinière pour les repiquer ensuite. Le sol que l'on choisit pour la pépinière est un sol riche et très fortement fumé, auquel on ne donne pas d'engrais chimique. C'est donc toujours un sol très riche en azote, suffisamment riche en potasse, généralement pauvre en phosphate et en chaux. Ce sont là des circonstances favorables pour la végétation rapide de la pépinière, mais non pas pour sa végétation normale. On n'y forme que des plantes tendres contenant énormément d'eau, qui reprennent beaucoup plus difficilement de repiquage.

C'est ainsi, par exemple, que la reprise de la betterave repiquée est beaucoup plus difficile que celle du chou et que, pour l'assurer, on est obligé de rogner les trois quarts des feuilles pour diminuer l'évaporation et de replanter la racine déjà tournée pour assurer à la plante une réserve d'eau suffisante et favoriser la reprise.

Si on avait soin, tout en donnant à la jeune plante en pépinière une large quantité d'azote, de la fournir également d'acide phosphorique et de chaux, on assurerait le développement normal des feuilles, on leur permettrait de remplir dès le principe leur fonction et on obtiendrait sûrement des plants plus vigoureux et plus résistants. Au reste, il est bien certain que c'est dans cette première partie de la végétation que la consommation de la plante en azote du sol est toujours la plus forte. Tout le temps que son système radiculaire et foliacé n'est pas entièrement formé, il faut lui donner tout ce dont elle a besoin, et si l'on admet, par exemple, que les plants de betteraves repiqués pèsent 100 gr. et qu'on en plante 36,000 à l'hectare, il faut que la pépinière fournisse 3,000 kilos de plant contenant au moins 12 kilos d'azote, qui auraient été presque entièrement enlevés au sol.

Après le repiquage et la reprise, la consommation d'azote est moindre, mais elle est encore assez considérable pour la betterave, qui n'a que des racines ténues portant peu de nodosités. Dans ses cours au champ d'expérience de Vincennes, M. Ville fixait comme exigence de la betterave semée en place pour une récolte de 50,000 kilos 80 kilos d'azote. Ce chiffre est sans doute quelque peu exagéré ; il suppose que la plante prend au sol les 2/3 de l'azote qu'elle contient ; c'est une proportion énorme pour une plante verte, puisqu'elle est plus forte que pour le blé vert, et je pense que l'on peut sans inconvénient la ramener à la moitié, c'est-à-dire à 60 kil. Dès lors, la pépinière en ayant fourni 12 kilos, il ne resterait plus à fournir à la plante que 48 kilos pour une récolte de 50,000 kilos. Mais ces récoltes ne sont jamais atteintes dans le repiquage ; on arrive difficilement à plus de 30,000 kilos qui n'exigent en définitive que 36 kilos, moins 12 kilos d'azote, soit 24 kilos. La fumure de 12,000 kilos de fumier de ferme que l'on emploie d'habitude contient, nous le verrons plus tard, environ 42 kilos d'azote dont les 3/4 utilisables, soit 31 kilos ; elle est donc largement suffisante pour la récolte de betteraves, lorsqu'on la donne un peu d'avance. Si, au lieu de 12,000 kilos, on en donnait 22,000, soit 80 kilos d'azote, dont 60 utilisables, il en resterait 36 après l'enlèvement des betteraves, et cela suffirait largement avec l'azote des feuilles pour la production d'une bonne récolte de blé.

Mais cette quantité de fumier n'apportera pas, au contraire, assez d'acide phosphorique, car elle n'en donne que 33 kilos au plus. Les betteraves en exigent 30 kilos, moins 5 kilos apportés par le plant, soit 25 kilos. Il en reste donc 8 kilos seulement qui, avec les 5 ou 6 kilos laissés par les feuilles, font moins de 15 kilos, au lieu que notre récolte de blé en exige le double ; il faut donc, évidemment, donner au sol de 100 à 150 kilos superphosphate, 14/16, si l'on veut qu'il ne s'appauvrisse pas par la production des deux récoltes.

La betterave à sucre ne peut pas être traitée de la même manière que la betterave fourragère. Il faut absolument qu'elle mûrisse et qu'elle mûrisse normalement, et pour cela, il faut qu'elle ne soit pas dérangée dans sa végétation ; le repiquage lui serait donc très défavorable. Du reste, pour les mêmes causes, il faut qu'elle soit laissée très drue, que le développement de ses organes foliacés soit très favorisé ; enfin et surtout, il lui faut une nourriture spéciale. La quantité d'acide phosphorique qu'elle contient n'est même pas la mesure de celle qu'il faut lui donner ; car, pour que la betterave puisse en prendre autant, il faut que la terre en contienne beaucoup plus de disponible, et qu'au contraire la quantité d'azote soit relativement réduite, d'autant plus que la végétation de la betterave à sucre dure un mois de plus que celle de la betterave fourragère et que les organes foliacés et radiculaires y sont beaucoup plus développés. Pour toutes ces raisons, une récolte de 35,000 kilos de betteraves à sucre, qui ne contient que 92 kilos d'azote, est bien loin d'en enlever au sol 80 kilos et même 60 kilos. On convient généralement qu'il suffit de lui donner 3 quintaux de nitrate de soude. Avec 4 quintaux dans des terres en bon état de culture et d'engrais, on arrive sans appauvrissement du sol à obtenir des récoltes de plus de 50,000 kilos de racines à l'hectare, mais il est nécessaire d'employer autant de super-phosphate que de nitrate, c'est-à-dire de donner à la plante au moins tout l'acide phosphorique dont elle a besoin pour prospérer.

A l'inverse de la betterave à sucre, la carotte est beaucoup plus exigeante en azote que la betterave fourragère, et autant en acide phosphorique. Cela s'explique, si l'on considère que sa levée et sa première végétation sont très lentes. Lorsque l'on veut obtenir des récoltes de 40.000 kilos de racines qui contiennent 130 kilos d'azote, il faut donner au sol au moins 70 et peut-être 80 kilos d'azote et, pour une récolte de 50.000 kilos, il en faudrait près de 100.

Les pommes de terres forment, avec les topinambours, une catégorie un peu spéciale dans les plantes racines. Elles ne se sèment jamais, on plante toujours les tubercules ; elles exigent aussi une préparation très soignée du sol, une terre complètement meuble. La betterave réussit souvent dans une terre déjà durcie, dans une terre compacte, la betterave fourragère surtout. Cela se comprend, puisque sa racine pivote et au besoin sort de terre ; la pomme de terre, au contraire, est ronde et ne peut grossir qu'en soulevant ou écartant la terre autour d'elle. De là, nécessité d'une terre très meuble pour elle comme pour le topinambour ; aussi ces plantes réussissent-elles fort bien dans les sables. On remarquera en plus que, pour obtenir 25.000 kilos de tubercules, il faut planter trois pieds par mètre carré avec des semences pesant au moins 60 grammes, soit 2.000 kilos à l'hectare, qui fournissent déjà une quantité considérable d'azote. Enfin, la plantation se faisant au 15 avril, la plante est levée au 15 mai et est déjà munie, lorsque le tubercule qui lui a donné naissance était sain et lourd, d'un système radiculaire et foliacé suffisamment développé pour pouvoir absorber abondamment l'azote de l'air. Aussi, a-t-on remarqué que la pomme de terre n'enlève au sol que fort peu d'azote, moins de 40 kilos certainement, pour une récolte de 25.000 kilos, 35 au plus ; deux quintaux de nitrate de soude lui suffisent.

C'est, au contraire, une plante très exigeante en acide phosphorique et en potasse. Lorsqu'on lui donne trop d'azote, elle ne donne pas de tubercules et contracte beaucoup plus facilement la maladie ; il semble que les feuilles plus tendres soient une pâture plus assurée pour le champignon. D'autre part, elle n'exige que 150 kilos de potasse ; cela paraît être beaucoup moins que les 240 kilos exigés par notre récolte de 50.000 kilos de betteraves ; mais il faut remarquer que, dans la betterave, la potasse peut être remplacée par la soude, de sorte que le total des alcalis étant de 340 kilos, la soude pourrait représenter les 3/5 de la somme totale. Aussi la pomme de terre est beaucoup plus sensible que la betterave à l'apport de la potasse, et c'est pour cela que le fumier de ferme, à raison de 30.000 kilos à l'hectare, est l'engrais le plus convenable pour elle. Cet engrais suffit dans les terres qui ne sont pauvres ni en acide phosphorique, ni en patasse, et qui sont, du reste, ameublies profondément. Il contient, en effet, 45 kilos d'acide phosphorique et les tubercules n'en enlèvent guère que 40 kilos, déduction faite de la quantité apportée par la semence. Les expériences de M. Paul Genay ont, du reste, mis en évidence que l'apport d'acide phosphorique, dans les terres qui n'en manquent pas, ne fait qu'augmenter la richesse de la pomme de terre en fécule, sans augmenter son rendement.

Le topinambour a l'excellente réputation de pouvoir produire dans la même terre, lorsqu'elle lui convient, quatre ou cinq récoltes consécutives sans autre fumure que celle de la première année. Il est bien évident qu'il y a là une exagération et que la terre est appauvrie par le topinambour, au moins en matières minérales, qu'il faut sûrement remplacer; l'appauvrissement est à peu près le même que pour la pomme de terre. Mais, pour l'azote, cette plante vigoureuse, plantée en mars, végétant jusqu'aux gelées, n'en enlève que très peu au sol, et il n'est pas bien certain qu'il lui faille annuellement 16 kilos d'azote, soit un quintal de nitrate de soude.

Les exigences considérables de la pomme de terre et du topinambour en matières minérales expliquent les échecs de ces cultures, lorsqu'on les pratique après des récoltes qui ont épuisé le sol en matières minérales. On observe que la pomme de terre, même fourragère, grille toujours, contracte la maladie et est échaudée après le chou. Le chou est, en effet, un gros consommateur de potasse et d'acide phosphorique ; il n'en laisse pas dans la terre pour la plante qui le suit et, dès lors, cette plante ne doit pas être une plante racine exigeante, mais bien une plante céréale avoine ou orge.

Le chou nous ramène au rutabaga, dont il a les exigences en azote, acide phosphorique, potasse et chaux, et au navet, qui est aussi une plante crucifère, dont les exigences en azote et en acide phosphorique sont, il est vrai, un peu moins grandes, mais dépassent sensiblement les exigences au moins apparentes de la betterave.

Je dis apparentes, car toutes ces plantes, qui contiennent, en réalité, plus d'azote que la betterave, en consomment cependant beaucoup moins. Il est vrai que le chou est toujours, dans la Vendée, une récolte fortement fumée, que le navet reçoit autant de fumier que la betterave ; mais cela ne veut pas dire que ces plantes en profitent. Il y a des contrées dans le nord du département de Maine-et-Loire, dans la Sarthe, dans les sables du voisinage de La Flèche où l'on ne donne au chou que très peu de fumier, pas du tout quelquefois, et où l'on obtient, à l'aide du superphosphate seulement, une très belle végétation. A La Flèche, l'engrais par excellence des choux est le plâtre, ce qui n'est pas surprenant dans des terres qui ne contiennent pas 3.000 kilos de chaux à l'hectare.

J'ai indiqué plus haut les causes générales de ces exigences relativement minimes en azote. Pour le chou, la transplantation, transplantation de la plante entière, non rognée, qui la fait vivre successivement dans deux sols et qui lui permet notamment d'accomplir son premier développement, celui qui exige le plus d'azote dans une terre toujours riche où la plante peut s'approvisionner même au-delà de ses besoins. Avec cela, des racines très fortes, branchues, sur lesquelles les nodosités se développent à l'envi, enfin, une végétation très longue depuis la transplantation, près de cinq mois en été et en automne et deux mois au printemps suivant. Cela suffit, et au-delà, à expliquer que le chou, tout en contenant 175 kilos d'azote, soit bien loin d'en enlever au sol autant que la betterave : 40 kilos lui suffisent largement, moins même, 30 kilos, peut-être, de sorte que l'engrais qui lui convient le mieux contiendrait 3 kilos d'azote pour 12 d'acide phosphorique ; c'est aussi généralement celui qui produit le plus d'effet dans les terres pauvres.

Les cultivateurs notent, au contraire, qu'il faut au navet du fumier consommé, qu'il ne réussit pas sur fumier tout à fait frais, quoique le fumier frais ait pas mal de qualités que n'a pas toujours le fumier consommé. Il est vrai qu'une plante estivale comme le navet, exposée à souffrir de la sécheresse, ne demande pas à être semée dans une terre soulevée par une fumure récente ; mais ce mal n'est pas à craindre dans la Vendée, où tous les fumiers sont courts, même les fumiers frais. Et, dès lors, il faut bien conclure qu'il ne suffit pas de donner aux navets des fumiers frais, c'est-à-dire parfaitement nitrifiables, mais des fumiers nitrifiés, c'est-à-dire des fumiers de un mois ou deux, ou bien des fumiers frais ayant déjà passé en terre un mois ou deux. Voilà ce que veulent dire les cultivateurs, en affirmant qu'il faut aux navets du fumier consommé : ils veulent simplement dire que sa première végétation exige du nitrate ; et comme il végète très vite, que sa première végétation est en somme relativement longue, qu'il forme une racine charnue au lieu de racines funiformes, couvertes de nodosités, il est facilement explicable que sa consommation d'azote doit être relativement forte.

Il résulte de là que la succession blé, navet, dans laquelle le navet est semé sur un seul labour, immédiatement après le blé, n'est pas une rotation rationnelle et que le navet ne peut réussir, dans ces conditions, que si on lui donne 150 kilos de nitrate, 23 kilos d'azote, à peu près la moitié de ce qu'exige la production d'une récolte de 25.000 kilos de feuilles et racines. Lorsque le navet succède au seigle mangé en vert, ce qui est fort rare, parce que c'est une plante d'arrière-saison qui souffre d'être semée de trop bonne heure en été, il lui faut évidemment moins d'azote dans l'engrais, parce que la culture en rend disponible dans la terre ; 100 kilos de nitrate suffisent alors. Enfin, lorsqu'il succède au trèfle incarnat qui enrichit la terre en azote ou lorsqu'il succède au trèfle violet, il n'en faut plus du tout, la terre n'a plus besoin que de superphosphate, qui produit ici le plus remarquable effet. La même observation s'applique au chou. La succession trèfle incarnat, chou, est productive sans apport d'engrais azoté ; mais il faut, au contraire, un apport considérable d'acide phosphorique, dont ces deux plantes consomment de grandes quantités. C'est là la raison pour laquelle le chou donne de bonnes récoltes sans fumier, dans le nord de l'Anjou.

Bref, le navet consomme 150 kilos nitrate,

comme le chou. Cela lui suffit avec 200 kilos de superphosphate, dont il faut au chou quatre fois plus.

Le rutabaga est intermédiaire entre le chou et le navet, intermédiaire au point de vue botanique, intermédiaire au point de vue de la consommation d'engrais azoté. Pour une production de 50.000 kilos de feuilles et racines, il lui faut 260 à 300 kilos de nitrate de soude et 7 à 800 kilos de superphosphate.

Nous pouvons ainsi fixer les exigences des plantes racines et des plantes fourragères vertes d'hiver, pour des récoltes équivalentes. Je néglige pour le moment la potasse, dont nos terres d'Anjou n'auront généralement pas besoin d'ici longtemps :

	AZOTE	ACIDE PHOSPH.	FUMURE
Betteraves, 50.000 kilos . .	60	50	35 à 40.000 fumier de ferme.
— repiquées, 30.000 k.	28	30	20 à 25.000 fumier de ferme.
— à sucre, 40.000 kil.	45	54	20.000 kil. fumier avant l'hiver, 150 nitrate, 400 superphosphate.
Pommes de terre, 25.000 k.	40	46	100 kil. nitrate, 300 superphosphate, ou 30.000 kil. de fumier ou 20.000 kil. avec 100 superphosphate.
Carottes, 40.000 kil.	75	50	45.000 kil. fumier de ferme ou 30.000 kil. avec 150 nitrate.
Navets avec feuilles, 25.000	23	30	150 nitrate, 200 superphosphate.
Rutabagas, 50.000 kil. . . .	40	120	20 à 25.000 fumier, 500 superphosphate.
Chou, 50.000 kil.	25	120	20.000 fumier, 600 superphosphate.

Il me reste à traiter des plantes industrielles proprement dites, chanvre et colza. Nous passons tout naturellement du chou au colza, puisque le colza est aussi une crucifère. C'est, de plus, au point de vue de la culture, une plante très analogue au chou ou au navet, suivant qu'on le repique pour graine ou qu'on le cultive pour fourrage.

Le colza a pourtant une très mauvaise réputation : on dit qu'il est très exigeant en azote ; en effet, une récolte de 20 quintaux, ou environ 30 hectolitres, en contient, paille et graine, 100 kilos. Une récolte verte de 25.000 kilos en contient 125 kilos. C'est beaucoup ; mais enfin le chou et le rutabaga en contiennent beaucoup plus et sont pourtant très peu exigeants. Nous avons trouvé que le chou ne consomme pas plus de 25 kilos d'azote, 30 kilos lorsque l'on ajoute l'azote apporté par le plant. Et M. Georges Ville nous dit, d'autre part, que pour la production d'une récolte de colza de 40 hectolitres, il faut donner au sol 70 à 80 kilos d'azote. Il est vrai qu'il admet aussi qu'une pareille récolte contient, paille, silique et graine, 200 kilos d'azote, ce qui est sûrement exagéré, puisque les tables de Wolf ne donnent pour un pareil rendement que le chiffre de 135 kilos, et que, si l'on considère les chiffres qu'elles donnent pour l'azote comme un peu faibles généralement, il paraît au moins suffisant de ne les relever que de 1/10, d'où il résulte que notre récolte de colza de 40 hectolitres contiendrait environ 150 kilos d'azote, et en enlèverait ainsi au sol la moitié de ce qu'elle contient.

Les expériences poursuivies en Allemagne par Fellemberg et de Vogt, il y a plus de 70 ans, paraissent lui donner raison. Ces deux agronomes sont, en effet, d'accord qu'il faut donner au colza beaucoup de fumier et que, tout en lui en donnant beaucoup, plus de 50.000 kilos à l'hectare, on n'obtient jamais plus de 35 hectolitres de graine. A l'époque où ces agronomes opéraient, on ne connaissait pas les engrais chimiques; et l'on pourrait ainsi admettre que cette énorme quantité de fumier produit aussi peu d'effet pour le colza, parce que le fumier n'est pas l'engrais spécial du colza, qui exigerait des engrais minéraux. Mais M. Georges Ville a pris soin de nous détromper, en nous affirmant que la dominante du colza est l'azote. Ainsi, c'est entendu, il faut au colza beaucoup d'azote, et si le fumier seul ne parvient pas à donner des récoltes supérieures à 35 hectolitres, c'est qu'il ne peut pas en fournir assez à la plante pendant sa végétation. Aussi, Fellemberg, classant autrefois les plantes par ordre d'exigences en fertilité, c'est-à-dire en azote disponible, avait placé le colza en tête. D'après lui, on pouvait obtenir encore, avec la même fumure, une bonne récolte de pommes de terre avant de semer du blé ; le colza était un mangeur d'azote et, pour qu'il en trouve sûrement assez, il fallait lui en donner trop.

C'est là, au moins, ce qui semble résulter des idées de Fellemberg sur la fertilité. Il y aurait, d'après lui, des plantes qui l'utilisent fort mal et auxquelles, par conséquent, il en faut beaucoup, d'autres qui l'utilisent mieux. Cette conception est manifestement erronée : les plantes puisent dans la terre, par leur racine, tout l'azote, tout l'acide phosphorique, toute la potasse qui se trouve à leur portée, quels que soient, du reste, leurs besoins; elles en éliminent l'excédent, mais elles ne distinguent pas, et il est contradictoire de supposer qu'une plante serait incapable d'absorber une partie de l'azote disponible qui se trouverait à sa portée. Si donc, d'après Fellemberg, le colza, par exemple, exige un sol beaucoup plus fertile, c'est-à-dire beaucoup plus riche en azote que la pomme de terre, un sol qu'il laisse, du reste, fort riche, cela tient simplement à ce qu'il ne se nourrit pas de la même manière, qu'il lui faut à un moment donné, c'est-à-dire dès le commencement de sa végétation, des quantités énormes d'azote. Mais, à ce moment-là, le fumier n'est pas encore nitrifié, il ne fait que commencer à se décomposer ; il en faut donc à la terre de grandes quantités, pour que la plante puisse trouver sûrement dans le sol de quoi vivre.

Voilà pourquoi, en Normandie, le plant de colza se cultive toujours après une plante améliorante, comme le trèfle incarnat ; voilà pourquoi la réussite est dans ce cas plus certaine que si le colza était fait après seigle fauché en vert, sur un sol copieusement fumé. Ce qu'il y a d'important, ce n'est pas de donner à la plante beaucoup d'azote pendant tout le temps de sa végétation, c'est de lui en donner beaucoup au commencement et assez pendant le reste du temps. D'autre part, le colza occupe la terre pendant un an, il y passe l'hiver. Il faut donc sûrement lui donner l'engrais en deux fois, avant et après l'hiver ; c'est, sans doute, l'une des causes pour lesquelles les exigences du colza ont paru si considérables à M. Georges Ville, d'autant plus qu'il réussit surtout dans les terres sableuses et légères, car il craint ailleurs le déchaussement ; de sorte qu'il me paraît très probable que 35 kilos d'azote à l'hectare avant l'hiver et 15 kilos après l'hiver, devraient suffire à la végétation d'une bonne récolte de colza, produisant 40 hectolitres à l'hectare.

Il est bien évident qu'avec de pareilles habitudes de végétation, le colza ne saurait être cultivé avec le fumier seul, d'autant plus que cette plante, semée à l'arrière saison, ne peut utiliser l'engrais que pendant deux mois au plus, c'est-à-dire activement pendant un mois et demi. Aussi, ne peut-on le réussir, en le cultivant avec fumier seul, que sur jachère ou après plante améliorante, jamais après une plante céréale ; mais il s'accommode fort bien de l'engrais chimique azoté associé au fumier, et il n'est pas douteux que l'on pourrait plus facilement produire 40 hectolitres de graine, en donnant à la plante 30.000 kilos de fumier, avec 100 kilos de nitrate à la semaille, qu'avec 50.000 kilos de fumier sans nitrate. Le colza est une plante qui exige pas mal d'engrais, mais qui utilise assez mal les grosses quantités de fumier.

A cause de ces habitudes spéciales, il n'est pas évidemment avantageux de semer le colza en place ; c'est, du reste, une plante qui se prête fort bien au repiquage. Semé en pépinière vers le milieu de juillet, il est assez fort pour être repiqué depuis le 15 septembre ; et l'opération peut se faire utilement jusqu'au 15 octobre et même plus tard, c'est-à-dire que le colza repiqué peut, à la rigueur, succéder aux céréales blé ou avoine. Le repiquage présente encore l'avantage d'économiser le fumier. C'est, en effet, pendant la première végétation que le colza exige le plus d'azote ; le colza repiqué se trouve à peu près dans les mêmes conditions que le chou, et il n'est pas probable qu'il exige beaucoup plus d'azote que cette plante, soit 25 à 30 kilos à l'hectare à répartir sur un mois de végétation à l'automne et quatre mois au printemps. La plante est, du reste, repiquée en lignes, reçoit une façon à la herse bineuse et une à la houe, en octobre ou en novembre, une autre en mars ou au commencement d'avril ; et dès lors, il n'est pas surprenant qu'une fumure de 20.000 hilos suffise largement à sa végétation au lieu des 50.000 kilos dont on nous parle. Il résulte de là que le cultivateur qui veut semer 5 hectares de colza en place doit employer, sans engrais chimique, 250.000 kilos de fumier, au lieu que celui qui en repiquerait la même quantité aurait besoin de 50.000 kilos pour un hectare de pépinière, et de 100.000 kilos pour les 5 hectares destinés au repiquage ; et comme le blé succéderait au plant de colza, il aurait préparé 6 hectares de blé ou colza avec 150.000 kilos de fumier, au lieu de 5 hectares de colza avec 250.000 kilos ; c'est une économie de moitié tout juste.

Il est vrai que le colza repiqué sur fumure de 20.000 kilos laisse la terre moins riche que celui semé sur fumure de 50.000 kilos, à ce point qu'en Normandie, où on repique, on a l'habitude de donner une demi-fumure après l'enlèvement du colza, au lieu qu'en Lorraine, où on sème, on obtient sans fumier, après les colzas, d'excellents blés ; mais ce n'est point une preuve de l'exigence du colza. Une fumure de 20.000 kilos, contenant 60 kilos d'azote utilisable au maximum, ne peut évidemment suffire au colza qui en demande 30 kilos, au blé qui en demande 50 et à l'avoine qui en demande 25, en tout un peu plus de 100 kilos, au lieu que la fumure de 50.000 kilos

qui apporte 150 kilos d'azote utilisable suffit très
largement à la consommation des trois récoltes,
de sorte qu'il est permis d'affirmer, en définitive,
que le système de culture du colza en place avec
de grosses fumures, n'est pas un système économique.

Il est entendu, au reste, que le colza est fort
exigeant en acide phosphorique, 70 kilos au
moins pour une récolte de 40 hectolitres ; c'est
sûrement beaucoup plus que d'azote, de sorte
que M. Ville paraît être dans l'erreur en affirmant que la dominante principale du colza est
l'azote et que la dominante secondaire, qui ne
domine plus, est l'acide phosphorique, et qu'il
aurait fallu dire que la dominante principale,
celle qui domine, est l'acide phosphorique qu'il
faut donner par 500 kilos de superphosphate, au
lieu que la dominante secondaire est l'azote qu'il
faut donner à raison de 200 kilos de nitrate à
l'automne et 100 kilos de nitrate au printemps.

Voici la dernière plante qui intéresse l'Anjou.
C'est le chanvre ; c'est aussi celle sur laquelle
les agronomes ont le moins de renseignements,
tant sur sa composition que sur ses exigences.
Cela tient sans doute à ce qu'on est habitué à ne
le cultiver que sur de très bonnes terres et à en
obtenir sans expériences d'abondantes récoltes.

42 kilos d'acide phosphorique, 152 de potasse,
191 de chaux, voilà ce qu'il faut au chanvre en
matières minérales pour donner une récolte
sèche de 10.000 kilos à l'hectare. Il lui faut aussi
27 kilos de magnésie ; mais cette quantité, qui
n'a rien d'exagéré, ne suffit pas à le faire classer
parmi les plantes spécialement avides de magnésie.

La quantité de chaux est, au contraire, considérable, 191 kilos; et cela explique les bons effets du superphosphate sur les récoltes de chanvre. Le superphosphate est, en effet, autant un engrais calcaire à base de plâtre qu'un engrais phosphaté. Toujours est-il que dans les terres peu calcaires de Clefs, le superphosphate produit merveille dans les cultures bien soignées; il produit beaucoup plus d'effet que le superphosphate azoté, ce qui se comprend puisqu'il contient moitié en plus d'acide phosphorique et de chaux.

Les tables de Wolf ne donnent point la teneur du chanvre en azote; cette plante doit en contenir, pour une récolte d'un hectare, une centaine de kilos; et comme sa végétation est très rapide, puisqu'elle dure moins de trois mois, que la plante est semée drue, il est permis de conclure qu'elle est très exigeante en azote et qu'elle en consomme au moins 50 kilos pour une récolte d'un hectare. Cette conclusion est absolument conforme à la pratique des cultivateurs de la vallée de la Loire, qui préparent leurs terres pour le chanvre en enterrant, à fin avril, une récolte de vesceau, avec 20,000 kilos de fumier, soit près de 100 kilos d'azote, qui servent à produire une récolte de chanvre suivie d'un froment. La pratique des environs de Clefs paraît contraire à celle de la vallée de la Loire; mais il faut remarquer que là les terres très humides contiennent toujours un excès d'azote et que le chanvre dont il s'agit a été semé sur carottes fumées, dans un jardin, c'est-à-dire dans une terre sûrement riche en azote et relativement pauvre, au contraire, en matières minérales. Dès lors, le chanvre cultivé sur fumier doit toujours recevoir, comme engrais complémentaires, 300 kilos de superphosphate enterrés à l'hectare, et lorsqu'il a 0^{m}20 de longueur, 150 à 200 kilos de plâtre. Lorsqu'on le cultive sans fumier, il faut lui donner, en deux fois, 250 à 300 kilos de nitrate de soude, 400 de superphosphate et la quantité de plâtre exigée précédemment. Il convient en plus, dans ce cas surtout, de lui donner deux cents kilos de chlorure de potassium, et au moins cent kilos lorsque la terre a été fumée, d'autant plus que le rouissage fait disparaître cet élément dont les terres s'appauvrissent ainsi peu à peu.

CHAPITRE III

ENTRETIEN DE LA FERTILITÉ DES TERRES. FUMIER
ET LABOURS. RÉSIDUS DES PLANTES

On ne peut entretenir la fertilité des terres que par la restitution des éléments enlevés par les récoltes au sol. Beaucoup de cultivateurs diront sans doute : Mais ce n'est pas là un axiome, c'est une erreur ; une terre peut produire des récoltes sans fumier, sans cesser d'être fertile ; il n'y a point de terres ou presque point de terres en France qui aient reçu depuis qu'elles sont cultivées autant de principes fertilisants que les récoltes successives leur ont effectivement enlevés ; et, cependant, c'est un fait que leur fertilité a très sensiblement augmenté, que nous en tirons aujourd'hui des récoltes beaucoup plus considérables que celles d'autrefois. L'engrais n'est donc pas le seul agent de la fertilité du sol. Sans doute, et il y a lieu de distinguer dans ce qu'il apporte ce qui est immédiatement ou successivement utilisable, comme il y a lieu de distinguer dans la fertilité du sol deux éléments, la puissance et la richesse : la richesse qui résulte de sa composition, de sa teneur en principes nutritifs, azote, acide phosphorique, potasse, chaux, que ces éléments soient ou non immédiatement utilisables, c'est-à-dire solubles ;

la puissance qui n'est que la mise en œuvre de ces principes, la résultante de la transformation, de la décomposition ou de la désagrégation des matières organiques qui les contiennent. C'est la puissance d'une terre qui produit les récoltes, c'est la richesse du sol qui entretient à chaque instant sa puissance de production, d'où il suit que la fertilité d'une terre cultivée sans engrais ne peut s'entretenir ou s'accroître qu'aux dépens de sa richesse. C'est ce qui est arrivé pour toutes les terres cultivées dans les temps anciens comme dans les temps modernes. Que de terres, après avoir produit d'abondantes récoltes, sont devenues stériles ! Combien d'autres voient aujourd'hui leur fertilité décroître tous les jours ! Nous en avons un peu partout en France ; et il y en a, notamment, en Anjou, dans l'arrondissement de Baugé, qui ne contiennent plus un stock suffisant d'éléments utiles pour fournir chaque année aux récoltes, même avec un peu de fumier, ce dont elles ont besoin pour pousser. On peut dire que, pour la plus grande partie, nos terres de France sont aujourd'hui arrivées à ce point, où la richesse ne peut suffire à entretenir la puissance qu'à la condition d'être elle-même constamment entretenue par des apports d'engrais.

Le principal est le fumier de ferme, qu'il convient d'étudier ici, non pas complètement, ce ne serait pas le lieu, mais simplement dans ses rapports avec les assolements et avec la loi de restitution que j'indiquais tout à l'heure.

J'ai montré plus haut que les fumiers ne peuvent restituer à la terre qu'une partie de l'azote et de l'acide phosphorique contenus dans les récoltes ; et j'en ai conclu qu'il fallait restituer autrement l'acide phosphorique exporté et faire en sorte de restituer par les fumiers, au moins tout l'azote enlevé réellement au sol. Or, les fumiers ont une valeur et une composition très variables, qui dépendent avant tout de l'espèce et du régime des animaux qui les produisent, de l'abondance des litières et des soins donnés à la confection du tas de fumier.

Les animaux adultes à l'engrais vivent dans l'abondance, reçoivent tour à tour du trèfle vert, des choux, des betteraves, des navets, des fourrages secs ; généralement ils consomment tout le son provenant du blé destiné à la nourriture de la famille ; on leur donne souvent des moutures d'orge ou de seigle, quelquefois des tourteaux de graines oléagineuses, ils ne travaillent pas. Le fermier a soin de les laisser dans le calme du repos, il est défendu de les visiter en dehors des heures de repas ; ils perdent peu d'azote par la respiration et la transpiration, une petite partie seulement est assimilée ; tout le reste va au fumier qui est à la fois très abondant et très riche. Un animal à l'engrais ingère chaque jour plus de 500 kil. d'azote et son fumier en contient plus de 250 gr. Il fait 50 kilos de fumier par jour.

Les jeunes animaux reçoivent aussi en général des aliments de choix, mais en moindre quantité ; ils ne peuvent manger qu'à leur appétit et une grande partie de leurs aliments sert à la production des os, des muscles, des organes de la vie, ils sont aussi plus remuants ; l'été ils passent au pâturage la plus grande partie de leur vie, leur fumier est donc singulièrement plus pauvre en phosphate et en azote que le fumier des animaux gras, et tandis que les pre_ miers en produisent par jour 50 kilos, soit près de 10 kilos par 100 kilos de poids vif, les jeunes animaux n'en produisent pas plus de 5 kilos pour le même poids.

Les vaches à lait sont aussi fort bien nourries. Cela est nécessaire lorsque l'on veut en tirer un produit rémunérateur, mais pourtant elles sont beaucoup moins bien nourries que les animaux à l'engrais ; on leur donne des choux, des betteraves, du trèfle, du foin, des navets, quelquefois un peu de son, et c'est tout, dans la culture ordinaire. Ce n'est que dans le voisinage des villes, où la vente du lait est avantageuse, que l'on ajoute à leur ration du tourteau. Une vache produisant 10 litres de lait, reçoit au plus, par jour, 200 gr. d'azote ; son lait en contient 50 à 55 gr., elle perd 25 gr. par la respiration ; son fumier n'en contient que 125 gr.; il est donc moins abondant et moins riche que celui d'une bête à l'engrais, 30 à 35 kilos par jour environ.

Les animaux de travail reçoivent une ration un peu moins forte que les vaches à lait, et perdent davantage par la respiration ; mais c'est la seule perte que les aliments subissent, de sorte que leur fumier est toujours un peu plus riche que celui des vaches en azote et sensiblement plus en matières minérales, mais une bonne partie, un quart au moins, en est perdue un peu partout, et ils en font, du reste, sensiblement moins, de sorte que, pendant que la vache produit 6 à 7 kilos de fumier par 100 kilos de poids vif, le bœuf de travail n'en produit pas en réalité plus de 4 à 5, et, en tenant compte de la richesse, on peut affirmer qu'un animal à l'engrais produit plus de fumier que deux vaches et à peu près autant que trois bœufs de travail.

Le cheval est nourri d'une manière plus recherchée. Il ne se contente pas de fourrages, et, en ce genre même, il faut lui donner ce qu'il y a de meilleur, de plus appétissant; il faut y ajouter de l'avoine et un peu de paille. D'autre part, le fumier de cheval est beaucoup plus sec que celui du gros bétail; et l'on comprend, dès lors, qu'il doit être plus riche en azote et surtout relativement riche en phosphate. C'est, en effet, le plus riche de tous en phosphate, et il est parmi les plus riches en azote; mais avec une ration de 150 à 180 grammes d'azote, le cheval qui perd sur les routes, un quart au moins de ses excréments, qui perd de 25 à 50 gr. par la respiration et la transpiration, le cheval ne produit guère que 3 à 4 kilos de fumier par 100 de poids vif, soit 15 à 20 kilos pour un animal du poids de 500 kilos.

Le porc est un animal qui boit beaucoup et qui est destiné à produire très rapidement de la viande et du lard. A cause de cela, il faut lui réserver des aliments riches. Chez lui, au surplus, la masse de la viande et du lard est considérable, si on la compare à celle de la charpente; aussi, quoique croissant très vite, il assimile relativement peu de phosphate, davantage d'azote, mais il en perd très peu par la respiration; à cause de cela, quoique son fumier soit très aqueux, il est toujours moyennement riche, moins riche, bien entendu, pour les jeunes animaux et pour les truies pleines ou laitières que pour les porcs à l'engrais.

Il n'y a pas beaucoup de moutons en Anjou, à l'exception de l'arrondissement de Saumur; mais il y en a dans le Poitou, dans la Sarthe, dans la Touraine, et du reste avec les droits d'entrée nouvellement votés, le nombre et l'effectif des troupeaux vont sans doute augmenter. A ne considérer que la qualité de son fumier, on peut placer le mouton sinon au premier rang, au moins au second. Ce n'est pas qu'on le nourrisse bien : on lui donne généralement de la paille à discrétion, avec un peu de foin pendant l'hiver, des betteraves aux mères, un peu de grain, plus de foin et moins de paille aux moutons à l'engrais. En été, le troupeau pâture la moitié de la journée ; mais le mouton boit relativement peu, et son fumier est fait à couvert et composé surtout de paille et d'excréments solides avec assez d'urine seulement pour en faire une masse compacte, dans laquelle on distingue encore, en curant les bergeries, les divers lits de paille stratifiés successivement. Un mouton, qui consomme par jour 20 grammes d'azote, 25 à 30 grammes l'été, en perd 5 par la respiration, 1/4 de son fumier est répandu un peu partout sur les chemins et dans les terres ; et il ne fait guère, en moyenne, que 3 livres de bon fumier, soit moins de 4 kilos par 100 kilos de poids vif (1).

Il faut évidemment tenir compte de toutes ces considérations dans l'étude des divers fumiers, étude si importante, dans la question qui nous occupe. Je donne ci-dessous la composition de divers fumiers, pris dans des conditions très variées. Il aurait été nécessaire, pour que la comparaison soit possible, de connaître la ration, la quantité de fumier produite et la composition du fumier frais pour chaque espèce d'animaux.

---

(1) La quantité est sensiblement inférieure, ainsi que la qualité pour les troupeaux mal nourris, mais elle est très sensiblement supérieure en Anjou, où les quelques brebis de chaque exploitation mangent autant qu'elles veulent.

Ce tableau donne donc seulement des renseignements qu'il sera nécessaire de contrôler par l'observation des effets produits et par la réflexion.

ANIMAUX	AZOTE	AC. PHOSPH.	POTASSE	NOURRITURE	QUANTITÉS ANNUELLES PRODUITES SUIVANT DOMBASLE
Cheval, fumier frais	6.7	2 32	6.74	foin, avoine	16.200 k.
Vache —	3.4	1.29	3.27	regain, pommes de terre	19.500 k.
Mouton —	8.2	2.63	7.88	foin	600 k.
Porc —	7.8	2.07		pommes de terre	

On voit que le fumier de cheval est à peu près deux fois plus riche en azote et en acide phosphorique que le fumier de vache. Le chiffre du fumier produit est donné par Mathieu de Dombasle; il représente 40 kilos par jour. Je suis persuadé que l'expérience de Mathieu de Dombasle a été faite à une saison où les chevaux étaient au vert et au repos. Au reste, le fumier analysé n'est pas celui de Roville qui, sûrement, était beaucoup moins riche, quoique l'on soit habitué à nourrir très abondamment les chevaux à la campagne et à leur donner le foin à peu près à discrétion. En somme, 43 kilos de fumier produits par jour auraient contenu 280 gr. d'azote, c'est-à-dire 100 gr. de plus que le cheval n'en reçoit normalement dans sa ration; la quantité de fumier produite est donc sûrement exagérée; elle n'est pas supérieure à 11 ou 12.000 kilos pour le cheval supposé au repos, en réalité elle ne monte guère qu'à 8.000 kilos.

La quantité de fumier de vache est aussi très considérable, elle représente 50 kilos par jour; mais cela est possible pour une vache bien nourrie, quoique pour une vache nourrie comme c'est l'habitude à la campagne, on ferait bien de réduire à 14.000 kilos la quantité de fumier produit. La vache pâturant 4 ou 5 mois de l'année en Anjou, il faut encore réduire cette quantité de 1/7. Le produit est donc de 12.000 kilos. Et si l'on tient compte de la qualité et de la quantité, on voit qu'une vache convenablement nourrie produit 1/4 de fumier en moins qu'un cheval de travail bien nourri.

Le fumier de mouton est vraiment très riche en azote, mais particulièrement pauvre en acide phosphorique. Mathieu de Dombasle trouve que le mouton produit 600 kilos de fumier, et cela est probablement exagéré de 200 kilos si l'on tient compte du pâturage : 400 kilos de fumier, voilà la production d'un mouton et il en faut 13 pour produire annuellement 5.200 kilos de fumier, contenant autant d'azote que les 12.000 de la vache et 1/4 en moins de phosphate. Ainsi, à ne considérer que le fumier, et en tenant compte, bien entendu, de la qualité et de la quantité, le mouton n'est pas supérieur à la vache.

Quant au fumier de porc, l'analyse citée plus haut lui attribue une teneur de 7 k. 8 en azote par 100 kilos, ce qui est certainement exagéré. D'autres analyses, en effet, indiquent que les excréments solides de porc en contiennent seulement 7 0/0 ; son urine contient seulement 2,5 0/0, et comme la quantité d'urine du porc est beaucoup plus considérable que celle des excréments solides, 3 kilos environ pour un kilo, un peu moins pendant l'engraissement, un peu plus pendant l'allaitement, mais toujours au moins 2 k. 500 pour 1 kilo en moyenne, on voit qu'en tenant compte de ces deux éléments, le fumier ne peut pas contenir plus de 4 0/0 d'azote. D'autre part, Mathieu de Dombasle fixe à 12.000 kilos la quantité annuelle de fumier d'un porc. Ce chiffre est sûrement trop considérable pour le porc normal, celui qui naît, grandit, est engraissé et tué dans l'année ; il semble même trop considérable pour les truies ; et il est raisonnable de le réduire à 4.000 kilos de fumier, à 4 0/0 d'azote et un peu plus de 2 0/0 de phosphate, ce qui classe le porc sensiblement avant la vache pour la qualité de son fumier, de sorte qu'en tenant compte des quantités et de la qualité, on voit que trois porcs font à peu près autant de fumier qu'une vache.

Mathieu de Dombasle évalue à 25.000 kilos la quantité de fumier annuelle d'un bœuf à l'engrais soumis à la stabulation permanente. Ce chiffre donne 65 kilos de fumier par jour, soit, pour un bœuf de 650 kilos, 10 kilos par 100 kilos de poids vif ; il n'a sûrement rien d'exagéré. Je n'ai aucune analyse de ce fumier ; mais on peut admettre, par analogie, qu'il est moins riche que celui du cheval puisqu'il est plus aqueux, et plus riche que celui de la vache qui est tout aussi aqueux et même plus, et qui ne contient plus les principes fertilisants dont la sécrétion du lait le prive ; on s'approchera de la vérité en fixant à 4,5 0/0 la quantité d'azote et à 2 0/0 la quantité d'acide phosphorique qu'il contient. On voit donc qu'un bœuf à l'engrais, en tenant compte de la quantité et de la qualité de son fumier, en produit autant que trois vaches à lait convenablement nourries.

J'ai supposé, dans tout ce qui précède, qu'aucune partie du fumier n'était perdue, que le fumier était utilisé en sortant de l'étable. Cela n'a pas lieu d'habitude ; et il y a là encore une source de perte variable, mais généralement très considérable, car le fumier enlevé des étables est souvent abandonné à lui-même dans la cour, exposé à la chaleur, au soleil et à la pluie ; il supporte donc un déchet variable avec la température d'abord, mais qui dépend avant tout de sa qualité, c'est-à-dire de l'espèce des animaux qui l'ont produit ; car la fermentation du fumier qui en produit la décomposition s'établit plus ou moins vite. Le fumier de vache, produit par un gros animal qui boit beaucoup, dont la température est sensiblement moins élevée que celle du cheval ou des animaux de travail, fumier pauvre, au surplus, fermente moins rapidement que tout autre et perd moins, par conséquent, à être abandonné dans les cours de ferme. Le fumier de cheval, au contraire, très riche, très chaud, relativement sec, surtout lorsqu'on ne ménage pas la litière, ne contient pas assez d'humidité pour que la fermentation s'y établisse normalement. Cela ne peut avoir lieu que par un apport d'eau de pluie, de sorte que le fumier de cheval fermente beaucoup mieux l'hiver que l'été. En été, il se dessèche, il blanchit, il s'y établit des microbes, qui produisent une moisissure blanche, et cette transformation est accompagnée d'une déperdition considérable d'azote, dont on peut mesurer l'étendue par l'accroissement relatif de la quantité des matières minérales et particulièrement du phosphate. C'est ainsi que, dans les fumiers frais, la quantité d'acide phosphorique est, en général, le tiers de celle de l'azote ; dans les fumiers consommés, la quantité d'azote restant constante, diminuant même quelquefois, la quantité d'acide phosphorique varie du tiers à la moitié et aux deux tiers, jusqu'à ce que, par une fermentation complète, quoique mal conduite, l'acide phosphorique, étant à son tour devenu soluble, soit enlevé par les pluies et que l'enrichissement du fumier en matières minérales s'arrête.

Il n'est donc pas avantageux de conserver trop longtemps le fumier dans les cours. A cet égard, des expériences précises ont été faites sur des fumiers bien tenus, et l'on a trouvé que le fumier perd en deux mois 25 0/0 de son volume, c'est-à-dire de son poids. A partir de ce moment, la perte est moins rapide pendant les six ou huit mois qui suivent, mais elle dépend avant tout de l'abondance des pluies. Au surplus, les transformations que subit le fumier pendant ce long entassement ne sont pas favorables à sa décomposition, c'est-à-dire à sa nitrification. Ainsi, pendant que, dans les premiers temps de l'entassement, les pailles se ramollissent et s'imbibent, que les microbes nitrificateurs s'établissent dans un milieu qui leur convient, c'est-à-dire ni trop sec ni trop humide, et surtout convenablement aéré, on observe que, dans les fumiers entassés depuis longtemps, la transformation des matières organiques en ammoniaque, puis en nitrate, de nouveau transformé en ammoniaque, ne se fait plus. C'est ainsi que M. Braconnot n'a trouvé que des traces de carbonate d'ammoniaque dans du fumier transformé en terreau. Il y a trouvé, cependant, 11 0/0 d'humates d'ammoniaque et de potasse, qui ne pouvaient être utilisés que par une nouvelle décomposition.

Dans le fumier frais, au contraire, la production d'ammoniaque est immédiate par la décomposition de l'urée. L'ammoniaque n'existe pas dans les excréments ni liquides ni solides ; mais la décomposition des matières organiques, leur

combustion partielle le produit naturellement.
Cet ammoniaque, au contact de l'air, est susceptible de se transformer en nitrate ; mais cela n'a
pas lieu en général, sans doute, parce que l'acide
nitrique produit est employé à la combustion de
la matière organique et est ainsi transformé en
ammoniaque, en produisant encore une nouvelle quantité. Cette réaction, que les maraîchers
de Paris ne s'expliquent peut-être pas, leur est
cependant connue. C'est pour cela, sans doute,
qu'ils n'abandonnent pas longtemps au repos
leurs tas de fumier ; ils les remuent fréquemment et complètement, pous les aérer et activer
les fermentations, et cela a un autre grand
inconvénient, celui de perdre tout l'ammoniaque
formé par la fermentation ammoniacale et retenu
par la matière organique du fumier, lorsqu'elle
est convenablement humide.

Il résulte de ces explications, que le cultivateur doit donner au moins autant de soin à la
confection et à la conservation de son tas de
fumier, qu'à la nourriture des animaux destinés à le produire. Il doit le défendre aussi bien
contre l'excès d'eau que contre l'excès de sécheresse ; il y a là tout un art, l'un des plus importants du cultivateur et sur lequel il est bon d'insister, tant de choses inexactes ont été dites
là-dessus, même par les agronomes qui ont été
pourtant les premiers à s'apercevoir des pertes
considérables que subit la culture et à les
signaler.

Le premier point, et sûrement le plus important, est de ne pas abandonner trop longtemps
le fumier à sa fermentation spontanée et, comme
j'ai fait observer que les fumiers fermentent
inégalement vite, il sera toujours bon de les

mélanger afin de régulariser et d'unifier en quelque sorte cette fermentation. On aura encore par ce mélange un autre avantage, ce sera de confectionner un fumier de composition moyenne, un fumier normal en quelque sorte, de ne pas obliger le domestique à être plus attentif et plus soigneux que le maître, et à juger seul qu'il faut mettre ici plus de fumier, parce que le fumier est moins bon, là moins, parce qu'il s'agit de fumier de cheval ou de bête à l'engrais. Par le mélange de ses fumiers, et en tenant compte des observations faites plus haut, le fermier intelligent, soigneux et judicieux, arrivera facilement à fixer la composition moyenne de son fumier et la quantité annuelle qu'il fabrique, et par conséquent à en fixer l'emploi. C'est là un point sur lequel je veux un peu insister pour les exploitations diverses de l'Anjou.

Notre exploitation de l'arrondissement de Cholet, notre ferme de 30 hectares, possède comme bétail 2 chevaux, 4 bœufs à l'engrais, 7 ou 8 veaux d'un an, 7 ou 8 vaches et autant de bœufs de 18 mois à 3 ans, que l'on emploie au travail suivant les besoins de l'exploitation, en tout 30 bêtes. Le bétail de travail étant ici beaucoup plus considérable qu'il ne faut pour l'étendue de la ferme, sort moins fréquemment et fait plus de fumier ; on peut donc estimer sans erreur que les 16 bêtes adultes de l'exploitation font autant de fumier que des vaches à lait, soit 12.000 kilos. Les veaux de l'année en font moins du quart, 2.500 kilos à peine.

Voici dès lors, estimé en fumier de vache, la production totale du domaine :

2 chevaux 8.000 kil. valant 12.000 kil. de fumier de vache..	24.000 kil.
4 bœufs à l'engrais 26.000 kil. valant 35.000 kil de fumier de vache.	140.000
17 vaches et bœufs 12.000 kil. valant 12.000 kil. de fumier de vache.	204.000
7 veaux de l'année 2.500 kil. valant 2.500 kil. de fumier de vache.	17.500
2 porcs gras 6.000 kil. valant 7.000 kil. de fumier de vache..	14.000
Total.	399.500 kil.

Soit quatre cent mille kilos de fumier, c'est un joli chiffre. Si toute cette quantité était utilisée dans les terres, cela permettrait de donner 13.000 kilos par hectare et par an ; et je crois que peu d'exploitations agricoles possèdent de pareilles ressources. Malheureusement, la généralité des exploitations du Choletais possèdent sensiblement moins de bétail, et, dans d'autres, le fumier est fréquemment mal soigné, les purins sont perdus, les litières sont insuffisantes pour absorber tous les excréments solides et liquides ; de là des pertes considérables par les grandes pluies surtout. Il est difficile de les estimer exactement ; mais elles ne sont sûrement pas inférieures au tiers du fumier produit, et on peut affirmer que les domaines de 30 hectares dans le Choletais ne disposent pas de plus de 250 à 260.000 kilos de fumier, soit 8.000 kilos par hectare et par an, ce qui est encore fort beau, puisque cela représente près de 30 kilos d'azote, quantité sûrement suffisante pour l'entretien de la fertilité des terres.

Le pays de Segré, qui se livre à l'élevage et qui vend ses produits à deux ans et demi ou trois ans, est beaucoup moins avantageusement placé. Il est vrai que c'est un axiome dans le pays, que les fourrages ne conviennent pas à l'engraissement, mais je suis persuadé que c'est là une erreur, et que, si le pays de Segré ne se livre pas à l'engraissement, c'est que cette spéculation exige plus de soin, plus d'entente et aussi plus de travail. Je ne dis pas au reste que ce soit le meilleur, et ce qui le prouve, c'est que les Choletais l'ont abandonné partiellement pour élever au moins les bêtes qu'ils engraissent, ce qui est sûrement le mieux. Toujours est-il que les domaines du pays de Segré ont généralement un effectif de bêtes égal à celui de la Vendée, 30 bêtes pour un domaine de 30 hectares ; c'est, je crois, le chiffre moyen.

J'ai eu occasion de voir des domaines possédant beaucoup plus de bétail, mais j'en connais aussi qui en possèdent plus de moitié moins. Il y aura dans cet effectif :

3 chevaux produisant	48.000	kil. de fumier.
10 veaux d'un an produisant .	36 000	kil. de fumier.
17 vaches et bœufs produisant	204.000	kil. de fumier.
3 porcs produisant.	14.000	kil. de fumier.
Total.	300.000	kil. de fumier.

Environ 300.000 kilos, c'est déjà un tiers de moins comme quantité ; mais si l'on entrait dans les détails de l'utilisation de ce fumier, on verrait qu'ici comme dans la Vendée, et plus encore que dans la Vendée, le purin est perdu ; ici la culture est moins active, le fumier est charrié sur la terre moins fréquemment qu'en Vendée, la plus grande partie est réservée à la production du blé et mélangée de chaux qui augmente les pertes. Il n'y a en définitive qu'un seul avantage sur la Vendée, et cet avantage compense à peu près le manque de soins, c'est que les litières sont plus abondantes, les fumiers un peu

plus pailleux, perdent sensiblement moins par les pluies, et surtout perdraient sensiblement moins si les tas de fumier étaient bien soignés.

En somme, je ne crois pas que dans le pays de Segré un domaine de 30 hectares puisse disposer de plus de 200.000 kilos de fumier ; c'est le maximum, maximum qui représente encore plus de 6.000 kilos de fumier à l'hectare, mais qui permet à peine, surtout avec la mauvaise habitude de l'abus de la chaux (1), d'entretenir la fertilité des terres sans apport d'azote. Aussi tous les renseignements indiquent que les rendements en grain diminuent dans le pays de Segré, quoiqu'il y ait là beaucoup de terres d'excellente qualité et nouvellement défrichées ; et si ces rendements sont encore au moins égaux à ceux de la Vendée, cela tient à ce que la moyenne des terres y est supérieure comme qualité, comme perméabilité, comme facilité de culture, et possède un stock plus immédiatement utilisable de matières fertilisantes, azote surtout ; mais le stock de phosphate diminue tous les ans par la vente des grains et des bestiaux, et n'est pas renouvelé comme en Vendée par l'apport de superphosphates et de scories.

Je n'insiste pas sur le bétail des environs d'Angers, qui est, je crois, intermédiaire entre celui de la Vendée et celui du pays de Segré, et j'arrive au Baugeois, dont la situation est encore fort inférieure. Ici on arrive difficilement à 20 têtes de gros bétail pour une exploitation de 30 hectares ; et, faute de ressources fourragères, les animaux sont le plus souvent très médiocre-

---

(1) Cette habitude, qui est encore presque générale dans le Craonnais, se perd dans la Vendée ; il faudra y revenir.

ment nourris, de sorte que, les chevaux et les porcs exceptés, il est prudent de diminuer d'un quart la quantité de fumier produite par les divers animaux.

Une ferme de 30 hectares possédera :

2 chevaux produisant..............	32.000 kil.
12 vaches et bœufs de travail produisant. . . .	110.000
4 veaux d'un an produisant............	12.000
2 truies et 2 porcs gras, quelques petits porcs	28.000
C'est un total de.............	186.000 kil.

Cent quatre-vingt-six mille kilos, ce n'est pas la moitié du fumier produit en Vendée, et je suis persuadé que le Baugeois ne produit pas en effet le tiers du fumier de la Vendée ; et je suis également certain qu'en en réservant la plus grande partie pour le blé, en laissant perdre le purin, en soignant mal le tas de fumier, notre ferme de 30 hectares du Baugeois n'utilise guère que 100.000 kilos. C'est trop peu certainement pour entretenir la fertilité du domaine ; et il n'est pas étonnant que les terres du Baugeois deviennent stériles, qu'elles ne produisent plus guère que 10 à 11 hectolitres de blé à l'hectare, et que les terres les plus fertiles autrefois, surtout les terres fortes, y soient plus abandonnées que partout ailleurs en Anjou.

J'ai pourtant connu dans la Meuse des exploitations de 30 hectares, cultivées suivant l'assolement très épuisant de trois ans, produisant plus de blé que dans le Baugeois, où les spéculations du bétail étaient à peu près les mêmes, c'est-à-dire, production du lait et élevage du porc, n'employant pas d'engrais artificiel, et où la quantité de fumier produite était singulièrement plus considérable que dans le Baugeois.

Une pareille exploitation possédait en effet :

4 chevaux et poulains produisant fumier.	60.000 kil.
10 vaches à lait produisant fumier. . . .	144.000
6 veaux produisant fumier.	24.000
5 porcs et truies produisant fumier.. . .	35.000
Total	259.000 kil.

C'est déjà 70.000 kilos de plus ; mais ce qu'il y avait de meilleur, c'est que tout ce fumier était parfaitement soigné, que les purins étaient utilisés l'hiver et servaient l'été à l'arrosage du tas, que peu de fumier était employé à la sole de blé au moins directement, que le fumier était charrié sur les terres trois semaines ou un mois au plus après qu'il était sorti de l'étable, de sorte que ce n'était pas 100.000 kilos qui étaient utilisés comme dans le Baugeois, mais sûrement plus de 200.000 kilos. Aussi cette exploitation, quoique faisant beaucoup moins de fumier que celles de la Vendée, se rapprochait pour les quantités employées et aussi pour les récoltes obtenues de celles de la Vendée (1).

Considérons maintenant une ferme à moutons. Je ne crois pas qu'il y en ait beaucoup dans l'Anjou ; cela tient à ce que nos terres fortes et humides conviennent beaucoup mieux au gros bétail qu'au mouton et cela tient aussi à ce que nos exploitations, moyennes ou petites, les premières surtout, exploitations qui conviennent si bien à la famille agricole, qui la font puissante et prospère, ne suffisent pas à entretenir un troupeau assez considérable, pour que l'exploitation en soit lucrative autant du moins que ce genre

---

(1) Les exploitations du Saumurois se rapprochent par l'assolement, par l'emploi des fumiers de cette exploitation meusienne quoique lui restant généralement inférieures.

de spéculation peut l'être (1). Mais il y en a ailleurs : Il y en a dans le Poitou, dans la Touraine, dans la partie sèche du Maine, un peu plus loin dans l'Eure-et-Loir, dans l'Orléanais, et d'un autre côté dans la plaine vendéenne. Ce sont les climats et les sols secs qui conviennent au mouton, ce sont aussi les domaines pauvres. Là ou l'herbe croît abondante, le gros bétail produit incontestablement plus, et je crois qu'il y a en France peu d'exploitations où l'on s'occupe exclusivement du mouton.

Quoi qu'il en soit, j'ai sous les yeux une ferme de 150 hectares qui possédait 6 chevaux, 35 vaches, 15 veaux et génisses de moins de dix-huit mois, et 500 moutons et quelques cochons.

Voici les quantités de fumier qui y étaient produites :

```
6 chevaux. . . . . . . . . . . . . . . . . . . .   72.000 kil.
35 vaches à 12.000 kilos. . . . . . . . . . . .   420.000
15 génisses, etc.. à 5.000 kilos. . . . . . . .    75.000
500 moutons à 400 kilos, 200.000 kilos valant. .  400.000
4 porcs. . . . . . . . . . . . . . . . . . . . .   28.000
```

En résumé, la ferme ne faisait que 1.020.000 kil. de fumier ; si ces moutons avaient été remplacés par des vaches, elle aurait fait 100.000 kilos de plus, et le fumier aurait été pour le moins égal en qualité, sans compter que le profit aurait été plus grand.

En voilà assez pour montrer la différence de valeur des divers fumiers et l'importance qu'il y a de les biens traiter. Le premier point, je l'ai

---

(1) En Anjou, les moutons ne donnent du profit que parce que les fermiers ne les nourrissent qu'au pâturage, avec des résidus qui seraient perdus sans eux.

dit, est de les mélanger pour régulariser la fermentation qui est beaucoup plus lente dans le fumier de vache que dans le fumier de cheval. Par ce mélange, on unifie aussi le tas de fumier, et on en peut dès lors calculer la richesse centesimale approximative, car ce qu'on a appelé fumier normal, dont la composition résulte d'un certain nombre d'analyses, n'existe pas. Il y a pour chaque exploitation un fumier normal, dont la composition dépend du régime, des bons soins et de l'effectif relatif des diverses sortes de bêtes. Dans notre exploitation de la Vendée, ce fumier normal se rapproche de la composition du fumier de bœuf à l'engrais et contiendra toujours :

Azote 4. Acide phosphorique 1.75. Potasse 4.5.

Dans le pays de Segré, la composition est à peu près celle du fumier de vache :

Azote 3.40. Acide phosphorique 1.20. Potasse 4.

Dans le Baugeois, c'est à peu près la même composition avec un peu plus d'acide phosphorique :

Azote 3.40. Acide phosphorique 1.50. Potasse 5.

Ce devrait être là, au moins, la composition normale; mais comme le Baugeois est particulièrement pauvre en acide phosphorique, la composition du fumier le manifestera toujours, et le fumier normal ne contiendra en définitive que 1,20 d'acide phosphorique.

La ferme de 30 hectares que j'ai considérée dans la Meuse donnera un fumier se rapprochant comme composition de celui de la Vendée, avec un excédent de potasse, quoique le sol n'y soit pas plus riche en potasse que dans la Vendée, mais simplement parce que les litières sont beaucoup plus abondantes. Sa composition normale sera :

Azote 4. Acide phosphorique 1.75. Potasse 5.

Dans les fermes à moutons seulement, ce mélange ne peut pas être utilement fait. Jamais on ne mélange le fumier de mouton avec les autres, et cela pour deux raisons : la première est que ce fumier est fait à couvert et qu'il ne gagnerait pas à être mis dehors ; la deuxième, c'est que le fumier de mouton, qui est fort riche, est aussi beaucoup plus actif que tous les autres, le fumier de cheval excepté, et reçoit généralement dans les exploitations des destinations spéciales. On a aussi l'habitude de ne vider les bergeries que deux ou trois fois par an, ce qui a le grand inconvénient de soustraire, pendant trois ou quatre mois, la plus grande partie de la masse à l'action de l'air, action si nécessaire à la fermentation normale des fumiers. Il y a, du reste, à cette méthode d'autres inconvénients. J'ai dit, en effet, que le fumier de mouton était un fumier sec ; et il ne faudrait pas croire que sa confection n'exige aucun soin particulier. Il en faut, au contraire, et de très grands, surtout pendant l'hiver, avec des animaux presque toujours nourris de paille, dont ils ne consomment que la meilleure partie. Le reste ne peut pas être laissé dans la bergerie, pour augmenter la masse du fumier. Des litières aussi abondantes ne pourraient pas s'humecter convenablement, la masse s'échaufferait, au grand détriment de la qualité du fumier et de la santé du mouton, qui contracterait des maladies de pieds ou de peau ; et il est, dès lors, nécessaire que le fermier tienne la main, à ce que la paille qui reste dans les crèches soit mise en réserve, pour servir de litière aux autres animaux de l'exploitation. Je suis persuadé qu'il aura aussi gros profit à faire vider ses bergeries quatre fois par an au moins et même cinq et six fois, afin que le fumier de mouton soit mené dans les champs tous les deux mois.

Conserver les autres fumiers aussi longtemps dans la cour de ferme serait certainement exagéré. Le fumier n'a pas besoin de deux mois pour acquérir, par la fermentation, cette qualité capitale de nitrification rapide. Il suffit, en général, pour cela, de quelques jours; et, si l'on prolonge un peu l'entassement, c'est uniquement pour que le fumier soit plus homogène, que les pailles soient bien ramollies, que la décomposition en soit commencée, enfin, que l'on charrie vraiment du fumier, au lieu de charrier des litières plus ou moins salies d'excréments. Pour obtenir ce résultat, une fermentation d'un mois paraît suffisante; et l'on voit de suite l'utilité d'avoir deux tas de fumier, le plus ancien destiné à être charrié sept ou huit jours après que l'on aura commencé le nouveau tas. On active la fermentation de la couche supérieure en couvrant le tas d'un peu de terre, après l'avoir arrosé. Cette règle, qui est bonne partout, est encore plus nécessaire dans les exploitations de la Vendée et du Craonnais, où le manque de litière oblige le cultivateur de ne faire que des fumiers courts.

Il est, en général, possible, dans les exploitations agricoles, de charrier le fumier tous les mois, et cette nécessité est une nouvelle raison d'adopter une rotation variée, qui permette l'em-

ploi du fumier presque toute l'année. Aussitôt
après la semaille des blés, on peut charrier le
fumier pour la préparation des betteraves ou des
pommes de terre ; et il est nécessaire de consacrer à ces plantes, si utiles, du reste, une partie
importante du domaine, puisqu'elles peuvent
utiliser le fumier produit jusqu'à la fin de mars ;
le fumier d'avril, mai et juin sera réservé pour
les choux ; et on leur donnera encore, mais non
pas directement, tout le fumier de juillet et août,
que l'on emploiera avant la semaille du seigle
ou de la jarosse qui peuvent utilement précéder
les choux. On y emploiera encore les fumiers
d'hiver, sur les terres laissées en demi-jachère
avant la plantation des choux. Tout se réduit, en
définitive, à avoir toujours des terres libres pour
y charrier ses fumiers ; mais cela ne suffit pas :
il faut encore savoir défendre son tas de fumier
contre les dommages météorologiques auxquels
il est exposé. Car il n'y a guère, en définitive,
que ceux-là à redouter ; les pertes d'ammoniaque,
pendant la fermentation, sont à peu près insignifiantes lorsque le tas est bien fait, c'est-à-dire
lorsqu'il est suffisamment foulé et assez arrosé.
L'arrosement est absolument nécessaire l'été,
pour le fumier de cheval qui fermente trop vite
lorsqu'il n'est pas refroidi, surtout lorsqu'il est
trop pailleux. Il blanchit alors et s'appauvrit
considérablement, il se brûle, comme disent les
cultivateurs ; et en même temps que le carbonate
d'ammoniaque est chassé par une sorte de distila-
tion, le reste de la matière organique est transformé en un produit insoluble. Aussi, même
lorsque les fumiers sont mélangés, l'arrosement
doit être régulièrement fait, de manière que
l'on ne remarque pas, au-dessus du tas, cette

production de vapeurs blanches qui est l'indice d'une fermentation trop rapide. Il sera bon aussi de couvrir le tas de terre et de le placer dans la cour, à l'endroit le plus ombragé, le soleil ayant une action toujours très nuisible, puisqu'il dessèche le tas, et, suivant les cas, active ou retarde la fermentation, mais toujours la rend irrégulière. Il y a là quelques soins qui n'exigent presque pas de travail supplémentaire et sont absolument nécessaires. Il faut donc que dans chaque exploitation un homme soit chargé spécialement de la confection du tas et de l'arrosage du fumier.

Quant au choix de l'emplacement, il a certainement la plus grande importance, aussi bien que son établissement. Il le faut aussi ombragé que possible, il le faut élevé, afin que le tas ne reçoive, l'hiver surtout, que les eaux qui tombent à sa surface, et il faut pourtant que les eaux qui l'ont pénétré ne puissent s'en écouler que pour aller à la citerne ou à la prairie. Voilà bien des conditions diverses que doit remplir la fosse à fumier, et l'on va croire, sans doute, que son établissement est chose fort difficile. Il suffit pourtant d'un peu de réflexion pour protéger le tas de fumier ; on le placera sur une aire plane de 50 mètres de surface pour une ferme de 30 hectares, que l'on divisera en deux parties inégales, réservant la plus petite pour entasser le fumier quelques jours, pendant que la fermentation du premier tas s'achève. Il est nécessaire que cette aire soit empierrée, pour que les voitures ne la dégradent pas et puissent en sortir, et on l'entourera de tous côtés d'un double plan incliné, dont la crête formera ligne de partage entre les eaux qui iront au tas de fumier et celles qui iront à l'extérieur. Les premières ne pourront en sortir que pour aller à la fosse à purin.

Il faut donc une fosse à purin, dira-t-on ? cela n'est peut-être pas absolument nécessaire. Ce qui est indispensable, c'est de pouvoir arroser son fumier soit avec le purin, soit avec de l'eau, et ce qui l'est tout autant, c'est d'utiliser le purin, non pas à l'arrosement du tas de fumier, mais à l'arrosement des prairies ; de sorte que s'il existe une prairie à proximité du tas de fumier, on peut y envoyer directement le purin mélangé d'eau de pluie ; et il suffit alors de réserver au pied du tas de fumier. du côté le plus bas ou même tout autour si l'on veut un petit bassin très peu profond, où les purins viendront se réunir pour qu'on puisse les employer régulièrement, car cela est nécessaire aussi ; et, du reste, rien de plus facile que cet emploi régulier ; les purins sont retenus par un barrage que l'on ouvre seulement quant il pleut, pour les envoyer dans les diverses parties de la prairie dans laquelle on a pratiqué d'avance, à la charrue, des rigoles d'arrosement.

Le purin, liquide très azoté, est aussi un liquide très fermentescible, et les fermentations irrégulières, c'est-à-dire à l'air libre pendant les chaleurs surtout, ne lui sont pas favorables ; il faut absolument les arrêter. On peut, pour cela, employer le sulfate de fer ; on peut aussi l'employer dans les fumiers : le sulfate de fer régularise les fermentations, et son emploi s'impose toutes les fois que l'on ne peut pas utiliser régulièrement le purin, même l'hiver. Il en faut, au reste, de très petites quantités, 2 ou 3 kilos par mètre cube de purin tout au plus. C'est une dépense insignifiante et très productive. Une autre

dépense également productive, c'est le phosphatage du fumier à raison de 15 kilos par 1.000 kil.
de fumier. Le phosphate fossile mélangé au
fumier devient soluble par l'action des acides
organiques ou inorganiques qui se forment continuellement dans le tas et qui transforment, partiellement au moins, le phosphate tribasique en
phosphate acide de chaux, en désagrégeant le
reste; et l'on peut alors, en général, se dispenser
de l'importation de superphosphate, qui est beaucoup plus coûteux.

Un dernier point reste à examiner, qui n'est
pas le moins important et qui, du reste, est en
relation directe avec le choix de l'assolement; je
veux parler de l'emploi du fumier. On a l'habitude, dans l'Anjou, de l'employer surtout et
directement pour la production du blé, et pour
en augmenter l'action dans nos terres fortes, on
le mélange de chaux, on remue plusieurs fois le
tout ensemble, c'est-à-dire que l'on décompose
le fumier, que l'on le brûle, et que, si on rend son
action plus intense, on en diminue considérablement la durée; en définitive, il résulte de ce mélange une perte très importante.

Cette pratique de l'Anjou démontre que le
fumier ne convient pas au blé. J'indiquerai plus
loin pourquoi ni le blé ni les céréales ne s'accommodent très bien d'une fumure récente, quoique
le blé, presque partout en France, soit directement fumé; mais je puis dire, d'une manière
générale, qu'il ne convient pas de fumer une
plante qui doit passer l'hiver en terre et occuper
ensuite le sol pendant toute l'année. Le fumier
mis en terre, même au commencement de l'automne, est plus ou moins bien enterré. A part le
fumier mélangé de chaux et réduit par la com-

bustion et les brassages en parcelles assez menues pour pouvoir être non pas enterré, mais simplement *embourré* à la herse, l'autre, le fumier ordinaire, le fumier normal est plus ou moins long, s'enterre plus ou moins bien à la charrue ; quelquefois, lorsque le sol est trop humide, il ne s'enterre pas du tout et empêche complètement le fermier d'exécuter les façons nécessaires aux semailles, même dans des conditions quelconques. Du reste, ce fumier, enterré quelquefois dans du mortier, toujours trop profondément, ce fumier se trouve dans de mauvaises conditions pour que la fermentation continue ; nous le privons d'air, nous le mettons en quelque sorte dans l'eau, nous faisons périr les microbes nitrificateurs. Aussi le fumier enterré dans ces conditions ne se nitrifie plus, il se transforme en matière noire, en terreau, en humates et en ulmates impropres à entretenir la vie végétale ; c'est du fumier perdu, que l'on ne récupérera qu'en partie l'année suivante après les prochains labours ; et si on ne les donne encore qu'à la fin de l'automne, tout sera perdu ou à peu près.

Aussi, ne faut-il pas s'étonner que les fumures employées directement pour la production du blé ne produisent le plus fréquemment que très peu d'effet. Je me souviens d'une mauvaise terre, que j'avais abondamment fumée, partie avec du fumier de mouton, avant de la semer en blé ; je n'en ai pourtant pas récolté, et je n'ai même rien récolté l'année suivante, tout en croyant ma terre très suffisamment riche pour produire une récolte ordinaire. Cet exemple montre qu'il y a des fumiers bien utilisés, et d'autres qui le sont mal et qui ne produisent aucun effet. C'est là, du reste, un fait que les expériences de MM. Gilbert

et Lawes ont mis depuis longtemps en évidence.
On s'en est servi, les partisans acharnés de l'engrais chimiques pour dire que la culture ne pouvait pas se soutenir par le fumier seul, que le fumier était fort inférieur à l'engrais chimique, au lieu qu'elles démontrent simplement que les agriculteurs qui emploient le fumier, chose fort raisonnable, doivent tout d'abord apprendre à s'en servir.

MM. Gilbert et Lawes cultivent donc depuis plus de 40 ans, dans leur champ d'expériences de Rothamsted, une parcelle, toujours la même, fumée au fumier de ferme, à raison de 35.000 kil. à l'hectare ; et sur cette parcelle, dont le sol doit être maintenant transformé en terreau, ils ne récoltent annuellement que 26 hectolitres de blé à l'hectare, récolte qui, d'après notre tableau, ne contient que 62 kilos d'azote, dont elle ne prend au sol que 50 kilos. Ainsi, voilà une fumure annuelle de 35.000 kilos au fumier de cheval, car MM. Gilbert et Lawes peuvent facilement s'en procurer à Londres, et le fumier de vache leur donnerait un résultat par trop incertain, voilà une fumure contenant 175 kilos d'azote, dont 50 kilos seulement, moins du tiers, sont utilisés. Si le fumier ne pouvait jamais produire un meilleur résultat, il deviendrait un engrais trop coûteux pour être employé même par les cultivateurs, car son transport et son épandage coûtent près de 2 fr. par 1.000 kilos, et l'azote utilisable qu'ils contiennent ne vaut que 2 fr. 25. Heureusement, il n'en est pas ainsi, et pendant que MM. Lawes et Gilbert ne retirent, pour une raison ou pour une autre, de leur fumier, que le tiers des principes fertilisants qu'il contient, nos cultivateurs du Nord en utilisent les trois quarts pour l'azote, et à peu près tout le phosphate et toute la potasse.

Autrefois, en effet, avant qu'on ne se livrât à la culture de la betterave très sucrée, qui a, paraît-il, horreur du fumier, les fabricants de sucre fumaient tous les quatre ans leurs terres avec 40.000 kilos de fumier à l'hectare ; et avec cette fumure, ils obtenaient une récolte de betteraves de 50 000 kilos, suivie d'une récolte de blé de 30 kectolitres, puis avec 350 kilos de guano, une deuxième récolte de betterave, suivie d'une deuxième récolte de blé, toujours avec 350 kilos de guano, en tout quatre récoltes avec 40.000 kilos de fumier et 700 kilos de guano contenant environ 80 kilos d'azote. Or, d'après le tableau précédent, les feuilles de betteraves étant enterrées, les quatre récoltes contiennent 360 kilos d'azote et en prennent au sol plus de 220 kilos ; le guano fournissant 80 kilos, en supposant que son azote soit complètement utilisable, ce qui est peut-être contestable, le fumier fournissait le reste, c'est-à-dire plus de 140 kilos; mais, il s'agissait généralement de fumier de bœuf de travail, quelquefois de fumier de cheval des casernes de La Fère, souvent de fumier de bœuf à l'engrais, contenant en moyenne 4 kilos pour 1.000 kilos d'azote, en tout 160 kilos ; de sorte qu'ici les 7/8 de l'azote étaient utilisés.

Mais aussi, quelle différence ! Ce fumier est charrié l'hiver, enterré par un temps favorable, que l'on peut toujours choisir, sinon pendant l'hiver, au moins dès le printemps, enterré par un labour ordinaire, extirpé, hersé, roulé et toujours placé dans les conditions d'aération et de division nécessaires à la nitrification. On recommence une fois le labour, et cette fois plus profondément, avant la semaille des betteraves, et on façonne la terre à l'extirpateur, à la herse, au rouleau, de manière à l'ameublir complètement; et puis, pendant la végétation qui dure cinq mois, les plus favorables de l'année, la surface de la terre est continuellement ameublie par les façons à la main et à la houe à cheval, la nitrification ne s'arrête pas un instant et les produits qui en résultent sont à chaque instant absorbés par la plante.

C'est donc de préférence au printemps, en été, jusqu'au commencement de septembre au plus tard, que le fumier doit être enterré et façonné, si l'on veut qu'il devienne utilisable et qu'il soit réellement utilisé. Il ne faut donc pas fumer directement les blés; il ne faut pas croire que le fumier frais, surtout le fumier de vache, ait une action sur leur végétation, il n'en a pas; le blé ne profite, comme on dit, que de la vieille graisse. A partir du 1er septembre il faut réserver tous ses fumiers pour les pommes de terre et les betteraves, enterrer tout ce que l'on peut avant l'hiver, au fur et à mesure qu'il est mené, continuer les charrois en décembre et janvier par la gelée, et enterrer aussitôt que possible au printemps, et ainsi de suite jusqu'en juin, pour les choux. A partir de ce moment les fumiers seront employés pour les jarosses, les navets et les colzas.

On voit donc que la fumure a de l'importance, mais que la culture de la fumure en a aussi, et il convient, avant de passer plus loin, de fixer l'importance relative de ces deux opérations, de leur attribuer des valeurs, de voir ce qu'elles apportent respectivement au sol de fertilité, soit disponible, soit utilisable.

Il est difficile d'isoler complètement le fumier de la culture, car il y a une culture nécessaire qu'on est obligé de lui donner ; il faut au moins l'enterrer. C'est là, vraisemblablement, l'unique opération qu'il subit dans la culture annuelle de blé de MM. Gilbert et Lawes, culture dans laquelle le fumier ne produit que très peu d'effet, puisque sur 175 kilos d'azote qu'il contient, il n'y en a que 50 d'utilisés, soit 2/7 sur une longue série d'années, dans laquelle, je le veux bien, le sol a dû sensiblement s'enrichir en acide phosphorique, en potasse, et surtout en matière organique ; de sorte qu'il serait certainement inexact d'admettre que le coefficient d'utilisation du fumier, même sans culture, même sans assolement, ou plutôt avec un assolement à la fois très épuisant et très mal entendu, est aussi faible. Dans les expériences de MM. Lawes et Gilbert, le coefficient d'utilisation doit être fixé à 1/3, et c'est là, pour l'azote au moins, le coefficient qu'il convient d'attribuer au fumier, lorsqu'il s'agit de déterminer la puissance qu'il apporte à la terre, c'est-à-dire la capacité immédiate de production qu'il lui donne.

Il est dès lors facile de représenter en chiffres, en nombres, cette puissance de production, car il est toujours bien important de savoir quelle est, à une époque quelconque, la situation d'une terre donnée. Négligeons, si vous le voulez, dans cette fixation, l'acide phosphorique et la potasse, éléments, le premier surtout, dont le fumier n'apporte jamais assez, et prenons comme unité de fertilité l'unité de poids d'azote apporté. Nous voyons, d'après ce que je viens de dire, que la composition du fumier normal étant fixée dans chaque exploitation, et il suffit pour l'obtenir de diviser le poids du fumier produit estimé en fumier de vache par le poids du fumier réel produit et de multiplier le nombre par le quantum d'azote du fumier de vache, nous voyons que la puissance apportée par 1.000 kilos de fumier peut être représentée par le tiers de la teneur en azote de ce fumier normal.

Dans la Vendée, la teneur du fumier en azote étant à peu près 4, 1,33 représente la puissance fertilisante apportée par le fumier, et, dès lors, la puissance apportée par 30.000 kilos de fumier est à peu près 40, 40 kilos d'azote qui ne peuvent pas produire plus de 20 à 22 hectolitres de blé. Les fumures directes, employées pour le blé dans l'arrondissement de Cholet, sont sûrement inférieures à celle-là et les rendements n'atteignent aussi, en général, que seize à dix-sept hectolitres ; c'est là, évidemment, le résultat du manque de culture, manque de culture qui se fait sentir même dans les terres qui portent des betteraves et des choux.

Car, dans la culture ordinaire, c'est-à-dire dans celle qui est convenablement menée, cette considération de la puissance du fumier devrait être tout à fait théorique. C'est celle de la richesse qu'il apporte au sol qui a de l'importance, richesse que les cultures peuvent seules rendre entièrement disponible ; en sorte que, dans l'étude du fumier, ce qu'il faut examiner et estimer, c'est la richesse qu'il apporte. Or, dans cet exemple que j'ai cité de la culture ancienne du Nord, on peut estimer que la richesse du fumier a été entièrement utilisée, puisque le sol restait après l'assolement dans le *statu quo* à peu près ; il y avait même eu pour l'azote une légère augmentation du stock. On peut donc estimer que la richesse apportée par un fumier enterré en temps opportun et bien cultivé, condition qu'une culture attentive et intelligente peut toujours obtenir, est représentée par les 7/8 environ de l'azote qu'il contient. La bonne utilisation des 400.000 kilos de fumier qu'elle produit changerait donc considérablement la situation de notre ferme de la Vendée ; elle rendrait disponible annuellement plus de 1.100 kilos d'azote sur 30 hectares, dont la moitié produisant du trèfle, des choux ou des prairies, n'en aurait pas besoin ; il resterait donc disponible 70 kilos d'azote par hectare de céréales ou de plantes épuisantes, et les rendements pourraient s'élever peu à peu à 30 hectolitres de blé à l'hectare.

Quoi qu'il en soit, la richesse apportée par notre fumure de 30.000 kilos de fumier normal est de 100 kilos d'azote, et c'est sur cette richesse qu'il faut se baser pour estimer la valeur vénale d'un fumier quelconque, dans les exploitations où l'on achète le fumier, car c'est là seulement que cette estimation a de l'importance ; partout ailleurs le fumier ne doit pas paraître dans la comptabilité de l'exploitation, c'est une dépense fictive, que l'on représente par une recette fictive à peu près du même genre. En procédant de cette manière, on se dispense de faire entrer dans les comptes, soit au débit, soit au crédit des récoltes, des nombres considérables, difficiles à fixer exactement, qui noient les chiffres importants à connaître, et qui faussent ainsi tous les résultats.

Le fumier n'est guère vendu que dans les villes ; et c'est le fumier de cheval seul que la culture peut se procurer. Ce fumier contient, lorsqu'il est frais, 5 à 6 d'azote, 3 d'acide phosphorique, 6 de potasse. L'acide phosphorique et la potasse y existent sous des formes parfaitement assimilables ; lorsque la nitrification s'est opérée dans de bonnes conditions, ils deviennent entièrement disponibles ; il convient donc de les estimer à leur valeur, soit environ 0 fr. 50 par kilo, ou 1 50 × 3 = 4 50. Pour l'azote, les 3/4 seulement sont à compter, soit 4 kilos à 1 fr. 50 = 6 francs, total 10 fr. 50 par 1.000 kilos de fumier transporté au champ et étendu. Mais lorsqu'il s'agit de fumier de cheval frais, il faut tenir compte de la perte pendant la fermentation ; c'est le fumier bien fermenté pendant une quinzaine de jours qui a cette valeur, lorsqu'il est transporté et étendu sur le champ. On comprend donc que l'estimation de la valeur du fumier soit variée d'après la distance des exploitations. Une exploitation située à cinq kilomètres d'Angers par exemple, possédant des terres à portée d'une route carrossable, pas trop montueuse, pourra, dans une journée d'été, employer deux chevaux à faire trois voyages et à transporter 9.000 kilos de fumier. Il est vrai que pour entrer dans le champ et décharger la voiture, il faudra doubler les attelages, c'est-à-dire qu'en définitive, le transport exigera une journée et demie de deux chevaux, soit une dépense de 18 francs. Cela réduit à 8 fr. 50 le prix de 1.000 kilos de fumier de cheval, soit 5 à 6 francs le mètre cube.

Toutes les fois que la culture, dans un rayon de cinq à six kilomètres d'une ville, peut trouver du fumier de cheval chargé sur ses voitures dans ces conditions, elle a certainement autant d'avantage d'en acheter que d'acheter de l'engrais chimique. Le fumier, le fumier de cheval surtout, apporte en effet à la terre d'autres éléments que l'azote, le phosphate et la potasse, il lui apporte un élément qui n'existe pas dans l'engrais chimique, la matière organique, la matière nitrifiable, celle qui fait naître dans le sol les microbes nitrifères, celle qui rend un sol véritablement actif, car un sol ne devient actif que lorsqu'il possède ces microbes qui mettent en œuvre la fertilité accumulée par les siècles. La décomposition des matières organiques produit aussi dans le sol une grande quantité d'acide carbonique, d'acide oxalique ou acétique, d'autres acides organiques encore qui désagrègent les minéraux, qui dissolvent les phosphates et la potasse, qui colorent le sol et le rendent apte à retenir l'humidité, à concentrer la chaleur, en un mot à servir de support aux plantes. Mais il faut, pour que le fumier rende bien, qu'il soit convenablement cultivé ; et c'est cette difficulté de le bien utiliser dans tous les cas qui, avec la nécessité de compléter les éléments dont il ne contient pas assez, a fait le succès des engrais chimiques.

Les façons ne mettent pas seulement en œuvre la richesse apportée par le fumier ; elles rendent utilisables aussi la richesse plus ancienne, celle qui provient des vieilles fumures, non entièrement utilisées ou placées dans de mauvaises conditions, elles nitrifient partiellement ce stock d'azote des terres arables et surtout des terres nouvellement défrichées. On comprend donc qu'elles ont, suivant la ténacité et la compacité des terres, une importance très variable. Dans les sables, dans les terres meubles, que l'on rencontre dans toutes nos vallées, dans le Saumurois, partout où le sol est formé d'un mélange convenable de calcaire, de sable et (d'un peu d'argile, elles ont beaucoup moins d'importance que dans nos terres argileuses des plateaux, dans nos landes nouvellement défrichées ; c'est là, du reste, qu'elles sont le mieux pratiquées et qu'elles sont le moins coûteuses. Est-il étonnant que les terres moyennes, celles qui sont toujours meubles, celles où la présence d'une quantité convenable de calcaire hâte la nitrification, soient en France comme partout ailleurs, les terres les plus fertiles. Ici la culture est presque toujours avantageuse, les façons même mal données produisent presque toujours un bon effet ; il n'y a pas besoin d'être un habile cultivateur pour tirer bon parti de terres naturellement bonnes. La difficulté est de traiter, c'est-à-dire de façonner judicieusement et en temps opportun l'autre catégorie de terres, de les ameublir et de les aérer malgré la résistance qu'elles opposent.

Et voici les moyens d'y parvenir et les résultats qu'on obtient de cet ameublissement complet. Le commencement de toute culture est l'assainissement de la terre. Sans doute l'humidité est nécessaire à la végétation des plantes ; mais elle est encore moins nécessaire que l'aération du sol. C'est l'air qui brûle la matière organique et la nitrifie avant que l'eau ne la dissolve, et une terre humide dont les pores sont occupés par l'eau, qui est en quelque sorte plongée dans l'eau même quand elle n'est pas submergée, parce que le sous-sol en est imperméable, parce que la capillarité y fait sans cesse remonter l'eau et d'autant plus que le sol est plus compact, c'est-à-dire que ses particules sont plus fines, plus voisines les unes des autres et plus capables d'absorber l'eau, une pareille terre ne peut jamais devenir très fertile avant d'être assainie, c'est-à-dire avant que le sous-sol n'ait été d'une manière ou de l'autre rendu perméable.

C'est ce qui explique les excellents effets du drainage, opération coûteuse, il est vrai, mais qui presque partout a donné au sol une valeur supérieure à la dépense.

On peut, heureusement, arriver fréquemment au même résultat, avec moins de frais au moyen du sous-solage: Les sous-solages se font, soit au moyen d'une charrue fouilleuse, soit avec une fouilleuse. Dans le deuxième cas, la charrue ouvre une raie à la profondeur habituelle du labour, et elle est suivie dans la même raie de la fouilleuse composée simplement d'une ou deux griffes très fortes, qui coupent la terre en deux bandes verticales et la soulèvent en déplaçant les mottes, de sorte qu'elles ne peuvent se ressouder que lorsque l'humidité, la pression du sol, le piétinement des animaux les ont réduites, rapprochées, comprimées, les obligeant à se pénétrer mutuellement. Lorsque l'opération est faite au printemps ou en été par un temps favorable, elle équivaut à un véritable drainage; l'excès de l'humidité du sol est entraîné dans le sous-sol; la terre est assainie pendant plusieurs années, quatre ans au moins; et on peut affirmer que l'accroissement de récolte qui en provient dans les terres argileuses à sous-sol imperméable est d'au moins un quart pendant les quatre années. Dans les terres de landes, où le sol est généralement assez léger, il y a souvent avantage à mélanger la couche supérieure avec la couche inférieure; on diminue ainsi la mobilité du sol, on le rend apte à retenir l'humidité, non pas par submersion extérieure, mais par sa compacité propre. Le sous-solage peut donc être avantageusement remplacé au bout de quelque temps par l'approfondissement des labours, et cet approfondissement se fait graduellement : on augmente tous les trois ou quatre ans la couche arable de 0ᵐ03 ou 0ᵐ04 ; en dix ans on a doublé la profondeur. On a de 0ᵐ25 à 0ᵐ30 de sol, et il faut alors que le sous-sol soit bien compact ou bien humide, pour que la terre ait besoin de sous-solage. Voilà deux améliorations bien importantes qui suffisent généralement à augmenter les récoltes de blé de 5 ou 6 hectolitres, et les autres récoltes dans la même proportion sans apport d'engrais. Ces 5 ou 6 hectolitres représentent net annuellement 10 à 12 kilos d'azote rendu assimilable et des quantités de phosphate ou de potasse équivalentes, c'est-à-dire capables de produire, pour le trèfle, pour les choux, des accroissements équivalents, en tout pendant quatre ans 45 à 50 kilos d'azote : c'est un accroissement de puissance que l'on peut représenter par 50. Voilà ce que peut produire un bon sous-solage : faire pousser tous les quatre ans sans apport d'engrais une récolte de blé de 25 hectolitres ; c'est un joli résultat pour une minime dépense, puisque le sous-solage d'un hectare n'exige pas plus de trois jours de travail de trois paires de bœufs, soit 40 à 50 francs de dépense.

Il ne faudrait pas croire que l'on puisse arriver au même résultat par un apport d'engrais supplémentaire, car l'humidité du sous-sol et du sol n'a pas d'autre effet que d'entraver la végétation au printemps ; la plante pousse moins bien dans un sol refroidi par une couche d'eau superficielle, privé d'air et, par conséquent, d'engrais disponible. Il est vrai que, si on lui donne de l'engrais, on fait disparaître partiellement cette cause de souffrance ; mais les engrais que reçoit la plante sont toujours dilués dans une trop grande quantité de liquide, les racines superficielles seules peuvent remplir leur fonction ; ce sont, au reste, les seules qui puissent se développer normalement, et la plante est autant exposée à souffrir de l'humidité qui produit le tassement du sol, au printemps, que de l'excès de sécheresse qui le durcit en été. Cependant les feuilles elles-mêmes, dont l'une des fonctions est d'évaporer et de concentrer la sève, les feuilles elles-mêmes, incomplètement développées, ne suffisent pas à cette évaporation, et l'élaboration de la sève est plus lente, l'accroissement est plus faible. La plante jaunit, elle devient chlorotique, non par manque d'aliments, mais par excès d'aliments qu'elle ne peut élaborer. Aussi ces sortes de terres ne conviennent pas très bien à la végétation des plantes hivernales, du blé, du seigle, du blé surtout qui a de grandes exigences, qui ne végète pas beaucoup avant l'hiver. On ne peut obvier à cet inconvénient qu'en le semant de très bonne heure en automne, au commencement d'octobre au plus tard. C'est la méthode adoptée dans la Vendée, qui termine toujours ses semailles avant la fin d'octobre, au lieu que le Baugeois, le pays de Segré et le Saumurois, sèment souvent jusqu'au 15 novembre et plus tard encore.

Les terres humides et froides conviennent, au contraire, surtout aux semailles de printemps, à l'avoine, à l'orge, aux betteraves, aux choux surtout ; avec l'engrais et malgré l'humidité, ou plutôt à cause de cette humidité, ces plantes peuvent donner de pleines récoltes, à la condition que la terre soit bien ameublie, pour qu'elle ne puisse ni durcir ni se dessécher. Il résulte de là que l'assolement a, dans ces terres surtout, une très grande importance ; ce serait un contresens agricole par exemple que de vouloir toujours les ensemencer en blé, puisque rien ne peut leur être plus utile, rien ne leur est plus indispensable que les cultures d'été données par un temps favorable.

La première et la plus importante opération que l'on puisse faire subir à ces terres est la jachère. On va me dire que je suis bien en retard, que je veux faire retourner la culture en arrière de vingt ans, de trente ans, d'un siècle même. Non, certes ; mais une jachère bien faite n'est pas chose ordinaire, ni surtout chose ancienne, et si c'est une opération coûteuse, quelquefois très coûteuse, c'est aussi une opération très productive.

Autrefois on entendait par jachère, l'abandon d'une terre cultivée, pendant une ou plusieurs années. On ne s'en occupait pas, on y envoyait en pâture les vaches, les moutons ; et l'on pensait qu'au bout d'un an ou deux ans, elle était suffisamment enrichie pour que l'on puisse se mettre sur le tard, au mois de juin ou de juillet, à la cultiver pour l'ensemencer en blé. C'est encore le système, plus que médiocre, employé pour la jachère sur quelques points du pays baugeois, qui est loin d'être un modèle. Dans ces pauvres cultures, de pauvres cultivateurs labourent, tant bien que mal, au mois de juin, et plutôt mal que bien, avec des attelages trop faibles pour un sol déjà durci, des terres très tenaces, saturées d'eau depuis six mois et surprises par la sécheresse. Le sol est abandonné à lui-même ensuite ; la motte sèche et, avec elle, les herbes, chiendent et trainasse qu'elle contient, dont le pâturage d'une année a sensiblement affaibli la vigueur. Pendant les mois secs de l'année, juillet, août, septembre surtout, elles paraissent mortes et se réveillent faiblement à l'automne, en octobre, au moment des pluies qui humectent le dessus des mottes énormes restées entières. C'est le moment que choisissent les cultivateurs les plus industrieux du pays pour herser : on brise la terre tant bien que mal et avec des bandes continues de terre on fait des mottes détachées, semblables aux pavés de nos rues. On attend une nouvelle pluie plus abondante pour recommencer le hersage, avec une herse en fer, bien entendu, qui remue les mottes le plus souvent sans les briser. On arrive à la fin d'octobre ; il est temps de semer le blé, et alors après un hersage on retourne les mottes du mieux que l'on peut avec la charrue, on sème, on herse, on fait toujours un peu de terre meuble, les trois quarts de ce qu'il faut pour couvrir convenablement le blé ; c'est l'hiver qui se charge de faire le reste et d'ameublir la terre, à laquelle l'intelligence et le soin du cultivateur ont manqué. Pas de fumier sur cette terre, un seul labour qui compte, la valeur de deux coups de herse et 2 hectolitres de semence à 2 hectolitres 1/2, voilà ce qu'il faut pour obtenir une récolte de 10 à 11 hectolitres. Sans doute, le résultat n'est pas brillant, mais la dépense de travail est si minime, et ce résultat, si mauvais soit-il, ne démontre-t-il pas l'excellence de la jachère.

Je l'ai expérimentée aussi dans ma ferme de la Meuse ; mais je l'ai conduite un peu autrement, avec plus de suite et de vigueur. Ce n'est pas qu'elle y fût parfaitement à sa place, car la jachère n'est nécessaire que dans les terres très humides, ce qui n'était pas le cas, sales, ce qui l'était davantage, et argileuses, ce qui n'était que l'exception, et presque toujours avec un sous-sol perméable. Or, dans les sols légers, sableux surtout, la jachère ne donne pas de résultat, parce qu'elle ne décompose rien où il n'y a rien à décomposer ; dans les sols moyens, toujours meubles, elle est inutile ; dans les sols froids sans être tenaces, c'est-à-dire les sols silico-argileux, dénués de calcaires et surtout très siliceux, elle ne produit, en général, qu'un petit effet, d'abord parce qu'il n'y a pas toujours surabondance de matière organique, et ensuite, parce que ces sols ne sont pas aptes à emmagasiner les matières fertilisantes, rendues solubles, nitrates surtout, parce que les eaux les enlèvent, de sorte que ces sols ne doivent être traités par la jachère, que lorsqu'ils sont trop sales pour être ensemencés utilement. Aussi j'avoue que j'ai toujours obtenu de la jachère, que je ne pratiquais du reste qu'exceptionnellement, des résultats fort inégaux ; mais dans la terre argileuse dont je parle, bonne terre au surplus mais épuisée par une succession de récoltes, après une jachère bien conduite, commencée en avril par un labour profond suivi d'un hersage et d'un coup d'extirpateur, continuée en juillet par un deuxième labour suivi de hersage qui a ameubli complètement la terre, puis par un coup d'extirpateur à fin août, terminée à fin septembre par le labour de semaille, j'ai obtenu sans fumier en 1882, année d'abondance il est vrai, 30 hectolitres de blé à l'hectare, au lieu que dans la même pièce, après les mêmes façons, mais dans un sol siliceux, je n'ai obtenu, le blé ayant gelé, que 10 hectolitres de blé. C'était un accident qui ne peut point servir de base à l'estimation de la valeur de la jachère, accident qui pourrait tenir à plusieurs causes, notamment à ce que le blé semé au semoir avait été enterré trop profondément dans la terre siliceuse, car dans une terre voisine de même nature, traitée de la même manière, mais semée en avoine, j'ai obtenu dans la partie argileuse seulement 3/5 en plus que dans la partie sableuse.

L'action de la jachère bien conduite, c'est-à-dire conduite surtout en vue de l'ameublissement et du nettoyage du sol, est donc incontestable, quoique variable. Dans les terres suffisamment riches et argileuses, elle rend disponible une quantité de nitrate suffisante pour faire pousser une récolte de blé de 25 hectolitres; elle augmente donc de 50 unités la puissance de la terre. Sans doute son action diminue dans les terres silico-argileuses et dans les terres siliceuses, mais elle n'est jamais inférieure dans ce cas à 20 ou 25 unités; elle équivaut donc, suivant les terres, à une fumure de 8 à 16.000 kilos de bon fumier de ferme. Voici, du reste, la manière de la conduire dans nos terres fortes de l'Anjou.

Aussitôt après la moisson du blé, donner si l'on a le temps, au commencement de septembre, et si le temps est convenable, c'est-à-dire humide, un labour léger suivi de hersage pour faire lever les mauvaises herbes de la surface; lorsque le sol est cultivé en petits billons, un bon hersage peut suffire. Il est suivi, quinze jours après, d'un fort labour et d'un sous-solage, opération qui peut être faite utilement jusqu'à l'époque des pluies d'automne ou des gelées, c'est-à-dire, en général, sous notre climat, jusqu'à la fin de novembre. La terre ainsi traitée est ameublie par les gelées, l'excès d'humidité est enlevé dans le sous-sol, et la couche supérieure ainsi assainie ne devient pas collante et intraitable après l'hiver. On peut l'abandonner en cet état jusqu'au bon temps, et on commence à la façonner par un hersage énergique qui détruit les mauvaises herbes déjà levées. Les autres façons doivent avoir pour but de maintenir ou de compléter l'ameublissement du sol et de le nettoyer. Un coup d'extirpateur suivi de hersage en mai, un bon labour à fin mai suivi immédiatement de hersage, roulage, coup d'extirpateur, hersage et roulage encore, au commencement de juin, le tout d'après le temps plus ou moins sec ou plus ou moins humide qu'il fait, circonstance qui peut obliger à supprimer les roulages à remettre à plus tard les coups d'extirpateur, à espacer les façons, car des façons données à contretemps, en même temps qu'elles fatiguent extraordinairement les animaux du travail, ont le plus souvent un effet tout contraire de celui que l'on recherche, et c'est au cultivateur judicieux, surtout dans des terres aussi difficiles à traiter que celles de l'Anjou, à réfléchir sérieusement aux façons qu'il doit donner pour en obtenir l'effet qu'il recherche.

Lorsque la jachère est ainsi conduite, elle a produit, dès la fin de juin, tout l'effet fertilisant qu'on peut en attendre. Cet effet, qui tient à l'ameublissement, se continuera du reste pendant la végétation de la plante que l'on confiera au sol, surtout si l'on est obligé de la sarcler ou de la biner et de la butter. Rien ne s'oppose donc, en général, à ce que la terre ainsi traitée soit plantée en choux, et l'on comprend qu'une pareille jachère fumée avec 20.000 kilos de fumier contenant 30 kilos d'acide phosphorique, ayant rendu disponible une quantité considérable non seulement d'azote, mais de ce même acide phosphorique si nécessaire au chou, qui en consomme 125 kilos, puisse même, sans apport de superphosphate, donner une récolte plus considérable que si l'on avait demandé à la terre une récolte de vesce de 15.000 kilos, contenant 50 kilos d'acide phosphorique, que l'on aurait rendu au sol par 500 kilos de superphosphate. La jachère, en effet, a rendu plus d'acide phosphorique disponible que n'en a absorbé la récolte de vesce ; le chou bénéficie de la différence, et c'est là certainement la raison pour laquelle cette plante ne peut donner des produits très abondants après une récolte qui la précède immédiatement ; on ne peut réparer les pertes de la terre qu'en lui rendant plus qu'elle n'a donné à la récolte précédente, c'est-à-dire au moins 600 kilos de superphosphate.

C'est généralement à la suite d'une jachère que le chou est cultivé dans l'arrondissement de Cholet ; mais on ne la commence qu'après l'hiver, aussitôt que le temps le permet en février ou en mars, et le profit est certainement moindre. Pendant que la première opération constitue pour la terre une disponibilité d'azote de 35 kilos au moins, la deuxième ne lui en apporte que 25 kilos, et rend soluble aussi beaucoup moins d'acide phosphorique. Les puissances respectives qu'elles apportent sont donc 35 et 25 ; mais les Vendéens ne pourront modifier leur système que lorsqu'ils

auront adopté définitivement l'usage des sous-
solages. Au surplus, dans les terres de landes,
qui ne gèlent pas l'hiver, que les pluies tassent,
et que les façons d'été ameublissent très bien,
il peut être avantageux de ne commencer la demi-
jachère qu'en mars, pour le labour profond au
moins. Le hersage suit en mai et l'on traverse
tout aussitôt le sol par un labour en billons que
le hersage ameublit complètement.

Il résulte de là que les labours et les façons,
quelle que soit l'époque où on les donne, mais
lorsqu'ils sont bien donnés, c'est-à-dire lorsqu'ils
mettent bien le sol en contact avec l'air et avec
l'eau, lorsqu'ils l'ameublissent, ce qui le rend
apte à ne pas retenir trop d'eau et à en retenir
toujours assez, augmentent considérablement
la puissance productive du sol. Il faut du reste,
à cet égard, tenir compte de l'espacement des
façons ; mais on peut admettre que quatre labours, répartis sur une durée de six mois, donnent
au sol une puissance de 20 à 50, c'est-à-dire que
chacun d'eux lui donne une puissance de 5 à 12.
Il semble, d'après ce que je viens de dire, que
l'on puisse toujours, par le fumier et par les
labours accroître suffisamment la richesse du sol
pour le rendre apte à porter toutes sortes de
récoltes ; mais ce n'est là encore qu'une apparence. La richesse apportée par une fumure,
même considérable, n'est, en effet, que de 3,5 à 4
au plus par 1.000 kilos de fumier, soit 160 pour
40.000 kilos de fumier. Or, cette richesse est
insignifiante, si on la compare à celle qui est
contenue dans la terre. Il n'y a pas de terre
arable qui ne contienne au moins 2.000 kilos
d'azote et beaucoup en contiennent jusqu'à 7.000
kilos, soit une richesse de 2.000 à 7.000. La

fumure de 40.000 kilos apporte donc, dans un cas, moins du dixième, dans l'autre moins du 40me de ce que la terre contient déjà. Or, cette fumure de 40.000 kilos est une fumure maxima ; on peut employer davantage de fumier, mais il devient difficile de l'enterrer, la matière organique se trouve trop concentrée dans la couche moyenne du sol, et la nitrification se fait mal. M. Joulie en a donné la preuve dans un champ d'expérience ; une fumure de 30.000 kilos de fumier de ferme a donné une récolte de 34.000 kilos de betteraves, et 25.400 kilos d'excédent sur la parcelle sans fumier, au lieu que la fumure de 60.000 kilos n'a donné que 31.400 kilos d'excédent, soit 6.000 kilos seulement de plus pour une fumure double. La réflexion vient au reste manifestement confirmer ce résultat de l'expérience et affirmer qu'il faut s'en tenir aux fumures de 40.000 kilos. Mais si, d'autre part, nous comparons la richesse de la fumure à celle de la terre, nous voyons que la première est à peu près négligeable par rapport à la seconde, et que si le fumier produit pourtant des résultats considérables, c'est bien à sa puissance et non pas à sa richesse qu'il faut l'attribuer.

La puissance d'une terre n'est point du tout dépendante de sa richesse. Il y en a de fort riches, les terres de landes toujours, les terres de bois quelquefois, qui sont absolument improductives avant que l'on ne les ait fumées ; sur ces terres, les labours même n'ont aucune action ; il leur manque ce mouvement initial, ce nitrate ou cette ammoniaque initiale, cette matière animale nécessaire à la production des microbes nitrificateurs et, par conséquent, producteurs de la puissance. Nous n'avons point, malheureusement, de procédés qui nous permettent de fixer la puissance initiale d'une terre ; nous pouvons, à la rigueur, à l'aide des notions exposées précédemment, établir le progrès ou la diminution de cette puissance par les fumures, les opérations culturales ou la production des récoltes, et cela est fort utile ; mais cela ne nous permet, en somme, que de nous rendre compte, au bout de plusieurs années d'expérience, non pas de la puissance absolue de la terre, mais de son aptitude à produire les récoltes dans des circonstances données. Il est pourtant bien certain que cette puissance initiale a la plus grande importance, et que la terre n'est pas apte à produire ces récoltes, en vertu de la puissance qu'elle acquiert par les façons ou par les fumures, mais par celle qu'elle a acquise précédemment. Supposons une terre épuisée, donnons-lui, dans les meilleures conditions, la fumure et les façons nécessaires, jusqu'à augmenter même sa puissance de 100 unités, deux fois ce qu'il faut pour la production de 20 quintaux de blé. Il est bien certain pourtant que cette terre sera la plupart du temps hors d'état de produire une bonne récolte de blé. C'est qu'il faut à la terre plus de 100 de puissance pour céder au blé les 50 kilos d'azote qu'il absorbe ; la terre en retient également : il y a lutte entre les deux, et ce n'est que lorsque la terre a trop de puissance disponible que l'humidité favorisant, elle cède à la plante son excédent. Il faut donc à la terre plus ou moins, suivant que la terre est plus ou moins avide d'azote, c'est-à-dire plus ou moins argileuse, moins ou plus humide, que les pluies sont moins bien espacées. Et l'on voit, dès lors, que le succès de la récolte dépendra aussi du genre de la plante

cultivée, de ses exigences, de la longueur de sa
végétation, de la température à laquelle elle
végète, température qui lui permet de trouver
un sol plus ou moins humide. A cet égard, les
expériences ne sont encore que commencées,
mais elles ont été suffisantes pour montrer déjà,
comme je le disais ailleurs, que l'engrais et les
façons ne sont pas les seuls facteurs du succès
des récoltes : la fertilité acquise en est un autre
pour le moins aussi important que les premiers.
C'est pour cela que les agronomes, qui sont en
même temps des agriculteurs praticiens, distinguent trois périodes dans le développement
de la fertilité des terres :

1° Période pastorale, dans laquelle la terre n'a
point ou presque point de puissance productive,
tout en étant quelquefois fort riche, période où
l'on ne lui laissait porter autrefois que des
plantes adventices, tandis que l'on peut aujour-
d'hui l'ensemencer en plantes plus productives
et de meilleure qualité, dont le bétail est plus
avide, qu'il consomme en laissant en échange,
sur le sol, une fumure animale qui favorise la
nitrification, c'est-à-dire la transformation de la
richesse en puissance. Dans cette période, on
peut, suivant la composition physique du sol,
fixer le taux de la puissance croissante de 0
à 100.

2° Lorsque la terre a acquis cette puissance
de cent, la deuxième période, la période céréale,
peut commencer non pas pleinement, mais au
moins pour les plantes les moins exigeantes,
l'avoine et le seigle qui peuvent, dans une terre
possédant de 100 à 150 de puissance, donner des
récoltes rémunératrices, au lieu que l'orge ne
peut végéter utilement que lorsque la terre pos-

sède au moins 200 à 250, et que le blé ne peut végéter que dans les terres qui possèdent 250 à 300
et 350. Or, toutes les terres ne sont pas aptes à
acquérir cette puissance, je veux dire à la conserver, à l'emmagasiner; celles qui sont trop
sableuses ou trop perméables perdent les nitrates
formés, lorsqu'elles sont traversées par des eaux
trop abondantes; elles ne conservent pas assez
d'humidité généralement pour rendre à la plante
la fertilité disponible qu'elles conservent. Aussi,
faut-il qu'elles soient très profondes, avec un
sous-sol un peu plus humide que leur sol, pour
pouvoir produire des récoltes raisonnables de
blé. C'est ce qui se passe dans la vallée de la
Loire, où la végétation est presque continuelle
l'hiver, à cause de la douceur du climat, où la
capillarité fait à chaque instant remonter dans le
sol la quantité d'eau nécessaire à la plante. Partout ailleurs, dans ces terres, il faut redouter la
verse ou l'échaudage.

3° Lorsque la terre possède cette richesse de
350, la troisième période, la période fourragère
ou légumineuse commence. Et il semble qu'il y
ait là contradiction, puisque les céréales sont
incontestablement les plantes qui consomment le
plus d'azote. Sans doute, mais les autres exigent
aussi beaucoup plus de matières minérales; or la
mise en valeur de la richesse produit dans les
terres qui en sont suffisamment pourvues, proportionnellement autant d'acide phosphorique et de
potasse disponibles que d'azote; et c'est pour
cela, sans compter que les plantes légumineuses
et autres exigent toujours un sol riche en azote
au commencement de leur végétation, c'est pour
cela que la terre n'est apte à produire d'abondantes récoltes de légumineuses que lorsqu'elle

peut produire d'abondantes récoltes de blé. Sauf quelques exceptions, qui peuvent tenir, soit à une légère acidité de la terre, soit à une exceptionnelle richesse en matières minérales, la production du trèfle suit celle du blé et n'arrive à 8 ou 10.000 kilos de fourrage sec que lorsque le sol arrive à produire 30 ou 35 hectolitres. C'est là sans doute la cause pour laquelle l'agronome d'Hofwil avait classé le colza en tête pour son exigence en puissance. Le colza est, en effet, beaucoup plus exigeant que le blé en matières minérales ; il consomme un tiers d'acide phosphorique en plus, presque le double de potasse et aussi beaucoup de soude et de chaux dont le blé ne consomme presque pas. C'est pour toutes ces raisons qu'il réussit bien sur fumure récente mais active, et qu'il demande à être repiqué afin de pouvoir trouver sûrement dans deux terres les matières dont il a besoin, quoique à ne considérer que la quantité totale d'azote, le colza soit, au contraire, moins exigeant que le blé.

Cette nécessité pour la production de certaines plantes d'une grande fertilité initiale, que cette fertilité soit azotée ou minérale, ce qui n'a pas une grande importance, puisque la seconde dépend de la première, puisque la formation de l'acide nitrique dans le sol favorise la désagrégation et la dissolution des matières minérales, cette nécessité est une nouvelle justification de la théorie des assolements. Il y a des plantes plus difficiles que d'autres qui exigent du sol plus de puissance ; ce sont celles qu'il faut cultiver les premières sur un sol nouvellement fumé et bien façonné ; le blé qui exige beaucoup d'azote peut se cultiver ensuite, il repose la terre de cet appauvrissement minéral, produit par la première récolte et lui permet de se préparer à produire une nouvelle récolte à grosses exigences minérales.

Les fumiers et les façons augmentent la puissance productive de la terre en azote et aussi en matières minérales. Mais il y a d'autres moyens encore d'augmenter cette puissance ; il y a des plantes fertilisantes et il y en a d'autres qui sont épuisantes. Epuisantes, toutes le sont, il est bon de le répéter ; mais il y en a qui n'épuisent le sol que de matières minérales, quoiqu'elles l'épuisent beaucoup plus de ces matières que toutes les autres plantes. Non seulement elles n'épuisent pas le sol d'azote, mais elles l'enrichissent au contraire, elles l'enrichissent parce qu'elles puisent exclusivement par leurs racines, il est vrai, et non pas par leurs feuilles comme on l'avait cru, l'azote dont elles ont besoin dans l'air par un mécanisme spécial, ainsi que les travaux de Wilforth et d'Hellriegel l'ont mis en évidence. Peu importe, au reste, le mécanisme ; l'enrichissement est certain ; et il était connu bien avant les travaux des savants allemands ; il avait permis aux agronomes et aux agriculteurs réfléchis, d'induire que cette propriété de se nourrir de l'azote de l'air souterrainement si l'on veut, pourrait bien ne pas être spéciale aux légumineuses, mais appartenir à l'ensemble des plantes, plus ou moins, mais enfin suffisamment pour que l'on ne soit jamais obligé de donner à aucune la quantité entière d'azote qu'elle contient. Or, ces plantes enrichissantes laissent dans la terre des racines, à la surface des feuilles, qui se décomposent et rendent au sol de l'azote qu'elles ne lui ont pas pris. Cela explique comment on peut, sans fumier, obtenir après un trèfle de bonnes récoltes de blé. M. Grandeau donne pour les résidus laissés par diverses récoltes, les chiffres suivants :

	RACINES SÈCHES	AZOTE	AC. PHOS.	MINÉRAUX
Luzerne....	10.800	153	44	1.340
Trèfle......	9.980	215	84	2.150
Sainfoin....	6.630	138	33	1.145

On voit que le trèfle tient de beaucoup la tête, pour l'abondance des matières minérales et azotées laissées dans la terre ; 215 kilos d'azote, c'est la quantité apportée par 40.000 kilos de fumier, et cette quantité paraît ne pas comprendre celle qui est laissée par les feuilles, de sorte que c'est à 250 kilos qu'il faudrait estimer la quantité d'azote laissée dans le sol par une récolte de trèfle, c'est plus que ne contient la récolte elle-même. C'est une raison, avec beaucoup d'autres, de considérer comme exagéré le chiffre de M. Grandeau, car on ne connaît pas de plante, en pleine végétation ou mûre, dont la teneur en azote à l'unité de poids soit plus forte dans la racine que dans la tige ou la partie foliacée. Les betteraves, les choux, les rutabagas sont beaucoup moins riches dans leurs racines que dans leurs feuilles ; les pommes de terre contiennent aussi moins d'azote que leurs fannes ; il serait étrange que le trèfle fût seul à faire exception. On remarquera encore le chiffre de matière minérale 2.150 kilos, qui représentent 25 0/0 du poids des racines, au lieu que l'on ne connaît guère de végétaux dans lesquels ce poids dépasse 4 0/0. Mais les faits agricoles démontrent *a posteriori* que les chiffres de M. Grandeau sont très exagérés : on peut, avec une fumure de 40.000 kilos, obtenir facilement 40 à 50.000 kilos de betteraves et 30 hectolitres de blé ; on n'obtiendrait sûrement pas autant après un trèfle. Sans doute on n'obtiendrait pas de récolte de betteraves malgré la surabondance apparente des matières minérales ; et, en blé, c'est un fait connu, que l'on obtient une récolte à peu près égale à celle qui a précédé le trèfle, et que cette récolte peut être suivie d'une avoine rendant un peu moins en poids. Ces deux récoltes laissent la terre dans le même état de fertilité qu'elle avait avant la production du trèfle. Donc elles ont à peu près épuisé la fertilité apportée par le trèfle, fertilité qui est sûrement inférieure à 100, correspondant à 100 kilos d'azote. Ces chiffres sont, au reste, d'accord avec ceux d'un autre savant, qui était en même temps un agronome agriculteur, M. Boussingault, qui cultivait, la balance à la main, son domaine de Bechelbronn et qui a été, il y a déjà quarante-cinq ans, le fondateur de la chimie agricole. M. Boussingault a trouvé dans un hectare de trèfle 1.547 kilos de racines sèches, contenant 1 kilo 800 d'azote par 100 kilos, soit 28 kilos à l'hectare. Si l'on réfléchit que M. Boussingault, qui ne cultivait qu'avec le fumier, ne récoltait guère que 5.000 kilos de trèfle à l'hectare, et que cette quantité doit être augmentée de moitié et, par conséquent, le poids des racines aussi dans une terre capable de produire 25 hectolitres de blé, on arrive à conclure que le trèfle laisse dans la terre 42 kilos d'azote par ses racines, un peu plus peut-être, car M. Boussingault a pu oublier quelques radicelles sur la portion de terrain explorée par lui ; et ce sont les parties de racines les plus riches en azote. D'où il résulte que l'on peut fixer à 50 kilos la quantité d'azote laissée dans la terre par les racines d'une bonne récolte de trèfle.

Mais il faut considérer que le trèfle est une plante très difficile à sécher ; lorsqu'il est en fleurs depuis une quinzaine, surtout dans les années humides, les feuilles du bas de la tige pourrissent sur pied et tombent ; la fenaison, aussi fort difficile, produit toujours beaucoup de déchet, et on peut facilement estimer à 500 kilos de fourrage sec la perte subie par la plante en organes aériens laissés sur le sol. Les feuilles sont, du reste, fort riches et contiennent jusqu'à 2 kilos 0,5 0/0 d'azote ; c'est donc encore 12 kilos 500 d'azote, en tout 60 à 65 kilos. Cela suffit, avec l'azote absorbé directement par la plante, avec celui que la terre reçoit chaque année par les pluies, cela suffit pour produire une bonne récolte de blé et une médiocre récolte d'avoine, et c'est ce que l'on obtient d'habitude.

Les chiffres que M. Grandeau donne pour la luzerne se rapprochent beaucoup plus de la vérité ; non pas qu'il ne soit exagéré d'admettre que la luzerne laisse dans une couche de 0m25 de profondeur 10.800 kilos de racines sèches ; mais le chiffre total de 153 kilos d'azote laissé par une luzernière qui a occupé le sol quatre ou cinq ans semble à peu près exact. On peut, en effet, sur un défrichement de luzerne, obtenir sans fumier une très forte récolte d'avoine, 30 quintaux à l'hectare, une récolte de blé de 16 quintaux et une deuxième avoine produisant moins de 15 quintaux, ensemble de récoltes qui exige au moins 120 kilos d'azote. On peut admettre que la luzerne laisse en azote dans le sol presque le double de ce qu'y laisse un bon trèfle. C'est tout le contraire que dit M. Grandeau ; mais il est certain qu'il se trompe ; et

je ne crois pas qu'aucun cultivateur praticien
soit jamais tenté de se fier à ses chiffres.

C'est par ses racines, par ses radicelles successivement détachées de la tige et remplacées
par d'autres, par les feuilles dont quatre ou cinq
années de fenaison ont accumulé les détritus à
la surface du sol, que la luzerne fertilise la terre ;
et on comprend que pendant le temps que la
plante l'occupe, une grande partie de l'azote
qu'ils contiennent est enlevée soit par l'air, soit
par les pluies. Il serait fort avantageux de pouvoir le récupérer, pendant la végétation même
de la plante ; et c'est pour cette raison que beaucoup de cultivateurs judicieux sèment en même
temps que la luzerne une plante à racines superficielles végétant à la surface, capable de se
nourrir de l'azote que ses feuilles rendent chaque
année disponible, moins exigeante qu'elle en
matières minérales, mais incapable de se nourrir
comme elle de l'azote de l'air. Ce sont des graminées fourragères, ray-grass, dactyle, fromental
que l'on lui associe d'habitude, et, en le faisant,
on ne diminue pas la récolte de la plante même,
mais on augmente le produit de tout le poids
des graminées récoltées.

Le sainfoin enrichit le sol à peu près autant
que le trèfle, c'est-à-dire beaucoup moins que ne
dit M. Grandeau.

Mais ce qu'il y a de plus singulier dans les
chiffres de M. Grandeau, ce sont les poids d'acide
phosphorique laissés par chacune de ces récoltes :

Trèfle 84 kilos. Luzerne 44. Sainfoin 33.

Le trèfle est encore particulièrement riche,
mais aussi sûrement beaucoup trop riche. Il n'y
a, en effet, aucune raison d'admettre qu'il y a

beaucoup plus d'acide phosphorique dans la racine que dans la tige. C'est d'habitude le contraire qui se produit ; on le reconnaîtra dans les chiffres que j'ai cités pour les céréales. Or, le poids de 84 kilos représente les 2/5 du poids de l'azote cité par M. Grandeau, au lieu que la tige ne contient, en grande culture, que 52 kilos pour 230, soit 2/9, que la luzerne ne contient que 44 kilos pour 153 d'azote, soit 2/7, et le sainfoin 1/4 seulement. Le chiffre de 44 kilos d'acide phosphorique pour la luzerne indique que la quantité de cet élément est relativement faible pour obtenir de bonnes récoltes de céréales. On observe, en effet, que l'azote domine, de sorte que l'avoine, qui suit la luzerne, verse fréquemment. C'est une raison de ne pas faire suivre la luzerne par une récolte de blé ; il y en a d'autres, comme nous le verrons plus tard. Mais les 84 kilos d'acide phosphorique contenus dans les racines du trèfle, devraient largement suffire à la production d'une bonne récolte de blé. Or, c'est le contraire qui a lieu, la quantité d'acide phosphorique ne suffit généralement pas au blé qui suit le trèfle ; c'est pour cela que ce blé est toujours maigre et échaudé, à moins qu'il ne verse.

Les plantes légumineuses sont, il est vrai, les seules qui enrichissent le sol et le rendent, au point de vue de l'azote au moins, plus capable de produire qu'il ne l'était auparavant ; mais toutes les autres plantes y laissent également des résidus importants que M. Grandeau estime de la manière suivante pour les céréales :

	MATIÈRE SÈCHE	AZOTE	AC. PHOSPH.
Blé.	3.900	26	13
Seigle . . .	5.900	73	28
Avoine. . .	3.725	30	33
Orge. . . .	2.237	26	13

Pour chacune de ces récoltes la matière sèche contenue dans les racines est à peu près la moitié, un peu plus même de celle contenue dans l'ensemble du grain et de la paille. Pour le seigle et pour l'avoine, elle en forme plus des 2/3, ce qui est évidemment encore plus exagéré et prouve qu'ici l'expérience a été faite dans des conditions spéciales, dans des conditions qui se rencontrent fréquemment dans la culture ordinaire où le seigle et l'avoine d'hiver sont cultivés comme récolte verte, pour la nourriture des animaux. Les quantités d'azote, et surtout d'acide phosphorique, contenues dans les racines de ces deux récoltes, viennent appuyer cette affirmation ; et l'on remarquera que ces quantités sont suffisantes pour produire une récolte de blé, de sorte qu'à l'exception de l'appauvrissement produit par les récoltes, le seigle et l'avoine deviendraient aussi des plantes améliorantes. Il y a là une exagération manifeste. Quant au blé et à l'orge, ils laissent encore certainement dans la terre, d'après les chiffres de M. Grandeau, des quantités beaucoup trop considérables d'azote. Les racines du blé, après épuisement complet par la maturation, contiendraient encore 6 k. 06 d'azote par 1,000 kilos, c'est-à-dire beaucoup plus que ne contient la paille entière, et celles de l'orge contiendraient 1 0/0 d'azote, c'est-à-dire plus que ne contient la plante entière.

Il suffit au reste que l'on sache que les résidus laissés dans la serre par les plantes ont une certaine importance, mais qu'elles n'en ont pas trop, surtout pour les plantes qui mûrissent.

Des prairies. — Voici la dernière culture améliorante, je veux dire fertilisante, que nous avons à examiner. Les prairies apportent-elles réellement de la fertilité au sol, ou bien le laissent-elles aussi fertile, ou bien l'appauvrissent-elles ? La plus grande partie des cultivateurs admet que les prairies enrichissent le sol ; mais ici, comme en beaucoup de cas, et plus que pour toute autre culture, il y a lieu de distinguer. Il y a des prairies qui enrichissent, il y en a d'autres qui appauvrissent le sol.

M. Goetz préconise pour les prairies l'emploi de graminées à grand rendement appropriées au sol, d'après un procédé sur lequel je ne veux pas insister. Il paraît que, par ce système, on obtient des rendements de 15.000 kilos à l'hectare de fourrage sec. C'est presque le double de ce que peut rendre une bonne luzerne ; mais cette forte production n'est obtenue que sur une terre très riche, à l'aide d'une forte fumure initiale qui fait de la terre une sorte de couche ; et, du reste, la prairie ne peut continuer de prospérer qu'à l'aide de très fortes fumures données chaque année avant l'hiver. Si une pareille prairie était capable d'enrichir le sol, ce serait, ce me semble, grâce au fumier que son entretien nécessite.

Il est certain que le blé et les céréales prennent au sol les 3/4 de leur azote et il est admissible que les graminées, qui sont très voisines des céréales au point de vue botanique, en sont aussi physiologiquement très voisines, c'est-à-dire qu'elles prennent au sol les mêmes éléments dans des proportions variables, il est vrai, mais dans des limites assez peu étendues. M. Joulie, qui a étudié les prairies au point de vue de leur exigence en engrais et de leur production en fourrage, a trouvé que 10.000 kilos de fourrage contiennent en moyenne :

	Az.	Acide phosph.	Potasse.	Chaux.
Graminées . .	113,7	47,7	190,7	44.7
Légumineuses.	229 k.	94,7	281,6	146,5

Les échantillons choisis dans les cultures de MM. Vilmorin à Verrières, c'est-à-dire ayant poussé sur des terres abondamment pourvues de tous les principes nécessaires à leur végétation, ont pris le développement que peut leur donner une culture rationnelle et peuvent être considérés, si je puis m'exprimer ainsi, comme des plantes normales. Or, si nous rapprochons de ces chiffres ceux que le même agronome a obtenus pour une récolte sèche de blé prise à la floraison, c'est-à-dire à l'époque correspondante à peu près à la fenaison, nous voyons que 10.000 kilos de blé contiennent en moyenne à ce moment :

Az.	Acide phosphorique.	Potasse.	Chaux.
124	44	170	36

Voilà une composition qui se rapproche singulièrement de la composition moyenne des graminées. Et il n'est pas déraisonnable d'en induire que les graminées, qui absorbent les éléments minéraux du sol dans la proportion exactement la même que le blé, se comportent aussi comme cette plante à l'égard de l'azote, et ainsi ne prennent à l'air qu'une petite partie de ce qui leur est nécessaire.

Or M. Joulie, dont l'autorité est considérable en ces matières, pense, au contraire, que les prairies fertilisent la terre; et il appuie son opinion sur l'analyse de 35 sols de prairie dans lesquels il a trouvé en moyenne plus de 16.000 kilos d'azote à l'hectare, au lieu que les terres

arables très fertiles n'en contiennent généralement pas plus de 4.000 kilos. Mais il résulte
des explications de M. Joulie qu'il s'agit ici de
prairies permanentes très anciennement établies.
Or, on sait que nos pères établissaient leurs prés
sur les meilleures terres, sur des terres de
vallées très fréquemment inondées, et qui possé-
daient déjà au moment de la création de la
prairie un stock d'azote bien supérieur à celui
des terres arables ordinaires. Que ce stock ait
augmenté depuis, je l'accorde facilement; mais
c'est un fait assez connu des cultivateurs, que
l'on ne peut maintenir les prairies de graminées
dans un état convenable de production sans un
apport annuel d'engrais. Presque toutes nos
prairies naturelles de France sont dans ces conditions. Le fauchage des regains est une habitude
moderne ; ils étaient toujours pâturés, et l'appoint
d'azote que ce pâturage apportait aurait suffi à
empêcher l'épuisement du stock. Mais, outre
cela, l'inondation périodique ou l'arrosage mé-
thodique pour les prés de vallées, l'écoulement
ou l'infiltration des eaux supérieures pour les
prairies sèches situées dans les parties inférieures
des coteaux ; enfin le parcage continuel pour les
herbages de Normandie et du Nivernais expliquent suffisamment l'accroissement d'azote, pour
qu'il ne soit pas nécessaire d'affirmer que les
plantes de prairies ont pris à l'atmosphère tout
ce qui leur était nécessaire.

J'ai supposé jusqu'ici une prairie composée
uniquement de graminées. Or, dans le système
de culture d'autrefois, les prairies se créaient
toutes seules, rarement par le semis de balayures
de grenier. Les plantes s'établissaient sur le sol
où elles trouvaient une nourriture abondante et

de leur goût ; puis, lorsqu'elles avaient épuisé les éléments du sol qui leur servaient de nourriture, elles disparaissaient pour faire place à d'autres, ayant ou de moindres exigences ou des exigences autres, leur production restant toujours, du reste, en rapport avec les principes immédiatement absorbables du sol. C'est ainsi que la plupart des prairies contiennent, outre des graminées, des légumineuses et beaucoup de plantes de la famille des composées, qui disparaissaient et reviennent pour s'en aller de nouveau et reparaître encore. Or, ces deux dernières familles de plantes laissent certainement au sol plus d'azote qu'elles ne lui en prennent. On voit donc que la quantité d'azote enlevée annuellement au sol par une récolte de foin qui n'arrive pas en moyenne à 5.000 kilos à l'hectare, y compris le regain, est en définitive minime, elle est inférieure à 15 kilos ; il est clair que les prairies de vallée en reçoivent généralement davantage. De là, enrichissement du sol sans qu'on puisse rien en conclure relativement à la cause de cette augmentation d'azote.

Ces considérations théoriques sont complètement d'accord avec les résultats des expériences de MM. Lawes et Guilbert, continuées pendant vingt ans sur différentes parcelles de pré. Voici les résultats trouvés par ces savants agronomes :

	FOIN PAR HECT.	EXCÉDENT.
Terre sans engrais.	2.669	0
Engrais minéraux tous les ans. .	4.433	1.775
Nitrate de soude.	4.444	1.775
Engrais complet nitrate de soude.	7.176	4.507

L'action des engrais azotés est ainsi mise hors de doute ; et, si les engrais minéraux ont produit autant d'effet que le nitrate seul, cela tient évidemment à ce qu'ils ont modifié la flore de la prairie en y faisant prédominer les légumineuses qui ne consomment pas d'azote. La conclusion de ces messieurs est, du reste, que les prairies n'enrichissent pas le sol.

Voilà sans doute une digression un peu longue sur les prairies permanentes, dont l'étude ne rentre point du tout dans celle des assolements ; mais elle était nécessaire pour éclairer celles des prairies temporaires, sur lesquelles on n'a pas encore expérimenté méthodiquement. D'après ce que j'ai exposé, il est clair que la fertilité laissée dans le sol par une prairie dépendra, avant tout, de sa composition botanique ; la prairie Goetz, entièrement composée de graminées à grand rendement, épuise la terre d'azote au moins autant et sans doute un peu plus, suivant les rendements, qu'une récolte de blé. Si donc elle dure quatre ans, et M. Goetz prétend qu'elle peut et doit durer davantage, c'est au moins 240 kil. d'azote qu'elle aura consommés ; elle aura consommé dans la proportion indiquée plus haut des phosphates et de la potasse, c'est-à-dire sensiblement plus qu'une récolte de blé. On voit donc que, pour maintenir le rendement de la prairie, il faudra lui donner les trois dernières années une fumure de 35.000 kilos à l'hectare au moins, eu égard au peu d'effet des fumures données en couverture, et encore la terre se trouvera sans doute appauvrie. La création de prairies Goetz n'est donc pas une bonne opération pour la fertilisation des terres.

Mais il y a heureusement d'autres prairies, et celles-là vraiment améliorantes : ce sont les prairies de graminées et de légumineuses mélangées, soumises alternativement au fauchage et au pâturage ; or, c'est cette possibilité d'alterner qui constitue incontestablement le grand avantage des prairies. Si, en effet, une prairie temporaire de graminées n'est destinée qu'à fournir du foin, elle est inférieure certainement à une luzerne qui, sur un sol aussi fertile que celui de la prairie, et mélangée de 1/4 de graminées, donnera sans doute, tout en enrichissant le sol, un produit au moins égal en quantité et supérieur en qualité et en valeur nutritive, sans qu'il soit besoin de fumier pour l'entretenir. Il y a très peu de terres fertiles qui ne puissent porter de luzerne ; mais en supposant même que le climat ou le sol s'opposent à cette culture, j'espère démontrer plus loin qu'avec des soins convenables le trèfle peut revenir tous les quatre ans sur la même terre ; et c'est un fait connu qu'en Angleterre il donne des produits peu inférieurs, au moins égaux à ceux des prairies Goetz. Mais les prairies où les légumineuses dominent, surtout la luzerne, ne conviennent pas au pâturage auquel les prairies à base de graminées se prêtent si merveilleusement.

Dans ces prairies temporaires, les trèfles et les légumineuses, en général, mais surtout le trèfle rouge, prennent tout d'abord un grand développement ; ce n'est que la deuxième année que les graminées commencent à occuper le sol. Si l'on sème suffisamment de trèfles de toute espèce, soit 2/3 de trèfle rouge, et 1/3 à peu près de ce qu'il faudrait de graminées si elles devaient occuper seules la terre, on a toujours une prairie presque entièrement composée de légumineuses pendant la première année, au moins pour 5/6. Cette prairie, convenablement entretenue par des engrais minéraux, qui restituent à la terre tout ce que la récolte d'un an lui a enlevé, produit encore, la deuxième année, des légumineuses pour moitié ; d'après cela, la production de la deuxième année n'appauvrit pas le sol, et celle de la première année l'enrichit presque autant qu'une récolte de trèfle. Le pâturage commence à l'automne de la deuxième année, avec un engrais minéral approprié ; et bien que le trèfle rouge ne dure pas plus de deux ans, mais puisse durer ce temps, l'équilibre se maintient entre les légumineuses et les graminées, et les deux dernières années de pâturage enrichissent, par conséquent, le sol de tout ce que le bétail lui laisse. S'il s'agit de bétail à l'engrais qui reste nuit et jour dans le pré, l'enrichissement du sol peut être évalué à la moitié de l'azote contenu dans la récolte, le reste étant perdu à l'air. Si le pré est consommé par les moutons qui restent en pâture neuf heures, l'enrichissement est évidemment $9/24 \times 1/2 = 3/16$ de l'azote de la récolte. Enfin, pour du gros bétail qui ne pâturerait que quatre heures par jour, l'enrichissement ne serait plus que $4/24 \times 1/2 = 1/12$ (1).

D'autre part, les recherches de M. Joulie ont démontré que la quantité d'azote contenue dans la récolte d'une prairie pâturée est plus grande que dans celle de la même prairie fauchée ; c'est-à-dire que, si une récolte fauchée de 10.000 kilos de foin contient 140 kilos d'azote, l'herbe pâturée en contiendrait au moins 160 kilos ;

---

(1) En réalité, le pâturage des moutons n'enrichit pas plus que celui du gros bétail, parce que le mouton empêche l'herbe de pousser.

l'enrichissement annuel est donc, dans le cas d'un pâturage continu (1), de 80, soit pendant deux ans et en tenant compte de la première année de fauchage, 190 ; pour un pâturage discontinu par les moutons, 90, et par les vaches, 55.

Une prairie de quatre ans, établie dans les conditions que je viens de décrire et pâturée par des vaches, les deux dernières, laisserait donc dans la terre la même quantité de fertilité à peu près qu'une éteule de trèfle.

Une prairie pâturée par des bêtes à l'engrais laisserait une quantité d'azote beaucoup plus considérable qu'une éteule de luzerne.

J'ai eu occasion de vérifier pratiquement ces conclusions. J'ai semé, en 1879, des prairies dont j'ai défriché, en 1884, un hectare, et, en 1885, 3 hectares à peu près. Elles étaient établies : la première sur un sol très fertile, les trois autres sur des sols médiocres, et ont été composées à peu près de la même manière, de trèfle rouge pour 2/3 de ce que la terre exige d'habitude ; le reste se composait presque entièrement de graminées. Or, la prairie que j'ai défrichée en 1884 fut établie sur une terre qui avait porté, en 1877, un trèfle dont la deuxième coupe avait été pâturée par des animaux au piquet. Les graminées y réussirent mieux que le trèfle qui disparut au bout de la première année, bien qu'en 1880 la prairie ait été pâturée ; la première coupe fut fauchée en 1881 et 1882, et donna environ 3.500 kilos de fourrage à l'hectare. Enfin, en 1883, la prairie donna un pâtu-

---

(1) Pâturage *continu* ne veut pas dire pâturage *continuel.* Il faut au contraire ne laisser pâturer que de l'herbe ayant un mois de pousse.

rage médiocre ; chaque année le regain fut pàturé. Si l'on applique à cette prairie les principes que je viens d'exposer, on voit qu'elle a gagné, la première année, 35 de fertilité qui ont été consommés les deux années suivantes; et qu'enfin le pàturage de la dernière année a sensiblement restitué à la terre les principes fertilisants que la prairie lui enlevait cette année-là. Elle a donc dù, en définitive, laisser la terre dans l'état de fertilité où elle se trouvait avant la création de la prairie. C'est, en effet, ce qui est arrivé ; car l'avoine que j'ai obtenue après le défrichement a été un peu inférieure à celle qui avait précédé la prairie.

Quant à celles qui ont été rompues en 1885, elles ont produit, en 1880, un foin composé de 2/3 de trèfle ; elles ont reçu, l'hiver suivant, une légère fumure. Les deux années suivantes, elles ont produit environ 2.500 kilos de fourrage à l'hectare, presque entièrement composé de graminées. Mais le trèfle blanc a reparu à la fin de 1882, et les deux dernières récoltes ont été pàturées par les moutons. A l'aide des principes précédents, on voit que la première année a enrichi la terre de 35 en tenant compte de l'éteule de trèfle. Avec la quantité d'azote apportée par la fumure, la prairie ainsi enrichie à pu donner, en 1881 et 1882, une petite coupe ; mais les légumineuses ayant reparu les deux dernières années, la prairie n'a plus consommé que fort peu d'azote, moins de 7 kilos par an, en supposant que les légumineuses aient fourni 1/3 de la récolte. Le pàturage en ayant apporté autant par an, et même sans doute un peu plus, la terre s'est trouvée aussi riche, c'est-à-dire aussi pauvre qu'auparavant.

Concluons donc de cette étude sommaire que les prairies de graminées appauvrissent annuellement le sol à peu près autant que s'il produisait le même poids de blé en fleur ; que les prairies au mélange de graminées et de légumineuses, lorsqu'on fait prédominer les légumineuses la première année et que l'on donne à la terre les engrais nécessaires pour qu'elles en occupent toujours la moitié, enrichissent toujours le sol.

Fumier, culture, résidus laissés dans la terre par les plantes améliorantes, voilà les trois moyens que nous avons entre les mains de fertiliser nos terres avec les seules ressources qu'elles-mêmes nous fournissent , mises en œuvre par notre industrie.

La culture à l'aide des engrais chimiques ou à l'aide des engrais verts forme une deuxième catégorie de ressources pour la fertilisation de nos terres ; mais il faut toujours acheter les engrais chimiques et fréquemment payer une bonne partie des engrais verts.

CHAPITRE IV

LES ENGRAIS CHIMIQUES ET LES AMENDEMENTS. — MÉTHODES DIVERSES DE RECONNAITRE LES BESOINS DES TERRES.

Les engrais chimiques révolutionneront-ils la culture comme les auteurs de la nouvelle méthode l'ont tout d'abord annoncé? Cela devient de plus en plus douteux ; non pas que leur emploi ne continue de s'étendre au grand avantage de la culture qui en a absolument besoin ; mais parce que la culture à l'aide des engrais chimiques seuls, à peine née d'hier, est déjà jugée. Elle a fait son temps ; elle ne donne que des résultats inférieurs et incertains, et elle ne donne ces résultats que dans des terres très fortement fumées autrefois et possédant par conséquent un stock considérable d'engrais organiques.

M. George Ville n'a pas été, je crois, en France ni ailleurs, l'inventeur des engrais chimiques ; mais il en a été le promoteur, le vulgarisateur, il a consacré sa vie à cette œuvre, et il a eu le mérite d'essayer la démonstration des principes qu'il exposait, non pas seulement par des cultures en pots ni même au champ d'expériences de Vincennes, mais en grande culture, dans une ferme de deux cents hectares qu'il avait louée uniquement dans ce but.

Sa démonstration a échoué, un peu sans doute, comme il le dit très sincèrement lui-même, parce qu'il n'était pas cultivateur, parce qu'il ne connaissait pas la terre, parce qu'il ne savait ni la traiter, ni la nettoyer ; mais un peu aussi parce que la culture à l'aide des engrais chimiques seuls, n'est ni avantageuse ni même pratiquement réalisable.

Les plantes, dit M. Ville, se composent de quatorze éléments : carbone, hydrogène, oxygène, azote, acide phosphorique, potasse, chaux, magnésie, fer, silice, etc. ; de ces éléments elles puisent les premiers dans l'air ; quatre ou cinq des autres sont seuls importants, l'azote, l'acide phosphorique, la potasse, la chaux, peut-être la magnésie. Par le fumier, vous donnez surtout aux plantes de l'eau, qu'elles reçoivent également du ciel, du carbone, de l'hydrogène, de la matière organique en un mot, matière organique qui leur est inutile, puisque c'est le soleil seul qui la forme dans la plante, qu'elle n'en prend rien dans la terre et que cette matière organique est au contraire destinée à se décomposer, à disparaître dans le sol pour mettre en liberté la matière minérale, la seule nécessaire avec l'azote à la nutrition des plantes. Et pour l'azote même, ce n'est pas l'azote organique, c'est l'azote ammoniacal ou même l'azote nitrique qui est utilisé. Le fumier se résout donc, en définitive, pour la nutrition des plantes, en nitrates, en phosphates de chaux, en carbonates de potasse. Il contient une gangue qu'il faut faire disparaître pour en extraire la quintessence, et l'agronome traite le fumier, quoique par des moyens forts différents, comme le chimiste, l'essayeur, le fondeur ou le maître de forges traitent le minerai pour en extraire le métal. Le fumier n'est, en réalité, que de l'engrais chimique de mauvaise qualité.

C'était beau, c'était séduisant, exposé avec éloquence, c'était entraînant, de ces entraînements qui peuvent quelquefois coûter un peu cher, car c'était malheureusement exagéré, on le reconnaît aujourd'hui. Cette gangue du fumier que l'on croyait inutile était au contraire fort utile ; elle communiquait au sol des qualités physiques et des propriétés chimiques fort importantes. Je n'insiste ici que sur les dernières.

La décomposition du fumier qui donne naissance en définitive à de l'acide carbonique, à de l'eau, à un peu de sels minéraux, se fait peu à peu par une série de transformations. La matière azotée devient de l'ammoniaque, carbonate le plus souvent, sulfate quelquefois ; les produits ternaires, la cellulose, se transforment en alcool, acide acétique, acide oxalique, autres composés plus complexes encore. Voilà ce qui arrive, lorsque la décomposition marche normalement ; mais, lorsque la décomposition est retardée, il se forme des produits humiques et ulmiques, beaucoup moins simples, parmi lesquels l'acide fumique de Thénard. Or, cette décomposition, les cultures qu'elle nécessite pour être normale, favorisent la dissémination de la matière fertilisante dans le sol et aident à la dissolution des matières insolubles du sol, phosphates de chaux et silicates de potasse surtout. La décomposition paraît aussi donner naissance à de l'acide sulfurique et à de l'acide chlorhydrique qui concourent également à cette dissolution. Or, il ne faudrait pas croire que cette influence dissolvante de la matière organique du fumier, aussi bien sur les sels qu'il contient que sur la réserve de matières fertilisantes du sol, soit sans importance.

Les expériences de M. Joulie ont établi que les phosphates tribasiques de chaux absolument insolubles dans l'eau se dissolvent au contraire plus ou moins dans les acides faibles, plus ou moins aussi suivant leur état d'agrégation dans l'oxalate d'ammoniaque, et peut-être dans le citrate d'ammoniaque. L'influence de la matière organique du fumier est donc loin d'être nulle. Si on la supprime, on supprime du même coup l'appoint que fournit le sol à la nourriture des plantes, son action physique dans les terres trop légères ou trop compactes. Le fumier n'est donc pas seulement de l'engrais chimique, c'est aussi un réactif chimique de premier ordre.

Un autre point faible de la doctrine des engrais chimiques, c'est la théorie des dominantes. Chaque plante, d'après M. George Ville a sa dominante; c'est-à-dire qu'il y a dans les engrais un élément qui influe particulièrement sur elle, qui la fait pousser davantage, qui augmente la récolte d'une manière très importante. Le blé et les céréales sont particulièrement sensibles à l'action de l'azote, le colza et la betterave de même; pour la pomme de terre et la vigne, c'était la potasse qui avait le plus d'action; pour les légumineuses, c'était tantôt la potasse, tantôt l'acide phosphorique, quelquefois les deux. Je n'insiste pas sur une théorie dont le temps et l'expérience ont démontré, sinon la fausseté, tout au moins l'exagération. M. George Ville lui-même en a fait justice sans l'abandonner peut-être. Il convenait par exemple, dans ses conférences de 1873, que l'azote ne suffit pas au blé, qu'il lui faut aussi de l'acide phosphorique et même de la potasse, de sorte que l'excès d'azote ne produit pas de résultat, ou mieux n'en produit qu'un mauvais, toutes les fois que la plante ne trouve dans la terre ni assez d'acide phosphorique, ni assez de potasse.

Était-ce l'expérimentation qui avait aidé M. Ville à poser les bases de la théorie des dominantes ; je ne le crois pas. Il avait à son service les ressources de l'analyse chimique, il avait les résultats de celles qui étaient déjà faites. Il avait des données sur la composition des plantes ; non pas, il est vrai, sur leur composition normale ; mais il existait assez d'analyses des diverses plantes, pour que leur moyenne pût déjà fournir des renseignements importants ; il est admissible que ces moyennes servirent de base aux expériences instituées par le célèbre agronome, et que la théorie des dominantes n'arriva qu'ensuite comme une séductrice de son esprit très brillant ; idée séductrice sans doute parce qu'elle paraissait simple, quoique absolument contraire aux procédés ordinaires de la nature. La nature, en effet, ne divise pas les plantes et ne les différencie pas comme le faisait M. George Ville, en plantes vivant d'azote, vivant de potasse, vivant d'acide phosphorique, vivant de chaux, et en cela il faut tenir compte en même temps et des exigence de la plante et des besoins du sol. Il est bien évident, en un mot, qu'il faut donner à la plante, pour obtenir les récoltes maxima, tous les éléments dont elle a besoin pour arriver à sa composition normale. Or, ce principe contredit absolument la théorie des dominantes. Et cette théorie n'a, en réalité, que deux appuis : le premier, dont j'ai déjà fréquemment parlé, est que toutes les plantes sans exception prennent dans l'air, par un procédé ou par un autre, une partie de l'azote dont elles ont besoin, mais qu'il y a ici des variations importantes, de sorte que certaines plantes, comme les céréales par exemple, prennent dans l'air une très petite partie de leur azote et dans le sol la partie de beaucoup la plus importante, au lieu que les légumineuses se nourrissent exclusivement de l'azote de l'air, ce qui permettrait de dire de ces plantes qu'elles ont pour dominantes les matières minérales, acide phosphorique, potasse et chaux, et ce ne sont en réalité que des dominantes, car leur végétation exige encore un sol riche en azote.

J'accorde, du reste, et c'est là le deuxième appui de la théorie, que dans certaines terres, certains éléments paraissent avoir une influence prépondérante sur la végétation des différentes plantes. C'est ainsi que dans presque toutes les terres, dans les terres pauvres surtout, l'azote paraît avoir la plus grande influence sur la végétation du blé. Voici une terre incapable de produire habituellement plus de 10 hectolitres de blé, donnons-lui au printemps 200 kilos de nitrate à l'hectare, et, si notre blé n'a pas trop souffert de l'hiver, si la terre n'est ni trop humide ni trop sèche, nous récolterons peut-être 20 hectolitres, pourvu que la terre contienne assez d'acide phosphorique soluble, ce qui est l'ordinaire dans les terres pauvres. C'était le cas de la terre du champ d'expérience de Vincennes, terre légère, perméable, voisine du bois, nouvellement défrichée et n'ayant jamais porté de récoltes ; c'était une terre pauvre en azote assimilable et relativement riche en acide phosphorique. Mais des faits agricoles précis sont venus, comme cela était certain, mettre en défaut la théorie. Dans un champ d'expérience établi sur une très mauvaise terre du département de la Drôme, M. Joulie rapporte que les engrais ont produit les effets suivants pour une récolte de blé :

	PAILLE	GRAIN	DIFFÉRENCES EN FAVEUR DE L'ENGRAIS
Complet	2600 kil.	17 h. 85	13 h. 17
Sans azote . . .	1550	10 45	5 79
Sans phosphate.	1050	4 66	» »
Sans potasse . .	1700	15 28	10 62
Azote seul. . . .	1500	6 53	1 87
Sans engrais. .	1050	4 66	» »

Il est manifeste qu'ici l'azote n'a pas été la dominante du blé, puisque l'engrais azoté sans phosphate n'a produit dans un cas aucun accroissement de récolte, et a donné dans le deuxième cas un accroissement de 2 hectolitres seulement. On voit au contraire tous les engrais qui contiennent du phosphate produire un effet remarquable, même l'engrais sans azote, qui produit un accroissement de près de 6 hectolitres ; d'où il suit que, dans ce cas particulier, la dominante du blé, pour continuer de parler le langage de M. George Ville, a été non pas l'azote, mais l'acide phosphorique.

Après nous avoir aussi parlé des dominantes, M. George Ville nous enseigne que les plantes savent encore choisir les éléments chimiques dont elles ont besoin, sous la forme qui leur convient le mieux. Les unes préfèrent l'azote ammoniacal, les autres préfèrent l'azote nitrique ; il y en a qui peuvent prospérer avec le chlorure de potassium, d'autres choisissent le carbonate de potasse. On comprend que cela complique extraordinairement la science de l'agronome et que l'agriculture devient aussi un art fort difficile ; car il n'est pas fort aisé de démêler *a priori* les exigences, il vaudrait vraiment mieux dire les caprices des plantes. Heureusement, il y avait là, il faut bien le dire, encore une exagération manifeste; et il n'y a pas d'engrais aux fonctions physiologiques, pas plus qu'il n'y a de dominantes primaires et secondaires.

La vérité est qu'il faut simplement équilibrer les éléments que l'on donne à la terre pour la nutrition des plantes, de manière qu'elles en aient assez et pas trop. Donnez, par exemple, à la betterave 500, 600, 700 kilos même de nitrate de soude, sans augmenter dans la même proportion les autres éléments nécessaires à la plante; la plante absorbera pourtant ce que vous lui donnerez, car la fonction des racines n'est pas de choisir mais d'absorber tout ce qui est à leur portée, tout ce qui est dissous ou quelquefois susceptible de se dissoudre; en un mot si le liquide nourricier contient trop d'azote, il n'en est pas moins absorbé pour cela, mais la sève, les feuilles, la vie n'en élaborent qu'une partie; le reste est éliminé, quelquefois de la plante, quelquefois simplement de la portion vivante, des cellules ou des fibres extérieures; il est emmagasiné à l'intérieur. L'engrais n'a pas une fonction physiologique, mais la plante ne conserve de l'engrais que ce qu'il lui faut pour vivre. Donnez-vous à la betterave du sulfate d'ammoniaque au lieu de nitrate, elle souffre, parce que le sulfate d'ammoniaque ne peut pas lui fournir l'azote; mais ce n'est pas là un phénomène spécial à la betterave, il est commun à toutes les plantes: toutes veulent de l'azote nitrique, et le sulfate d'ammoniaque ne convient qu'avant l'hiver, dans les sols argileux capables de l'absorber et de le transformer petit à petit en nitrate. Le nitrate au contraire convient mieux aux sables, et il convient en toute saison pour les plantes à végétation rapide comme pour celles à végétation lente. Enfin, en mélangeant les deux, on est sûr de donner à la plante tout ce qu'il faut pour végéter, tout en évitant les excès d'azote.

Les mêmes principes expliquent la diversité d'action du carbonate de potasse et du chlorure de potassium ; de même que le nitrate réagit sur les produits organiques formés et les brûle partiellement, en leur cédant son azote, ce qu'un corps hydrogéné comme l'ammoniaque ne peut pas faire ; de même les acides organiques de la plante décomposent plus facilement le carbonate de potasse que le chlorure de potassium, de même ils agissent mieux aussi sur le sulfate de potasse transformé d'abord en sulfure dont les deux composants, la potasse et le soufre, sont susceptibles de nourrir le végétal ; le sulfure de potassium est au reste singulièrement plus instable que le chlorure. Mais il n'y a pas là d'action particulière à certaines plantes ; et si, par exemple, le phénomène paraît plus sensible pour la betterave et la pomme de terre que pour le blé ou la luzerne, cela tient à ce que le blé et la luzerne occupent la terre pendant l'hiver et que le chlorure de potassium donné à l'automne a le temps de subir dans le sol les transformations qui le rendent plus absorbable par la plante.

Les formules *a priori* de M. George Ville ne sauraient donc convenir à toutes les exploitations. Il est même permis de dire davantage et de faire voir ce que du reste le savant auteur a reconnu lui-même, qu'elles ne conviennent parfaitement à aucune, et que partout elles donnent lieu à des dépenses exagérées pour un profit au moins incertain.

Si je compare en effet la culture à l'aide des engrais chimiques *seuls* à la culture ancienne bien faite à l'aide du fumier, il me sera bien facile d'établir que la première sera toujours en perte. Pour le blé, par exemple, notre récolte de 25 hectolitres enlève au sol 50 kilos d'azote. Je suppose que l'azote donné à la plante sous forme de nitrate soit entièrement absorbé, c'est une hypothèse fort avantageuse, qui suppose que la richesse et la puissance de l'engrais chimique sont une seule et même chose ; il me faudra donc donner à la plante 50 kilos d'azote à 1 fr. 80, marchandise rendue au champ où on l'emploie, (c'était le prix du printemps de cette année et, à ce que je crois, le prix moyen depuis dix ans).

Voilà une dépense de. . . . . 90 fr.
J'ajoute 35 kilos d'acide phosphorique, soit
   encore 21
Et 50 kilos de potasse. 25

Car il me faut bien rendre tout ce que la plante lui enlève, puisque je n'emploie pas de fumier. Ainsi voilà une dépense de 136 fr. d'engrais pour la production d'une récolte de blé, et je suppose que l'engrais est entièrement utilisé. Une récolte de betteraves de 40.000 kilos à l'hectare consomme au moins autant d'azote, M. Ville dit même 30 kilos de plus ; mais comme elle rend à la terre ses feuilles, on peut admettre que :

50 à 60 kilos lui suffisent, soit . . . . 100 fr.
Mais il lui faut, déduction faite bien entendu
   de ce que les feuilles laissent, acide phosphorique 40 kilos. 28
Potasse 100 kilos. 50
       Total . . . . 178 fr.

soit pour les deux récoltes près de 320 fr. Or, les 40.000 kilos de fumier que l'on emploie dans le Nord pour l'assolement de 4 ans que j'ai décrit, qui comporte deux récoltes de blé de 30 hectolitres et deux récoltes de betteraves de 40.000 kilos, n'exige que 40.000 kilos de fumier à 4 0/0 d'azote, qui vaut au plus 8 fr. lorsqu'il est charrié sur les champs, et cette fumure suffit avec 700 kilos de guano ancien qui ne vaudraient en réalité que 175 fr., si on les remplaçait par leur équivalent d'engrais chimique ; il en résulte que, dans le premier cas avec l'engrais chimique seul, notre assolement de quatre ans exige 640 fr. d'engrais, au lieu qu'avec le fumier il n'en exige pas plus de 575 fr. ; il est vrai que le guano ne rendait pas au sol de potasse et que la terre serait par conséquent appauvrie de cet élément ; mais il est, d'autre part, tout aussi certain qu'avec l'engrais chimique seul, donné dans les proportions que nous avons supposées, on arriverait à un résultat moindre et surtout moins certain qu'avec le fumier, et du reste notre fumure au guano enrichissait le sol en acide phosphorique.

Les successeurs, ou mieux les imitateurs et les émules de M. Ville en France, ont commencé par maintenir ses exagérations et par affirmer comme lui que l'engrais chimique était à la fois plus actif et plus économique que le fumier ; et il a fallu l'intervention des agriculteurs praticiens, l'intervention plus décisive encore de l'expérience, pour établir que la production abondante du blé par exemple n'était pas uniquement une fonction de l'engrais même convenablement et abondamment donné, pas seulement non plus une fonction de la semence, mais qu'elle dépen-

dait avant tout de la fertilité acquise antérieure-
ment de la préparation du sol, des améliorations
judicieuses. Aux affirmations fantaisistes de
M. Grandeau en 1883 et 1884, M. Paul Genay,
son voisin, président du comice agricole de Luné-
ville, répondait par des faits et par des comptes,
et démontrait qu'en supposant même que dans
une terre fertile et améliorée les engrais puissent
avoir l'influence qu'ils avaient eue au Jardin de
Tombelaine, la production du blé n'en restait pas
moins en perte par suite des bas prix. Car, c'était
bien de cela qu'il s'agissait, le partisan acharné
des engrais chimiques et des semences améliorées qu'était M. Grandeau, était bien plutôt encore
et est encore aujourd'hui un libre-échangiste
incorrigible, qui n'a pas été converti par les faits
agricoles et économiques de ces dernières années.
Prix du blé à peu près stationnaires malgré les
droits, variations en hausse dépendant uniquement de l'abondance des stocks à l'étranger, surproduction, rien n'y a fait ; et M. Grandeau vou-
drait encore aujourd'hui, de gaieté de cœur, nous
lancer nous-mêmes dans la surproduction inté-
rieure du blé, nous faire travailler pour l'exportation.

Or c'est là déjà la tendance de tous les peuples
de l'Europe et de l'Amérique ; et il n'y a pas
apparence, même malgré la diminution des rendements en Amérique, que la surproduction des
pays d'outre-mer vienne à cesser de longtemps ;
d'où il résulte évidemment que la France doit
conserver tout d'abord son marché intérieur, et
d'où il résulte aussi qu'elle ne peut tirer parti de
ses excédents de blé qu'en les transformant en
hommes. Que nos rendements moyens s'élèvent
de 16 à 20 ou 25 hectolitres même, ce sera très

bien, mais à la condition que nous ne produisions pas plus de 130.000.000 d'hectolitres en moyenne, c'est-à-dire que nous réduisions à cinq millions et demi d'hectares au lieu de 7 nos ensemencements de blé ; on emploiera alors les autres terres à produire le maïs, le colza, le lin et le chanvre, la laine, la viande et la soie que nous importons aujourd'hui.

Si la culture perfectionnée à l'aide des engrais chimiques devait avoir pour conséquence le triomphe définitif du libre-échange agricole, il vaudrait sans doute mieux pour le pays conserver les anciens errements ; mais laissons là le libre-échange et voyons d'un peu près les chiffres et les théories de M. Grandeau. Je puis les résumer d'un mot : l'emploi des engrais chimiques, cela résulte de la moyenne d'un grand nombre d'expériences, donne au cultivateur pour presque toutes les récoltes des profits importants.

Un grand nombre d'expériences ont déjà été faites sur l'emploi des engrais chimiques ; et le docteur Stutzer est arrivé comme moyenne à des résultats précis, en écartant toutes les expériences qui, pour une raison ou pour une autre, semblent douteuses. Voici les excédents de rendement obtenus comme moyenne de 100 kilos de nitrate de soude, lorsqu'on emploie conjointement un engrais phosphaté :

	GRAIN	PAILLE
Froment	270 kil.	574
Seigle	281	540
Orge	510	673
Avoine	537	823

Cherchons, d'après les tables de Wolf, la teneur en azote de ces excédents, nous trouvons :

	GRAIN	PAILLE	TOTAL
Froment	5.67	2.20	7.87
Seigle	5	1.07	6.70
Orge.	8.15	4.05	12.20
Avoine.	9.78	4.50	14.20

D'autre part, un kilo de nitrate de soude contient de 15 5 à 16 0/0 d'azote; d'où il résulte évidemment que le nitrate ne donne pas aux récoltes tout l'azote qu'il contient. Pour l'avoine, il donne en moins 1 k. 500 soit 1/10, pour l'orge 3 k. 500 ou 1/4, pour le blé et le seigle moins de moitié. Ce sont là les résultats définitifs auxquels M. Grandeau est arrivé ; et voici ceux qu'ont donnés les expériences de MM. Gilbert et Lawes, sur une série de 20 années :

POUR LE BLÉ

Nitrate de soude. 45.5 0/0 d'azote récupéré par l'excédent de récolte, 54.5 non récupéré.
Sulfate d'ammoniaque, 32.5 récupéré, 67.5 non récupéré.
Fumier, 14.6 récupéré, 35.4 non récupéré.

POUR L'ORGE

Sels ammoniacaux. .	48	récupéré.	52	non récupéré.
Nitrate	50	—	50	—
Fumier	10.7	—	89.3	—
Tourteaux.	36.3	—	63.7	—

AVOINE

Sels ammoniacaux. .	51.9 récupéré,		48.1 non récupéré.	
Nitrate	55.4 —		44.6 —	

Tous ces chiffres sont extraits d'un ouvrage de M. Grandeau : *Instruction pratique sur l'emploi du nitrate de soude en agriculture* (Paris, imp. Pariset, 1890, page 22) (1); mais cela ne l'empêchait pas d'avoir dit, page 18, après une série de calculs ou de raisonnements faux, que le nitrate de soude appliqué aux céréales produisait des excédents de récolte contenant une quantité

---

(1) Toute cette partie du travail de M. Grandeau est à lire ; M. Grandeau aurait pu la relire lui-même avant de l'imprimer pour voir où peuvent mener les idées préconçues.

d'azote plus considérable que celle apportée par l'engrais, et voici, disait-il, les différences provenant d'autres sources que de l'engrais :

```
Pour le blé  . . . .   2 k. 575 par 100 kilos de nitrate.
  —    seigle. . .    1 k. 537      —           —
  —    orge  . . .    9 k. 399      —           —
  —    avoine . .    11 k. 146      —           —
```

Ainsi, non seulement le nitrate serait entièrement utilisé par les récoltes, mais encore il enrichirait le sol, ou bien il rendrait la plante apte à utiliser l'azote de l'air à se l'assimiler plus énergiquement, il en ferait en un mot une plante spéciale, ce que ne font ni le fumier ni même le sulfate d'ammoniaque. On comprend combien de pareilles erreurs, surtout lorsqu'elles proviennent de calculs faux, sont graves dans un opuscule qui est sans doute trop relevé pour être mis entre les mains de tous les cultivateurs, mais qui néanmoins aura pu être lu par beaucoup; et je ne retiens de cette discussion qu'un fait : c'est que les engrais chimiques, le nitrate notamment, pas plus que le fumier de ferme, ne cèdent aux récoltes tout l'azote qu'ils contiennent; c'est qu'il y a toujours, même avec les engrais chimiques, de l'azote perdu, lorsque l'on n'a pas soin de le récupérer par un assolement judicieux. C'est donc en définitive l'assolement qui est le point décisif pour obtenir l'économie d'engrais ; et la nouvelle preuve que M. Grandeau en donne, en constatant que MM. Gilbert et Lawes n'utilisent dans le fumier que 17 0/0 de l'azote qu'il contient, lorsqu'ils l'emploient pour la production du blé, est elle-même décisive ; car ce fait est loin de prouver l'infériorité du fumier, puisqu'il y a des cultures où il donne au contraire près de 83 0/0 de rendement, 75 0/0 sûrement, c'est-à-dire 20 0/0 de plus que ne donnent les nitrates, dans les conditions les plus avantageuses des expériences de MM. Gilbert et Lawes.

J'accorde bien volontiers, du reste, que l'ensemble des expériences met en évidence pour certaines plantes, pour l'avoine et l'orge notamment, une bien meilleure utilisation du nitrate. Pour ces plantes, les moyennes de M. Stutzer établissent une utilisation moyenne respective de 3/4 et de 9/10. Cela est considérable surtout en regard de l'utilisation du fumier dans ce cas, qui est à peu près nulle, presque toujours inférieure à 10 0/0. Il n'en est pas moins vrai pourtant, à ne considérer que l'utilisation de l'azote, que le fumier bien employé, enterré au printemps avant une plante sarclée, en laisse autant à peu près aux récoltes successives que le nitrate ; et il n'y a pas là de raison de préférer l'un à l'autre.

M. Grandeau se demande pourquoi l'orge et l'avoine utilisent mieux le nitrate que le blé et le seigle ; et il en recherche la cause physiologique, comme si les récoltes pouvaient avoir des préférences. Je me suis expliqué à cet égard, et les récoltes n'ont pas, en effet, de préférences ; mais l'utilisation de l'azote dépend de la durée de son action et des circonstances dans lesquelles on le donne à la terre. L'avoine et l'orge, dans les expériences qui ont servi de base à l'établissement des moyennes de Stutzer, sont certainement des récoltes de printemps qui ont reçu du nitrate au moment où elles poussaient et qui dans ces conditions ont pu presque tout utiliser, au fur et à mesure de leurs besoins ; au lieu que le blé est une récolte d'automne à laquelle il est beaucoup plus difficile d'appliquer l'engrais en temps opportun. L'applique-t-on en effet en automne et en très grande quantité ? La plus grande partie, s'il s'agit de nitrate, surtout dans une terre perméable, est entraînée dans les profondeurs du sol ; et l'on ne doit avant l'hiver donner à la récolte que la quantité qu'elle pourra utiliser de nitrate, 50 kilos au plus, lorsqu'on sème à fin septembre ou première quinzaine d'octobre, moitié moins quand on sème plus tard ; mais si l'on donne tout au printemps de trop bonne heure sans enterrer l'engrais, les inconvénients sont les mêmes : une grande partie est entraînée soit à travers le sol, soit par les eaux de la surface sans avoir pu être utilisée ; la plante peut aussi ne pas se trouver assez forte avant l'hiver et souffrir de sa rigueur, être incapable en un mot, à cause de sa faiblesse, d'utiliser au printemps tout l'engrais qu'on lui donne même à un moment favorable, c'est-à-dire vers la fin de mars ou au commencement d'avril ; et dans ce cas, surtout lorsque la terre manque de phosphate, le blé est exposé soit à la verse soit à l'échaudage ; il y a là bien des raisons pour que l'effet des nitrates soit beaucoup moindre et beaucoup moins certain sur les récoltes de blé que sur celles d'avoine ou d'orge.

Il nous reste à examiner maintenant les erreurs de M. Grandeau sur le produit en argent de l'engrais, sur son produit net bien entendu. Oh ! je ne nie pas qu'il y ait un produit net ; mais il n'est sûrement pas celui que dit M. Grandeau, et il n'est sûrement pas plus considérable qu'avec le fumier de ferme bien employé. M. Grandeau, qui écrit en 1890, constate que, le 6 mars de cette année, le nitrate était descendu à 18 fr. 70, et il en conclut qu'il est très raisonnable en adoptant le prix moyen de 19 fr. 25. C'est une assertion au moins singulière; il est vrai que le nitrate a continuellement baissé depuis vingt ans; mais il est positif que le cours moyen n'a jamais été de 19 fr. 25, et il est certain qu'il est plus rapproché de 25 francs que de 19 francs; on ne s'écartera pas beaucoup de la vérité en le fixant à 23 francs à Dunkerque, d'autant plus qu'il faudrait compter avec la coalition des vendeurs, surtout si la consommation du nitrate venait à progresser sensiblement. Mais il convient d'ajouter à ces chiffres, pour la moyenne des cultivateurs français, environ 2 francs de transport par 100 kilos et 2 francs de frais généraux de détail, de sorte que le nitrate revient en moyenne en culture à 27 francs; c'est même là un prix inférieur au prix de cette année; en somme, M. Grandeau s'est certainement trompé sur le prix du nitrate de 5 à 6 francs. Au reste, les résultats indiqués par le docteur Stutzer ne s'obtiennent qu'à la condition que la plante ait reçu ce qu'il lui faut d'acide phosphorique. Elle en consomme 35 kilos à l'hectare, et M. Grandeau pense qu'il faut lui en donner au moins 30 kilos par 100 kilos de nitrate à 0 fr. 60 le kilo, c'est une nouvelle dépense de 18 francs : total, 45 francs par 100 kilos de nitrate et 90 francs pour 200 kilos, qui est la quantité que M. Grandeau recommande. Avec cette dépense, on obtient :

Grain, 5 q. 40 à 22 fr. les 100 kil.	118 fr.
Paille, 11 q. 50 à 35 fr.　　　—　　. . .	40 fr.
Total	158 fr.

M. Grandeau qui estime la paille à 45 francs les 1.000 kilos, trouve 178 francs; mais je crois qu'il serait fort embarrassé de justifier ce prix par les mercuriales, surtout celles des dix dernières années. Le prix de 45 francs est peut-être celui de la paille rendue chez le consommateur ; mais il convient d'en déduire le transport, qui est fort important : lorsque la paille est conduite à 12 kilomètres seulement de l'exploitation, il faut une journée d'un homme et de deux chevaux pour en conduire 1.500 kilos, en définitive, avec une dépense de 15 francs, soit 10 francs par 1.000 kilos. Le bénéfice produit par l'engrais est donc seulement de 69 francs ; et il conviendrait encore sans doute de le diminuer d'une dizaine de francs pour les frais de battage, ce qui le réduirait à 59 francs.

Il est vrai que, d'après les expériences de MM. Gilbert et Lawes, le bénéfice produit par le fumier est beaucoup moindre, parce que, dans la culture de ces messieurs, le fumier n'est pas utilisé : leurs expériences n'ont pas été instituées en vue de son utilisation, bien au contraire; mais si on compare aux engrais chimiques l'action d'un fumier bien utilisé, on ne trouvera celle-ci nullement inférieure. Dans la culture courante du Nord que j'ai citée, on produisait avec 40.000 kilos de fumier :

    1ʳᵉ année : 40.000 kilos de betteraves.
    2ᵉ   —   30 hectolitres de blé.

Or, les expériences de MM. Gilbert et Lawes ont indiqué pour la parcelle de blé cultivée sans engrais un rendement moyen de 12 hectolitres : c'est beaucoup, à coup sûr, et cela doit tenir au voisinage d'autres parcelles cultivées avec engrais, mais enfin il reste encore pour la culture du Nord un excédent de 18 hectolitres avec 2.500 kilos de paille, le tout valant, à nos prix, de 22 et de 35 francs :

Grain . . . .   318 fr.
Paille . . . .   87 fr.
                    Total . . . . .   405 fr.

Obtenus avec une fumure de 40.000 kilos, dont la moitié au moins est utilisée pour la culture des betteraves, et dont un quart de ce qui reste n'est pas utilisé par le blé, de sorte que la portion utilisée du fumier n'est guère en réalité que de 15 à 16.000 kilos, valant 8 francs les 1.000 kilos, soit 120 francs. Le profit donné par le fumier serait donc, en suivant les calculs de M. Grandeau, de 285 francs. Je sais bien que ce calcul paraîtra absolument fantaisiste. Il ne l'est pourtant pas certainement ; et il prouve simplement que, dans toutes les cultures, ce qui produit le bénéfice, c'est l'emploi d'engrais quels qu'ils soient, pourvu qu'ils conviennent à la récolte et qu'ils puissent être utilisés par elle ; il prouve aussi, et c'est là un autre fait, très anciennement connu de la culture du Nord, il prouve que, dans les terres suffisamment pourvues d'acide phosphorique, le fumier bien employé produit pour le moins autant d'effet que les nitrates.

Mais, lorsqu'il s'agit de comparer les nitrates au fumier, il y a un autre point bien important à considérer pour décider la question, c'est celui de la production relative du nitrate et du fumier. La production actuelle du nitrate est d'environ 600.000 tonnes par an. Il est vrai que cette production est susceptible d'augmenter ; peut-être pourra-t-elle doubler, tripler, décupler même, mais enfin tout cela n'aura qu'un temps, et si l'on arrivait à extraire annuellement 6.000.000 de tonnes, on verrait sans doute rapidement diminuer et disparaître les gisements, comme cela est arrivé pour le guano. Or, que propose M. Grandeau? employer annuellement 200 kilos de nitrate avec superphosphate correspondant pour toutes les récoltes, blés, avoines, betteraves, pommes de terre, sauf pour les légumineuses et les prairies, c'est-à-dire annuellement en France sur 20.000.000 d'hectares. Cela ferait pour la France seule 4.000.000 de tonnes de nitrate; mais l'Angleterre, l'Allemagne, l'Autriche, la Belgique consomment également du nitrate; et puis les Etats-Unis et la Russie, pour réparer les pertes de leur sol, quand ils l'auront suffisamment ruiné, en demanderont également. Ce n'est pas 4.000.000 de tonnes que la consommation demandera annuellement, c'est 30, 40, 50 millions, cent fois la production d'aujourd'hui. S'imagine-t-on que ce chiffre puisse être atteint? et comment pourrons-nous payer ces 4.000.000 de tonnes, qui coûteraient au moins 300 francs la tonne? C'est 1.200.000.000 de francs qu'il nous faudrait annuellement débourser, et calcule-t-on ce qu'il nous faudrait vendre de blé pour y arriver? A 12 francs l'hectolitre, c'est le prix actuel de la concurrence, prix qui baisserait peut-être encore, il faudrait vendre 100.000.000 d'hectolitres. Il est donc manifeste que la culture du blé à l'aide des engrais chimiques et du nitrate, en particulier, ne peut jamais être que ce qu'elle est aujourd'hui, l'exception.

Heureusement nous pouvons nous en passer, nous pouvons nous passer de nitrate, tout en augmentant nos rendements; il nous suffit d'augmenter notre fumier; et il faut pour cela le mieux soigner, augmenter le bétail qui le produit, utiliser tous les résidus de vidanges ou d'industrie. Nous devons toujours produire bien assez d'engrais azotés pour entretenir la fertilité de notre sol, puisque l'atmosphère est là pour nous donner ce qui nous manque, et que, dans une culture bien dirigée, l'atmosphère doit contribuer pour plus de moitié à la nourriture azotée des plantes. La culture n'aura donc généralement pas besoin d'azote, de nitrates ; son but doit être de s'en passer, une bonne exploitation ne peut, au contraire, se soutenir que par l'importation des engrais phosphatés et, au besoin, potassiques, lorsque le sol manque de potasse.

Et ici encore nous retrouvons M. Grandeau affirmant, sur la foi des expériences de Tombelaine, que le phosphate fossile a la même valeur agricole que le superphosphate. M. Grandeau a heureusement abandonné depuis cette idée, mais il reste persuadé, semble-t-il, que le phosphate fossile peut, lorsqu'on double la dose d'acide phosphorique, produire uniformément dans tous les sols le même effet que le superphosphate ; c'est là certainement une erreur. Il y a des sols calcaires où le phosphate fossile ne produit rien ou presque rien ; il n'y produirait rien surtout avec les engrais chimiques seuls. Il y a des sols sableux secs où il produit peu de chose ; il y a beaucoup de terres moyennes, saines, trop perméables contenant une forte proportion de calcaire où son effet serait plus qu'incertain. Et il ne reste que les terres humides, c'est-à-dire les terres fortes à sol profond et à sous-sol peu perméable, les terres légères ou franches à sous-sol imperméable, les terres tourbeuses ou marécageuses dans lequelles le phosphate fossile puisse produire de l'effet, et encore faut-il distinguer les phosphates fossiles ? Mais l'ensemble de ces terres ne forme pas en France le tiers de la superficie des terres arables ; et celles qui sont dans le bassin de la Garonne sont, sinon assainies par la culture, au moins suffisamment desséchées par la chaleur pour pouvoir être classées dans les terres saines.

Concluons donc de ces considérations que la culture à l'aide des engrais chimiques seuls est peut-être possible, mais qu'elle est sûrement la plus coûteuse et la plus dangereuse. Je dis peut-être possible, car ici l'expérience faite n'est pas assez longue pour que l'on puisse se prononcer en connaissance de cause, et qu'il apparaît bien probable qu'il y a des sols, les sols sableux ou calcaires, les terres légères ou trop perméables qui manquent de matière organique, où elle ne pourrait se soutenir. Elle creuse la terre, elle la rend aride, comme disent les cultivateurs, et dès lors elle rend les récoltes plus incertaines, elle peut, le cas échéant, les compromettre, c'est pour cela qu'elle est dangereuse. Elle est dangereuse aussi, parce que c'est une culture sans bétail, c'est une culture exclusive de plantes qui mûrissent, de plantes industrielles ou de fourrages de très bonne qualité, c'est une culture où l'on vend beaucoup mais aussi où l'on achète beaucoup ; c'est donc une culture soumise à tous les abus du négoce, qui fait de l'exploitant du sol un véritable commerçant, ce qu'il est presque toujours trop et ce qu'il ne devrait jamais être. Le cultivateur qui se livre au commerce en devient la proie par les baisses imprévues, par la mévente, par la nécessité de recourir au crédit. Voit-on un cultivateur de 150 hectares obligé d'importer l'engrais dont il a besoin, c'est 15.000 francs qu'il lui faut par an, 15.000 francs de plus de marchandise à vendre, plus de main d'œuvre à payer, des chevaux à nourrir pour les transports de paille et de fourrage, même en admettant l'adoption d'un assolement rationnel comportant la culture en grand des fourrages. Bref, la culture à l'aide des engrais chimiques seuls ne peut se soutenir que dans les exploitations en terres humides, dans le voisinage des grandes villes, lorsque l'on peut compter sur une clientèle sérieuse de consommateurs de fourrages.

Partout ailleurs, les engrais chimiques ne peuvent être que des adjuvants, des aides, soit pour compléter la fumure d'une récolte, pour lui donner ce qui lui manque, soit pour la relever lorsqu'elle périclite. C'est ce que comprennent aujourd'hui tous les agriculteurs praticiens, aussi bien que tous les agronomes réfléchis, même fabricants d'engrais, qui font passer l'intérêt supérieur de l'agriculture, c'est-à-dire du pays, avant leur intérêt personnel. De ce nombre est M. Joulie qui, dans un livre magistral, *Guide pour l'achat et l'emploi des engrais chimiques*, a posé les véritables bases de la doctrine des engrais chimiques.

Il convient tout d'abord de les connaître, de savoir sous quelle forme l'industrie peut nous fournir les éléments essentiels à la végétation des plantes, l'azote, l'acide phosphorique, la potasse, la soude, la chaux, la magnésie et le fer, car tous ces éléments sont nécessaires; et il n'est nécessaire de les compléter que dans les terres qui n'en contiennent pas assez.

L'azote nous est livré par le commerce sous forme de nitrate de soude ou de sulfate d'ammoniaque. Le premier existe au Pérou, au Chili, dans d'autres points encore de l'Amérique du Sud, de l'Inde ou même de l'Afrique. Il forme là-bas des couches puissantes qui proviennent de la décomposition des matières organiques, en présence du carbonate de chaux et du chlorure de sodium. Le sulfate d'ammoniaque est un résidu des usines à gaz, que l'on produit toutes les fois que l'on fait passer dans un bain d'acide sulfurique faible les produits de la distillation des matières organiques azotés. Le sulfate d'ammoniaque contient 21 0/0 d'azote et vaut en moyenne 30 francs ; sa production étant limitée, son prix est à peu près stationnaire, mais c'est un produit national, qu'il nous serait plus avantageux d'employer que le nitrate de soude s'il était aussi actif ou relativement moins coûteux, de sorte qu'il eût été sage, à mon sens, d'imposer à l'entrée le nitrate de soude à 2 ou 3 francs par 100 kilos pour favoriser quelque peu la vente du sulfate d'ammoniaque, et peut-être d'autres résidus, vidanges notamment, susceptibles d'être transformés, d'autant plus que les droits n'auraient très probablement pas augmenté les prix, mais simplement diminué les bénéfices des producteurs ou des importateurs.

Le nitrate de soude est plus soluble, et les sols l'absorbent en général plus facilement que le sulfate d'ammoniaque ; ils le laissent passer sans le retenir. Le nitrate de soude n'est donc pas en général un engrais d'automne, et on ne peut l'employer sur le blé que pour ceux semés de bonne heure qui peuvent profiter quelque peu de l'engrais avant l'hiver. Le sulfate d'ammoniaque peut être au contraire employé dans les terres argileuses à raison de 50 kilos à l'hectare, 100 kilos même dans les terres très fortes, qui ne se laissent point du tout traverser. Il faut alors l'enterrer par le dernier labour et il est bien probable que, mis ainsi à la portée de la plante, le sulfate d'ammoniaque produirait autant d'effet dans les terres argileuses que le nitrate semé en couverture au printemps. Mais celui-ci est bien préférable dans les terres moyennes et légères, surtout celles qui ne contiennent point d'argile. Avec 100 kilos de nitrate sur un blé qui périclite, qui a souffert de l'hiver, qui n'a point été assez fumé, on produit un résultat surprenant, surtout lorsque la plante a reçu à l'automne un peu de superphosphate.

Avec cette rapidité de dissolution, cette propriété d'assimilation immédiate, le nitrate de soude est surtout un engrais de printemps qui convient à l'orge, à l'avoine, à la betterave, à la pomme de terre, et que, malgré les apparences, on doit toujours incorporer au sol par un petit labour ou au moins par un hersage.

L'acide phosphorique peut être donné aujourd'hui au sol sous quatre formes différentes :

1° A l'état de superphosphate ou de phosphate acide de chaux. Les superphosphates que l'industrie nous livre sont des produits complexes obtenus par le traitement des phosphates fossiles en poudre par l'acide sulfurique. Suivant que l'opération est bien ou mal conduite, le produit obtenu est très inégal, et la quantité de phosphate tribasique de chaux transformée en phosphate acide, c'est-à-dire soluble dans l'eau, est plus ou moins considérable. On comprend donc qu'il y a une grande inégalité dans les superphosphates, beaucoup plus grande que dans les nitrates et sulfates d'ammoniaque, lesquels, étant des sels presque purs, puisqu'ils sont cristallisés, contiennent une quantité à peu près fixe d'azote. Les superphosphates contiennent, au contraire, une quantité variable d'acide phosphorique total, qui dépend de la richesse des phosphates fossiles employés à leur fabrication ; mais la quantité d'acide phosphorique rendue soluble dans l'eau est encore plus variable, de sorte qu'il est très important de pouvoir la connaître exactement, puisque c'est d'elle surtout que dépend la valeur agricole de l'engrais, c'est-à-dire sa valeur vénale. Les chimistes sont aujourd'hui d'accord pour doser l'acide phosphorique soluble par le citrate d'ammoniaque alcalin à froid ; mais cette méthode donne aussi bien l'acide phosphorique soluble que celui qui l'a été, et qui a, comme on dit, rétrogradé, c'est-à-dire cessé d'être soluble depuis la fabrication de l'engrais. Or, il est raisonnable d'admettre que cet acide phosphorique, qui a été un moment donné assimilable, puisqu'il était soluble, est resté assimilable malgré sa transformation ; et l'expérience prouve, en effet, que l'action des superphosphates de fabrication ancienne est aussi énergique que celle des superphosphates de récente fabrication. Il convient donc de n'acheter les superphosphates que d'après leur titre en acide phosphorique soluble à froid dans une solution concentrée de citrate d'ammoniaque.

Au surplus, cette solubilité n'est pas la même que celle des nitrates. Les superphosphates ne sont solubles que dans une grande quantité d'eau. La présence des autres agents du sol aide à leur dissolution ; mais, dans les circonstances les plus favorables, cette dissolution est très lente, de sorte que ces engrais ne doivent jamais être employés en couverture, mais, au contraire, toujours enterrés avant la semaille.

2° Les phosphates précipités sont des phosphates tribasiques de chaux à peu près purs. Ils résultent du traitement des phosphates fossiles ou des produits d'os par l'acide chlorhydrique. La liqueur obtenue est reprise par un lait de chaux; et le produit que l'on obtient est un précipité chimique d'une ténuité extrême, qui n'est pas, il est vrai, soluble dans l'eau, mais qui exerce sur la végétation, surtout dans les terres fortes, à peu près le même effet que les superphosphates ; de sorte que la valeur agricole de l'acide phosphorique qu'il contient est à peu près la même que celle de l'acide phosphorique soluble dans le citrate d'ammoniaque des superphosphates. Or, il arrive précisément que l'acide des phosphates précipités est entièrement soluble dans le même réactif, qui peut être ainsi utilisé pour fixer la valeur vénale des phosphates précipités aussi bien que des superphosphates.

3° Les os étaient autrefois la seule source connue d'acide phosphorique. On les employait comme noir animal, os dégélatinés et réduits en poudre, cendres d'os. Il y a une vingtaine d'années, la découverte des gisements de phosphates dans les Ardennes et le Lot vint transformer complètement l'industrie des engrais phosphatés, ou même la créer.

Les os sont formés d'un mélange de phosphate et de carbonate de chaux. Lorsqu'ils sont dégélatinés, c'est-à-dire dépouillés de leur ciment organique, leur texture poreuse permet de les réduire facilement en poudre très fine et très facilement attaquable par les agents chimiques des sols. Les noirs sont moins facilement attaquables, et les cendres d'os moins encore, à cause de la forte calcination qu'elles ont subies. L'expérience agricole prouve, en effet, que c'est dans cet ordre qu'il faut classer les produits d'os non transformés en superphosphates pour leur action sur la végétation.

Les phosphates fossiles qui ne contiennent pas en général de matière organique sont plus compacts et plus difficiles à pulvériser que les os dégélatinés ; ils agissent aussi beaucoup moins sur la végétation, quoiqu'ils contiennent l'acide phosphorique au même état de phosphate tribasique de chaux. Ce n'est donc pas à cause de l'état chimique de l'acide phosphorique que ces phosphates sont moins actifs, mais à cause de leur état physique même. Le ciment qui agglutine les particules de phosphate est un ciment argileux, siliceux ou calcaire, interposé mécaniquement par une pression extérieure. Il est à peu près inattaquable par les agents chimiques du sol, et il ne pénètre pas le phosphate aussi intimement que le ciment organique et calcaire de l'os. Ici, en effet, le ciment est mélangé au phosphate par la force vitale ; ils se pénètrent intimement l'un l'autre, de sorte que l'enlèvement d'une partie rend le corps absolument pénétrable à tous les agents chimiques.

Il y a, du reste, de grandes différences dans l'assimilabilité des phosphates fossiles. On a trouvé, en s'appuyant sur les faits que la culture nous livre, que l'oxalate d'ammoniaque dissout une portion de phosphate d'autant plus grande, dans les différents phosphates fossiles, que ces phosphates sont plus assimilables ; de sorte que, si la quantité de phosphate dissous par l'oxalate ne peut indiquer l'assimilabilité absolue qui dépend avant tout du sol, elle indique assez exactement l'assimilabilité relative pour nous renseigner sur la valeur agricole réelle des différents phosphates fossiles.

4° On connaît aujourd'hui un résidu industriel pulvérulent contenant de 8 à 16 0/0 d'acide phosphorique, qui encombre les usines qui sont prêtes à le céder à la culture à très bas prix pour se débarrasser : c'est la scorie qui provient de la déphosphoration de la fonte dans le convertisseur Bessemer. A l'aide d'une garniture de chaux, on est parvenu à enlever à la fonte, en la transformant en acier dans l'appareil Bessemer, la plus grande partie du phosphore qu'elle contient. Et cette source est loin d'être sans importance, puisque la production des scories Thomas est estimée aujourd'hui à 200.000 tonnes en Allemagne, et qu'elle n'est sans doute pas de beaucoup inférieure en France.

Les scories Thomas contiennent, outre l'acide phosphorique, 50 0/0 de chaux, 20 0/0 de manganèse et 5 0/0 d'oxyde de fer ; le reste est de la silice : c'est dire qu'elles contiennent un grand excès de chaux et de magnésie libres. Aussi tombent-elles d'elles-mêmes en poussière, après leur refroidissement, sous l'unique action de l'air qui transforme la chaux vive en hydrate et en carbonate de chaux, avec augmentation de volume. Ainsi, tandis que les phosphates fossiles ne peuvent être réduits en poudre que par une action mécanique plus ou moins énergique, la scorie Thomas se pulvérise d'elle-même, et cette action se continuerait indéfiniment tant qu'il resterait de la chaux libre. Il est certain que la même action se continue dans le sol, car les scories en poudre livrées par les usines métallurgiques contiennent toujours de la chaux libre. Or, cette pulvérisation spontanée, et pour ainsi dire, cette diffusion spontanée et indéfinie du phosphate est une condition très favorable à son absorption par les plantes; de telle sorte que l'on doit admettre que les scories Thomas sont de tous les engrais qui contiennent l'acide phosphorique à l'état de phosphate tribasique les plus absorbables et les plus assimilables. La chose paraîtra encore plus probable si l'on songe que ces résidus contiennent de l'oxyde de fer et du soufre, deux éléments qui jouent un rôle considérable dans les oxydations et les réductions qui aident à la diffusion du phosphate et à son absorption par les plantes.

Au surplus, les essais chimiques et culturaux faits en Allemagne, bien que les résultats en soient rapportés d'une manière un peu confuse, paraissent avoir prouvé que ces résidus sont très supérieurs aux phosphates fossiles, et que leur action, surtout dans les terres un peu acides, n'est pas inférieure à celle des superphosphates.

Emploi des phosphates. — Les phosphates fossiles ne peuvent pas aujourd'hui, en général, être directement employés dans la culture. Les plus facilement assimilables, les phosphates du grès vert des Ardennes et de la Meuse, n'ont qu'une valeur culturale de 38 0/0, c'est-à-dire qu'ils ne laissent dissoudre par l'oxalate d'ammoniaque que 38 0/0 de l'acide phosphorique qu'ils contiennent, et point du tout ou fort peu dans le citrate d'ammoniaque. Ils doivent donc être réservés pour les sols très humides, et il faut en employer trois fois plus que de superphosphate, c'est-à-dire en tenant compte de la fumure, 700 kilos au moins pour la production du blé. Leur emploi devient dès lors plus coûteux que celui des superphosphates, qui ne valent plus guère aujourd'hui que le double; de sorte que 700 kilos de phosphate, 18/20, coûtent 41 fr. et ne produisent pas plus d'effet que 350 kilos de superphosphate, 13.5/15, qui ne coûtent que 28 fr. Il est vrai que la partie non utilisée des phosphates fossiles reste dans le sol ; mais c'est une avance qui ne peut profiter à l'exploitant que dans les baux très longs ; car ce n'est qu'au bout de dix ans, dans l'assolement de l'Anjou, que l'enrichissement total de 3 ou 400 kilos d'acide phosphorique en phosphate tribasique, pourrait commencer de faire sentir son effet. On aurait donc fait à la terre une avance de 100 fr. improductive pendant dix ans en moyenne, c'est une avance de propriétaire et non pas de locataire.

Les phosphates fossiles ne peuvent donc pas en ce moment être employés directement avec économie, au moins dans l'Ouest de la France ; il faut laisser les phosphates du grès vert aux cultivateurs de l'Est de la France, aux points où l'on peut se les procurer à moins de 4 francs ; partout ailleurs les phosphates fossiles employés doivent toujours être les plus voisins ; et ils doivent servir surtout à l'enrichissement des fumiers à raison de 15 à 20 kilos de phosphate fossile, 18/20, par 1.000 kilos de fumier, soit un demi-kilo par tête de gros bétail et par jour, autant pour les vaches ou pour les bœufs d'élevage que pour les bœufs à l'engrais qui donnent toujours un fumier beaucoup plus riche en phosphates, quoiqu'ils en fassent beaucoup plus. On met encore en doute, mais probablement à tort, la dissolution du phosphate dans le fumier. Tout n'est peut-être pas dissous ; mais la plus grande partie l'est sûrement. Le fumier contient en effet toujours, surtout lorsqu'il est frais, de l'oxalate d'ammoniaque ; il s'y forme également des produits acides, des humates, des ulmates, de l'acide humique, de l'acide carbonique toujours en grande masse relativement à la quantité de phosphate, et plus capables d'agir sur le phosphate disséminé, à cause de cette masse même. Le phosphate fossile y est en contact avec la matière organique et s'y incorpore, par digestion d'abord, par désagrégation ensuite, peut-être même par une sorte de continuation des propriétés non pas vitales à coup sûr, mais au moins de cette propriété d'endosmose qui subsiste même après la mort pour la matière organisée. Si la valeur culturale d'un phosphate fossile employé directement est de 37 0/0, celle du même phosphate mélangé au fumier sera sûrement double ; d'autant plus que, par suite de cette incorporation dont je parlais tout à l'heure, le phosphate et l'azote se trouvent sinon combinés, ce qui est possible pourtant, au moins intimement unis ; les racines des plantes qui vont chercher l'azote trouvent au même point le phosphate. Soluble ou non, elles l'absorbent par dialyse, c'est-à-dire que la sève descendante acide amène là des principes dissolvants qui agissent à travers la membrane qui les sépare du phosphate. Phosphate et azote pénètrent donc en même temps le végétal ; et il est ainsi permis d'affirmer que le phosphatage des fumiers est une excellente pratique.

Après les phosphates fossiles viennent dans l'ordre de la solubilité les noirs, qui contiennent 27 à 30 0/0 d'acide phosphorique au plus, dont 70 0/0 solubles dans l'oxalate d'ammoniaqne, de sorte que 100 kilos de noir ont à peu près la même valeur agricole que 100 kilos de superphosphate 16/18 qui valent 9 fr. Les noirs sont aujourd'hui vendus beaucoup plus cher ; et c'est un produit qui n'est pas à recommander, tant que les marchands ne seront pas devenus plus raisonnables. Les noirs peuvent s'employer directement pour la production des récoltes ; il faut toujours, bien entendu, les enterrer par le dernier labour au moins, et il serait sans doute mieux de les enterrer encore plus tôt.

Au reste tous les phosphates en général, qu'ils soient solubles ou insolubles, demandent à être enterrés au dernier labour, mais ce qui est fort utile pour les superphosphates, dont l'acide phosphorique est presque entièrement soluble dans l'eau, est absolument nécessaire pour les autres phosphates qui ne peuvent devenir solubles que dans la terre, au contact des liquides acides qu'elle contient, en présence de l'acide carbonique, de l'acide oxalique quelquefois, en présence de la matière organique qui transforme le phosphate de peroxyde de fer en phosphate de protoxyde. acide, souvent soluble. Il y a là des actions très complexes, insuffisamment étudiées, car leur étude exigerait l'analyse immédiate et fréquente des sols expérimentés ; mais il est certain que ces actions ne s'accomplissent pas ou ont lieu beaucoup moins activement à la surface de la terre, sans compter que l'acide phosphorique rendu soluble doit être entraîné ensuite dans le sol, pour pouvoir être utilisé par les racines. C'est là certainement une des raisons pour lesquelles les phosphates et même les superphosphates demandent à être enfouis ; et c'est pour cela que les phosphates fossiles et même les scories produisent si peu d'effet sur les prairies naturelles, lorsque l'on n'a pas soin de cultiver la prairie aussi énergiquement que possible, aussi bien pour enterrer l'engrais que pour aérer le sol, et y déterminer ces actions dissolvantes qui favorisent l'utilisation de l'engrais.

Mais il y a d'autres raisons encore d'enterrer le phosphate : il faut en effet tenir compte de la dissémination de l'engrais. Or l'engrais enterré à la charrue est beaucoup mieux disséminé que celui enterré à la herse, mieux surtout que celui qui n'est pas enterré du tout. Celui-ci n'occupe qu'une couche très mince du sol arable où il est, je l'admets, uniformément réparti ; celui qui est enterré à la herse occupe tout d'abord la moitié de l'épaisseur du sol, épaisseur qui est ensuite réduite à moitié par le hersage et qui ne représente jamais dans le cas le plus favorable, c'est-à-dire dans le cas d'un labour en terre pas trop meuble et suffisamment profond, de 0,15 à 0,18 c. au moins, plus du tiers de la profondeur du labour, soit 0, 04 à 0,06 c. Dans les terres complètement meubles, au contraire, le phosphate, répandu à la surface du sol avant le labour, est mélangé complètement et disséminé à peu près également dans toute la profondeur du sol ; mais il faut pour cela ou une terre naturellement meuble ou un sol déjà cultivé et ameubli ; autrement le phosphate resterait interposé entre deux bandes entières et serait fort mal disséminé. Il serait avantageux, dans ce cas, si l'on ne doit donner qu'un seul labour, de semer la moitié de l'engrais avant le labour et de le herser ; le reste serait semé de même après le labour et avant le hersage ; mais lorsque la terre doit recevoir plusieurs cultures, l'engrais peut avantageusement être semé après le premier ou le deuxième labour et enterré par le hersage, pour être recoupé et entièrement disséminé par le dernier labour.

Voilà la méthode naturelle et en quelque sorte classique d'employer les phosphates, peut-être même les superphosphates, qui ne se dissolvent que dans une quantité considérable d'eau et qui agissent beaucoup plus dans les années moyennement humides que dans les années sèches. Est-il donc impossible d'employer les superphosphates pendant la végétation? S'expose-t-on à un échec ou à un insuccès? Et si l'on a oublié de donner du superphosphate au blé au moment des semailles, si on le voit exposé à la verse ou à l'échaudage, n'y a-t-il pas moyen d'éviter cet accident, à l'aide d'engrais sagement donnés à la plante pendant sa végétation? Le superphosphate demande sans doute à être enterré, mais enfin si on le sème, je suppose, à la rosée, vers le milieu d'avril, lorsque le blé est déjà fort, il y a apparence qu'il s'attachera à la feuille plutôt que de tomber à la surface du sol. Il y a apparence que, pendant plusieurs jours, une partie de l'engrais sera dissoute par les rosées et pénétrera dans la plante, car enfin la rosée aussi nourrit la plante et l'abreuve. Voyez ce qui se passe lorsque la terre est sèche, lorsque la betterave languit et jaunit à la fin d'une journée d'été; vienne une pluie légère, qui ne trempe pas la terre, car il aurait fallu pour cela qu'il tombe de 0,01 à 0,015 de pluie, et il n'en est tombé qu'un millimètre; et pourtant cette pluie profite à la plante : ce n'est pas, à coup sûr, par les racines qu'elle l'abreuve, c'est par les feuilles. C'est par ses feuilles qu'elle la pénètre et qu'elle y fait entrer toutes les matières qu'elle dissout. C'est en vain que l'on viendra dire : mais la rosée ne dissout pas l'azote de l'air et ne le fait pas entrer dans la plante? Sans doute, mais l'azote est un gaz à peu près insoluble dans l'eau, un gaz que la chaleur rend encore plus insoluble, un gaz qui n'a point d'affinité chimique, qu'on ne peut combiner qu'indirectement par des procédés spéciaux avec les autres gaz ou avec les autres corps simples, au lieu que le superphosphate est soluble, qu'il rencontre dans la rosée un état liquide très avantageux à sa dissolution, parce que ces innombrables gouttelettes de rosée, ces véritables agrégations d'atomes liquides lui offrent de nombreux points de contact, une surface très étendue, 3 ou 4 fois plus étendue que celle de la plante elle-même. C'est un nouveau procédé naturel de dissémination ; et il n'y a aucune raison de supposer que la plante ne puisse pas l'utiliser. Aussi des cultivateurs praticiens, très judicieux et très expérimentés du Nord de la France, ont proposé d'employer de cette manière au printemps le superphosphate et le nitrate de soude même, quoique l'excès de la solubilité du nitrate de soude puisse nuire à la plante, en lui donnant à la fois un excès de nourriture dont elle n'a pas besoin et qu'elle ne pourrait pas élaborer, mais qu'elle sera sans doute libre d'excréter dans le voisinage des racines ; et ils affirment que ces superphosphates, ainsi donnés en couverture aux plantes, produisent pour le moins autant d'effet que les superphosphates enterrés.

La potasse est fournie par la nature ou par l'industrie sous quatre formes distinctes : nitrate, carbonate, sulfate et chlorure de potassium. Le nitrate et le carbonate sont des produits fort chers, préconisés par M. Georges Ville comme étant beaucoup plus actifs que les autres sels de potasse. Il semble, en effet, que le carbonate

jouisse de cette propriété, car c'est presque toujours à l'état de carbonate qu'on trouve la potasse
dans les cendres des végétaux ; ce qui indique
que très probablement dans les végétaux la potasse est employée à saturer les acides organiques
en excès. Il convient donc de la donner combinée
à un acide faible comme l'acide carbonique. A cet
égard, la combinaison avec l'acide nitrique ne
serait pas fort convenable ; mais l'acide nitrique
se décompose dans le végétal, où il produit des
actions oxydantes, de sorte que les nitrates s'y
transforment naturellement en albumine, en
fibrine et en carbonate de potasse. Le sulfate de
potasse est, pour la même raison, un sel parfaitement utilisable et du reste à peu près moitié
moins cher que le carbonate ; l'acide sulfurique y
est également réduit par les hydrocarbures ou
l'amidon. Quant au chlorure, il est certainement
non pas moins absorbable, mais à coup sûr moins
assimilable que les autres sels de potasse. Quoique
la matière organique soit très avide de chlore,
elle n'est pas du tout avide d'acide chlorhydrique,
de sorte que lorsque le chlorure de potassium a
pénétré dans la plante, sa potasse n'en devient
pas pour cela plus utilisable. Mais lorsqu'il y
pénètre en même temps qu'un sulfate métallique,
sulfate de fer ou sulfate de chaux par exemple,
sulfate de fer surtout, il se produit une double
décomposition au moins partielle qui, rendant la
potasse utilisable, la fait d'abord disparaître de
la dissolution, pour participer à la formation du
squelette, et rend ensuite possible une nouvelle
utilisation et une nouvelle absorption du chlorure
de potassium, de sorte qu'il sera toujours avantageux de mélanger le chlorure de potassium au
fumier ou au sol avant le dernier labour ; il sera

bon encore de le donner à la plante en mélange avec le plâtre ou avec le sulfate de fer et toujours avant la semaille de la graine qu'il doit faire pousser. Les autres sels de potasse pourront être enterrés par le dernier labour, c'est le mieux, ou même semés en couverture, mais toujours avant un hersage. C'est une mauvaise méthode de semer le chlorure de potassium à la rosée sur la plante en végétation, à moins qu'il ne soit mélangé de plâtre ou de sulfate de fer, le tout finement pulvérisé ; à cet égard, l'expérience seule pourra prononcer (1).

La chaux est nécessaire aux plantes, mais elle se trouve généralement en suffisante quantité dans le sol pour que l'on n'ait pas besoin de l'y apporter, au moins pour la plus grande partie des récoltes. Il y a pourtant des terres qui n'en contiennent pas assez pour nourrir les plantes très riches en chaux. C'est ainsi qu'en Anjou, dans l'arrondissement de Cholet surtout, les terres manquent presque complètement de chaux, ou n'en contiennent que des quantités insignifiantes, 10 à 15.000 kilos à l'hectare, la plus grande partie provenant de chaulages antérieurs. La chaux se trouvant toujours dans le sol, dans les terrains anciens surtout, engagée dans des combinaisons insolubles, cette quantité est tout à fait insuffisante ; et l'on peut ainsi dire que toute la Vendée, dans les arrondissements angevins et vendéens, aussi bien que dans celui de Bressuire, manque de chaux. Il est vrai qu'un peu plus loin dans la plaine vendéenne, dans le Poitou, dans le Sau-

---

(1) Il paraît, d'après certaines expériences, que le chlorure de potassium ne produit pas moins d'effet que le sulfate de potasse ; est-ce que cela ne serait pas dû à sa solubilité beaucoup plus grande ?

murois, dans la vallée de la Loire, la chaux domine dans le sol. Mais les autres arrondissements de l'Anjou, les sables de La Flèche, les terres fortes de la Mayenne, les terrains anciens de l'Ille-et-Vilaine et de la Loire-Inférieure, les granites de Bretagne ne contiennent sûrement pas assez de chaux. Et il est absolument nécessaire de leur en donner, car la chaux a deux fonctions bien distinctes à remplir dans le sol.

C'est d'abord un élément nécessaire aux plantes auxquelles il faut le donner à l'état soluble ou à peu près soluble. Sans doute les plantes ont à cet égard des exigences variées ; les céréales n'en consomment que fort peu, mais les légumineuses en exigent au contraire des quantités considérables, de 200 à 250 kilos à l'hectare, et j'avoue que je ne vois pas trop comment des terres ne contenant que 10,000 kilos de chaux, le tout à l'état de carbonate ou même de silicate, peuvent en mettre 250 kilos à la disposition des plantes. Aussi les légumineuses et le trèfle réussissent-ils médiocrement dans ces terres ; à la deuxième coupe seulement, lorsque l'excès d'humilé a disparu, lorsque l'air pénètre la terre de tous côtés et que le rôle de l'acide carbonique de nouvelle formation peut utilement commencer, lorsque le système radiculaire est entièrement formé, le trèfle commence à végéter avec quelque vigueur. Ici on peut facilement obvier au manque de chaux, on peut en donner ce que la végétation réclame à l'aide du plâtre. Avec 600 kilos de plâtre et même 500 kilos, contenant à peu près 125 kilos de chaux pour le plâtre cru, ou les 2/3, 350 kilos de plâtre demi-cuit, contenant à peu près autant de chaux, on donne à la récolte de trèfle tout ce qu'il lui faut pour prospérer.

Il en faut un peu moins dans les prairies, surtout dans celles qui ne poussent que des graminées ; mais ce ne sont pas les meilleures. Dans les terres où la chaux ne manque pas, le plâtre a une autre fonction à remplir : c'est de favoriser l'assimilation de la potasse qui entre dans la plante à l'état de chlorure ou même de silicate, ou même d'aider à son absorption par dialyse. Le plâtre augmente donc la consommation de potasse ; il est vrai qu'il fait prospérer la plante, ce qui est le point important, mais il ne le fait qu'aux dépens de la réserve de potasse du sol qu'il faudra ainsi renouveler plus tard. Voilà pourquoi, dans les sols sableux au moins, pauvres en potasse, le plâtre a la mauvaise réputation, méritée du reste, d'appauvrir la terre, de la rendre à la longue incapable de porter des légumineuses fourragères.

Les amendements ou les engrais calcaires, sous forme de plâtre, sont encore des engrais coûteux, malgré leur bon marché. Notre terre de tout à l'heure qui contient seulement à l'hectare 10,000 kilos de chaux aurait besoin d'en recevoir au moins deux fois autant. Il faudrait pour cela lui donner au moins 80,000 kilos de plâtre cru ou 60,000 kilos de plâtre cuit, qui coûteraient plus de 1,000 fr. Le plâtre ne peut donc pas être un engrais calcaire général, d'autant plus qu'il apporte avec lui un élément, l'acide sulfurique, dont la plante n'a pas autant besoin, et dont les terres de landes, les terres dénuées de calcaire, contiennent presque toujours assez ; au lieu que les terres calcaires en manquent au contraire fréquemment, ce qui suffit à expliquer les bons effets du plâtre dans ces sols. Nous avons heureusement un peu partout en France, et notamment en Anjou et tout autour de nous en Vendée, dans le Poitou, dans la Sarthe, dans la Mayenne, des fours à chaux qui nous permettent de donner économiquement à nos terres la chaux qui leur manque et sous la forme qui leur convient le mieux. La chaux revient en moyenne à 1 fr. 30 l'hectolitre pesant 70 kilos. D'où il résulte que nos 20,000 kilos de chaux ne coûteraient que 400 fr. au plus. Or, la chaux donnée directement au sol est bien plus active que le plâtre. Il est vrai qu'elle n'est pas aussi apte à nourrir directement la plante, et cela n'est même pas certain, quoiqu'elle soit très caustique ; car l'hydrate de chaux se transforme très rapidement en carbonate, et c'est ce qui arriverait aux portions de chaux non absorbées ; et, quant au reste, on a observé que l'eau de chaux ne nuisait pas à l'organisme animal, il n'y a donc point de raison pour qu'il nuise davantage à l'organisme végétal qui est beaucoup moins délicat ; d'où il résulte qu'en donnant aux légumineuses à l'automne 100 kilos de chaux éteinte à l'hectare, le matin à la rosée, et autant au printemps au commencement d'avril dans les mêmes conditions, on favoriserait probablement tout autant sa végétation qu'en lui donnant 500 kilos de plâtre. Mais la chaux fait autre chose dans la terre que de nourrir les plantes, elle favorise la décomposition des matières organiques, en mettant en liberté de l'ammoniaque utilisé à la production des nitrates. C'est là une autre fonction chimique que la chaux peut accomplir et accomplit en effet à l'égard de toutes les matières organiques, mais qu'elle ne peut accomplir utilement qu'avec les matières organiques de décomposition lente. C'est donc une faute de mélanger la chaux au fumier ; il est vrai que par le mélange de chaux il se décompose beaucoup plus vite et paraît par conséquent devenir plus actif; mais cet avantage est trop chèrement acheté par la perte d'une grande partie de l'azote, la moitié peut-être, qui se dégage sous forme d'ammoniaque pendant le brassage du fumier avec la chaux. Les cultivateurs doivent donc réserver la chaux pour la mélanger directement avec le sol dans les terres froides, ou bien l'incorporer avec des terres, des tombes, des curures de mares ou de fossés, dont la nitrification ne peut se faire que par elle. Ainsi mélangée, la chaux sature tout d'abord l'excès d'acide contenu dans le terreau ou le détruit lorsqu'il s'agit d'acides organiques; elle remplit ensuite sa fonction de décomposition. On peut alors ajouter au mélange 1/10 de fumier qui introduit dans le tas des matières animales actives, apportant des microbes nitrificateurs destinés à coloniser la matière fertilisante.

Est-il économique de l'employer à cet usage? Tout dépend évidemment de la quantité de nitrate qu'elle rend disponible. Or il est certain qu'une terre sensiblement acide est une terre à peu près improductive, parce que les microbes nitrifères ne peuvent y prospérer; la chaux employée à saturer l'excès d'acide du sol est donc fort bien utilisée. Combien le reste peut-il rendre d'azote disponible? C'est peut-être une imprudence d'essayer de résoudre ce problème, mais il est bien utile pourtant d'avoir quelques données sur l'utilisation de la chaux. Or les matières organiques ne contiennent guère plus de 1 kilo d'azote par 100 kilos; et si on admet qu'elles conservent la même teneur, quel que soit leur état de décomposition, on voit que l'on peut représenter de la manière suivante la composition de la matière organique en putréfaction :

Azote.	1
Carbone	25
Oxygène	70
Hydrogène	4

Le carbone et l'oxygène donneront 90 kilos d'acide carbonique capables de saturer 120 kilos de chaux, de sorte que cette quantité qui vaudra plus de 2 fr. ne mettra en liberté qu'un kilo d'azote valant au plus 1 fr. 75.

Ainsi l'opération est en réalité surtout économique pour l'avenir, parce que le calcaire formé a encore une fonction à remplir, celle de nourrir la plante et aussi celle de donner au sol des qualités physiques, de lui enlever son acidité non seulement pour le présent mais pour l'avenir, de le rendre plus meuble, plus facile à ameublir surtout, et par conséquent plus accessible aux influences atmosphériques qui entretiennent sa fertilité. Pour toutes ces raisons, les chaulages dans les terres fortes ou humides ont besoin d'être renouvelés assez souvent ; et il est certainement plus avantageux de les faire petits que de les faire gros : 1.000 kilos de chaux en moyenne par an, soit 3.000 kilos pour 3 ans, voilà ce qu'il convient d'employer dans les terres acides, lorsque ces terres sont du reste pauvres en chaux. C'est aussi la quantité qu'il convient d'employer dans un défrichement de landes ou de marécages, mais il faut continuer ces chaulages tous les deux ans pendant quelques années. Dans les terres un peu plus riches qui contiennent 40.000 kilos de chaux à l'hectare, on peut chauler tous les deux ou trois ans, à raison de 1.000 ou 1.500 kilos à l'hectare. Le tout est d'employer la chaux en un temps favorable, c'est-à-dire autant que possible dans une terre assainie et avant d'ensemencer le sol. C'est au printemps et jusqu'à la fin de juillet que les chaulages sont le plus favorables aux récoltes ; ils conviennent moins bien aux terres que l'on veut ensemencer en blé, à moins qu'elles ne soient bien pourvues de phosphates ou que l'on ne soit décidé à leur en donner. C'est pour cette raison qu'il vaut mieux ne pas chauler les terres tous les ans, mais pour cette raison seulement ; et, lorsqu'on ne craint pas d'accidents pour la récolte de blé, on peut lui donner 5 à 600 kilos de chaux et procéder alors chaque année aux chaulages ; cependant des quantités de 3.000 kilos à l'hectare sont plus faciles à répartir convenablement, sans inconvénients pour les ouvriers, parce qu'on peut les répandre à la pelle après avoir laissé éteindre la chaux en petits tas couverts de terre.

On a trouvé dans ces dernières années que le sulfate de fer était fort utile aux plantes, et que par l'apport d'une très petite quantité de ce produit, 50 kilos à l'hectare, la récolte était augmentée de 15 à 20 0/0 pour les céréales, de 30 à 35 pour les racines, de 35 à 40 pour le trèfle. Ce sont certainement des résultats remarquables d'expériences faites en Angleterre et confirmées, paraît-il, en France. On peut facilement tenter de pareils essais qui ne sont pas coûteux et dont on explique le succès par un apport d'engrais, par les propriétés insecticides et antiseptiques du sulfate de fer, par les propriétés thérapeutiques du fer. Le sulfate de fer agit à la fois, en effet, par le fer et par l'acide sulfurique qu'il apporte, tout en agissant aussi comme sulfate de fer.

Au contact de l'air humide, le sulfate de fer

s'oxyde et se transforme partiellement en sulfate de peroxyde de $Fe^2O^3 3SO^3$, corps très instable et du reste acide. La réaction serait la suivante :

$$6\ FeO\ SO^3 + Az + Aq = 2\ Fe^2O^3 3SO^3 + Fe^2O^3 + AzH^4O$$

de sorte que nous avons tout d'abord production d'ammoniaque, l'azote de l'air très divisé inclus dans la terre s'unissant à l'hydrogène de l'eau décomposée. D'après cette formule, 600 kilos de sulfate de fer suffiraient pour la production de 25 kilos d'ammoniaque, contenant 14 kilos d'azote, et produiraient par conséquent à peu près le même effet, mais en beaucoup plus de temps, que 100 kilos de nitrate. Mais il n'y a aucune raison de croire que l'hydrogène provenant de l'eau décomposée se combine entièrement avec l'azote ; il y a partage entre l'azote et l'oxygène en raison des quantités et surtout des affinités respectives des gaz contenus dans le sol, d'où il résulte qu'il est difficile d'admettre qu'avec 600 kilos de sulfate de fer on obtienne plus de 5 à 6 kilos d'azote ammoniacal.

La décomposition du sulfate de fer ne se produit pas, au surplus, complètement de cette manière. L'acide sulfurique mis en liberté sature les bases, aide à la dissolution des phosphates en produisant dans le sol un milieu acide favorable. D'autre part, le sulfate de fer transforme les phosphates de peroxyde de fer, formés au dépens des superphosphates, en phosphates de protoxyde beaucoup plus solubles, de sorte que la présence du sulfate de fer favorise l'absorption de l'acide phosphorique, et ces deux actions : production d'ammoniaque et dissolution de l'acide phosphorique sont concomitantes, sans que l'une diminue l'importance de l'autre, ainsi que la formule l'établit nettement, car plus il y a de peroxyde produit, plus il y a d'ammoniaque, et plus aussi il y a d'acide sulfurique mis en liberté. Cet acide sulfurique contribue encore, dans nos terres surtout, à la dissolution des sels de potasse qui sont à l'état de silicates ; enfin, il transforme partiellement le carbonate de chaux en sulfate plus soluble et plus absorbable, de sorte que le sulfate de fer est, en réalité, un engrais complet. Mais on remarquera que cette quadruple action il la doit non pas seulement au fer qu'il contient, mais plus encore à l'acide sulfurique, et non pas même au fer, mais au protoxyde de fer. On s'explique dès lors les bons résultats obtenus du sulfate de fer, même dans des terres très riches en fer. Dans ces terres qui sont généralement très bonnes, le fer est habituellement à l'état de peroxyde, corps absolument insoluble, inabsorbable, à peu près neutre, et dont l'action est à peu près nulle pour la désagrégation des minéraux dont les éléments peuvent servir de nourriture aux plantes.

Il est probable que, dans ces sols, les fumures abondantes transformeraient le fer en protoxyde, lequel, par la suite, serait ramené à l'état de peroxyde avec production d'ammoniaque. C'est là, sans doute, la cause de la fertilité des sols riches en fer, et ce protoxyde de fer uni à des acides organiques ou même à de l'acide carbonique, mais plus probablement à des acides plus énergiques, pourrait encore produire les effets indiqués plus haut pour la dissolution de l'acide phosphorique, de la potasse et de la chaux. Les sols riches en fer doivent donc pouvoir se passer de sulfate de fer, lorsqu'on les fume fréquemment et abondamment.

Le sulfate de fer absorbé par la plante y produit, pour l'assimilation des phosphates, de la potasse et de la chaux, des actions analogues à celles qu'il produit dans la terre ; il procède alors soit par analyse, soit par dialyse, et il laisse en plus à la plante cet élément ferreux, qui paraît être nécessaire à la sève pour qu'elle puisse accomplir sa fonction. C'est là le deuxième effet, l'effet thérapeutique, si l'on veut, du sulfate de fer, lorsque la plante est malade ; effet simplement nutritif lorsque la plante est saine.

Il semblerait d'après cela qu'il y a avantage à employer le sulfate de fer à haute dose, 3, 4, 500 kilos à l'hectare ; mais outre que son emploi deviendrait assez coûteux, il faut observer que le sulfate de fer est toujours un peu acide et qu'il le devient très fortement par sa transformation en sulfate de peroxyde ; il résulte évidemment de là que les grandes quantités ne peuvent être employées que dans les terres basiques, c'est-à-dire très calcaires, c'est-à-dire très différentes de nos terres de l'Anjou. Le sulfate de fer peut être employé davantage dans le Poitou et dans le Saumurois. Partout ailleurs, en Anjou, dans la Mayenne et dans la Bretagne, des quantités de 75 à 100 kilos au plus paraissent très suffisantes pour obtenir les effets décrits plus haut.

Il y a pourtant à cette règle trois exceptions, pour les prairies mousseuses d'abord, pour la culture arbustive, pour la vigne notamment, et enfin pour les cultures menacées par les insectes. Le sulfate de fer détruit la mousse, par le contact de l'acide sulfurique qu'il met en liberté, mais on ne doit pas craindre d'employer ici 3 ou 400 kilos, davantage même, suivant la quantité de mousse à détruire. On sème en automne, en novembre ou décembre au plus tard, et l'on herse sept ou huit jours après lorsque la mousse a noirci. L'acide sulfurique est ensuite entraîné dans le sol avec l'ammoniaque produit, et son action fertilisante se continue jusqu'à ce qu'il soit entièrement saturé, après avoir, au besoin, détruit les plantes les plus faibles, celles qui poussent le plus près de la surface et qui doivent disparaître pour faire place aux plus vigoureuses, aux plus productives, aux plus succulentes.

La vigne se trouve fort bien du sulfate de fer et, comme c'est une plante à racines profondes, on peut, sans inconvénient, lui en donner trois ou quatre fois plus qu'aux plantes annuelles. C'est aussi à l'automne, moitié dans un labour léger, moitié après déchaussement du cep que l'on ne doit rechausser qu'au printemps que l'on donne le sulfate de fer.

Enfin, s'il s'agit de défendre une récolte contre les insectes, il n'y a pas d'inconvénient à doubler ou à tripler la dose ordinaire, dût-on diminuer un peu la récolte normale par ce traitement.

Il est clair que le sulfate de fer, d'après ces explications. doit toujours être légèrement enterré, afin de se trouver dans la zone oxydante du sol, pour se transformer en peroxyde ; et on s'explique d'autre part que l'engrais donné en couverture, au moment de la végétation, produira également de très bons résultats, quoique moins durables, à la condition qu'on le donne en poudre très fine et en très petite quantité, 50 à 60 kilos au plus à l'hectare.

J'arrive maintenant aux formules sur lesquelles on a dit tant de choses, bonnes ou mauvaises. Il est clair qu'il n'y a qu'une seule manière de ne pas se tromper ; c'est de consulter la plante elle-même, de voir ce qu'elle demande et de le lui donner, en tenant compte bien entendu de ce que le sol contient encore de principes fertilisants et peut, par conséquent, lui fournir. C'est là toute l'économie de la culture à l'aide des engrais chimiques : c'est la mise en pratique du principe de restitution que l'esprit saisit clairement et qui ne consiste pas du tout à ne donner à la plante qu'un seul élément, l'élément dominant, ou à lui donner de l'engrais chimique pour augmenter les rendements, les profits, ou l'importance des récoltes, mais à rendre à la terre tout ce que les récoltes lui enlèvent. Et dès lors, pour le rendre d'une manière productive, il convient de donner l'engrais à la terre avant la récolte en tenant compte des exigences de la plante et des besoins du sol.

Or, nous avons divisé les plantes en cinq catégories, dont l'une, celle des légumineuses, ne consomme pas d'azote, bien qu'elle en contienne beaucoup. Elle consomme au contraire de grandes quantités d'acide phosphorique, 70 kilos en moyenne, de potasse, 200 à 250 kilos ; de chaux à peu près autant ; elle a besoin d'acide sulfurique et de fer : il faut lui donner tous ces éléments, c'est-à-dire 600 kilos de superphosphate 12/14, 400 kilos de chlorure de potassium, 100 kilos de sulfate de fer et 500 kilos de plâtre. En tout 200 francs d'engrais. Voilà ce qu'il faut, en moyenne, pour restituer au sol les éléments enlevés par une bonne récolte de trèfle et, par conséquent, pour faire pousser cette récolte. Or,

la récolte de trèfle ne vaut guère plus sur pied ;
les 7.000 kilos de fourrage, sans compter les
pâturages, qu'elle produit, ne valent guère, à 40
francs que 280 francs ; et il faut encore acheter
la semence, transporter l'engrais, le semer et
faire l'avance de l'argent pendant un an et demi
au moins. Il résulte de là que, dans les exploitations où l'on cultive à l'aide de l'engrais chimique, il n'y a sûrement pas profit de faire du
trèfle ; et, si l'on objecte que le trèfle enrichit le
sol en azote, et qu'il est dès lors avantageux d'en
semer pour obtenir ensuite un bon blé avec
moins de nitrate, je l'accorde avec cette restric-
tion que le trèfle ne doit pas être exporté de la
ferme mais consommé ou enterré ; nous verrons
plus loin lequel est le plus profitable.

Il est vrai que l'on peut, dans les sols riches
en potasse, comme celui de l'Anjou, supprimer
la moitié de cet élément. On pourra faire de
même dans une partie du Maine et presque toute
la Bretagne et la partie nord du Poitou, mais
dans le reste de ces deux provinces, dans la
Touraine, dans l'Orléanais, il faut bien renouveler cet élément coûteux ; et il ne peut y avoir
intérêt à exporter de l'exploitation, à un prix
inférieur au prix d'achat, les éléments chimiques
que l'on est obligé d'y importer. Quant au
phosphate il faut évidemment tout donner, et plus
même quelquefois dans les parties pauvres du
Poitou et du Maine.

Les céréales sont moins exigeantes en engrais.
Pour l'avoine, par exemple, dans notre Anjou, il
suffirait pour produire 20 quintaux en terre
moyenne, de donner à la plante 200 kilos de
nitrate de soude, soit moins de 50 francs d'engrais ; il est vrai que le sol s'appauvrirait en

acide phosphorique et en potasse. Mais le blé ne s'accommoderait pas de cette pauvre fumure ; et, dans un sol où on prétendrait le cultiver habituellement sans fumier, il lui faudrait, avant l'hiver, 100 kilos de nitrate de soude avec 300 kilos de superphosphate et 100 kilos de chlorure de potassium, et, après l'hiver, 250 kilos de nitrate de soude au moins. Tout cela coûterait 140 francs pour donner une vingtaine de quintaux de blé ; il ne faut pas compter sur plus ; cette production exige même une bonne terre. Mais enfin, dira-t-on, 460 francs de grains à 23 francs le quintal et 175 francs de paille, soit un produit de 635 francs, paient largement l'engrais. Je l'accorde et je reconnais volontiers que les céréales, surtout les céréales de printemps, sont les plantes que l'on peut le plus avantageusement cultiver à l'aide des engrais chimiques. Je dois pourtant observer que cette méthode, suivie pendant près de trente ans par MM. Gilbert et Lawes, ne paraît pas avoir donné des résultats bien avantageux, puisque moins de la moitié de l'azote a été récupéré par les récoltes de blé, et que, si ce résultat était général dans toutes les cultures à l'aide des engrais chimiques, ce n'est pas 400 kilos de nitrate mais au moins 700 qu'il faudrait donner au blé, soit 235 francs d'engrais ; et je doute que les 400 francs qui restent permettent, dès lors, au cultivateur de réaliser des bénéfices sur une exploitation où l'on ne ferait que du blé. Toutes les autres cultures étant ou plus exigeantes ou moins productives, j'en conclus que la culture à l'aide des engrais chimiques seuls n'est point avantageuse, et que ceux-ci ne peuvent définitivement être utilisés que comme engrais complémentaires ou supplémentaires.

Supplémentaires d'abord pour relever une récolte qui périclite, un blé qui a souffert de l'hiver, une plante semée dans de mauvaises conditions, dans une terre insuffisamment ameublie, et à laquelle on va donner une façon soit à la main soit à la houe à cheval. Voici un blé à moitié gelé, qui peut être relevé ; que l'on lui donne après l'hiver, à fin mars, un peu avant quelquefois, 50 kilos de nitrate de soude avec 100 kilos de superphosphate, il va pousser et taller ; à la fin d'avril on recommence en doublant les doses, on répand l'engrais le matin à la rosée, et on fait suivre l'épandage d'un coup de herse trois ou quatre jours après ; que de récoltes de blé ont été relevées de cette manière en 1891. Et pour les betteraves, voici une pièce semée à fin mai, par un temps trop humide, dans une terre mal préparée ; à la première pluie on y sème 100 kilos de nitrate, et tout aussitôt on lui donne une façon profonde à la houe à cheval et à la main, cela suffit généralement pour la sauver.

L'engrais complémentaire s'emploie de la même manière, mais il n'a pas le même but ; il donne à la terre ce que le fumier n'a pas pu lui apporter, soit parce que le fumier ne convient pas à la récolte, soit parce que l'exploitation ne peut en fournir assez. Dans les terres riches du Nord, par exemple, où l'on cultive sans interruption les betteraves sur le blé, on est obligé, depuis que l'on cultive de la betterave riche, de ne plus lui donner que très peu de fumier et du fumier bien consommé, pour éviter la prolongation d'une végétation trop luxuriante qui retarderait la maturité. Dès lors une ferme de 150 hectares n'a plus que ce qu'il lui faut d'animaux pour la culture et la consommation des pulpes, à peine de quoi donner 10.000 kilos de fumier à la sole de betteraves. Il faut donc donner à la terre l'équivalent des 25.000 kilos de fumier qui lui manquent, pour produire 35 à 40.000 kilos de betteraves et 30 à 35 hectolitres de. blé; c'est-à-dire que les betteraves doivent recevoir 500 kilos de superphosphate, 250 kilos de nitrate de soude, 200 kilos de chlorure de potassium mélangés d'autant de plâtre, le tout donné au labour de semaille, à l'exception de la deuxième moitié du nitrate de soude qui est donnée au premier binage. Le blé qui suit reçoit à l'automne 3 ou 400 kilos de superphosphate, et au printemps 250 kilos de nitrate de soude ; cela suffit avec les feuilles de betteraves enterrées à l'automne. Ces engrais, qui produisent deux récoltes, ne coûtent que 270 fr. environ, pas plus que ceux nécessaires pour la production d'une bonne récolte de trèfle, quoique les deux récoltes produites vaillent près de deux mille francs. Il y a donc des récoltes auxquelles les engrais chimiques conviennent tout particulièrement ; il y a des situations qui en exigent impérieusement l'emploi : la culture intensive du blé, la culture de la betterave à sucre sont certainement de ce nombre ; et l'on doit pourtant même dans ces cultures réserver encore au fumier une place importante. Mais la culture habituelle ne s'accommode sûrement pas de l'emploi de l'engrais chimique. On ne doit l'employer que pour remplacer les quantités d'engrais exportées par les récoltes vendues, ou pour amener la terre à un degré de fertilité suffisant pour une production régulière.

Dans les terres riches de l'arrondissement de Cholet, avec le système de l'engraissement, on ne doit pas avoir besoin d'importer l'azote ; mais il faut donner au blé tout l'acide phosphorique qu'il enlève au sol, soit 300 kilos de superphosphate à l'hectare. Cet apport d'engrais laisse la terre encore riche de phosphate, et capable de produire une bonne récolte de choux avec 300 kilos de superphosphates seulement et une petite fumure ; les betteraves qui lui succèdent réussiront toujours sans engrais, mais avec une grosse fumure qui profitera au blé suivant, auquel on donnera 300 kilos de superphosphate, dont il restera assez avec ce qu'il y a dans le sol, pour faire pousser ensuite une abondante récolte de trèfle. 900 kilos de superphosphate 10/12 ou de scories 12/15 en cinq ans, soit, sur 30 hectares, à peu près un wagon tous les ans ; voilà ce qu'il faut pour entretenir la provision d'acide phosphorique du sol et l'exploiter sans l'épuiser.

Il en faut davantage dans le pays de Segré, où l'on vend le jeune bétail ; et notre ferme de 30 hectares, qui comprendra toujours 7 ou 8 hectares de prairies renouvelées tous les quatre ans, aura besoin au moins d'un wagon superphosphate 14/16, sur lequel on réservera 1.000 kilos à répandre chaque année sur 4 hectares de prairies. Nos deux exploitations, du reste, n'auront besoin de nitrate, que pour relever les blés qui périclitent. Je ne veux pas dire que les rendements y sont convenables ; mais ils devraient sûrement l'être avec le bon soin et le bon emploi des fumiers.

Les terres du Baugeois ont au contraire sûrement besoin tout aussi bien que celles du Poitou et d'une partie du Maine d'un apport initial d'acide phosphorique. La plus grande partie des terres du Poitou ne contient que 1.000 à 1.500 kilos d'acide phosphorique à l'hectare ; il y en a moins encore dans le Baugeois. Ici 1.000 kilos de scories à l'hectare dans le blé, qui précède le trèfle, 500 kilos de superphosphate dans celui qui suit, avec 1.000 kilos de scories pour les choux, et 500 pour les betteraves seraient des apports d'engrais bien nécessaires et en définitive peu coûteux. Notre ferme de 30 hectares aurait besoin de trois wagons qui ne coûteraient guère que 800 fr. ; c'est une dépense moyenne de 27 fr. par hectare, dont les propriétaires, qui y sont intéressés, devraient supporter au moins la moitié. Dans le Poitou, du reste, comme dans le Baugeois, il faut aussi de l'azote et souvent de la potasse ; mais ce n'est que dans les commencements d'une entreprise agricole qu'il faut y employer des quantités aussi considérables d'engrais chimiques pour réparer des terres épuisées. Après dix ans de cette culture on pourrait revenir à une culture normale, employant exclusivement l'engrais chimique pour entretenir la provision du sol.

Les services rendus à la production agricole par les engrais chimiques ne deviendront donc sûrement pas beaucoup plus considérables qu'ils ne sont, et si l'on en emploie aujourd'hui pour 50.000.000 de francs, toutes réductions faites, c'est-à-dire en les estimant non pas à leur valeur d'achat mais à leur valeur réelle, il est permis d'affirmer que cette quantité ne quadruplera pas. L'agriculture et l'industrie doivent tendre aujourd'hui l'une à utiliser, l'autre à rendre utilisable les résidus de toute sorte qui proviennent de la consommation des produits agricoles. Si ces résidus étaient entièrement utilisés, la culture aurait trop d'azote ; et les nitrates lui deviendraient inutiles, elle aurait à peu près assez de potasse, il ne lui manquerait qu'un peu de superphosphate, et nous avons en phosphates des réserves importantes ; rien à craindre de ce côté.

Besoins des terres. Champs d'expérience. — Mais la doctrine des engrais chimiques a rendu à la culture d'autres services ; elle l'a éclairée expérimentalement sur les besoins du sol et des plantes, elle lui a fait connaître ce que tel sol possède en abondance, ce qui fait défaut à tel autre ; et c'est régulièrement que les engrais chimiques peuvent donner ces renseignements, toutes les fois qu'on les emploie méthodiquement. Les engrais chimiques font parler la plante, ils l'ont fait parler d'abord pour les savants et les agronomes dans les champs d'expérience ; et ils doivent maintenant la faire parler pour les cultivateurs dans les champs de démonstration.

Voici une terre ensemencée en blé ; il s'agit de savoir ce qu'il faut donner à la plante pour qu'elle prospère. Les agronomes y font une dizaine de carrés, dans lesquels ils essaient ici le fumier, là l'engrais complet, là le même engrais à forte dose, ailleurs, l'azote seul, ici l'engrais sans azote, et puis l'engrais sans phosphate, sans potasse, sans chaux ; une dernière parcelle enfin est laissée sans engrais et sans fumier et sert de témoins. Lorsque le champ est de composition régulière, ou mieux lorsque la portion de champ sur laquelle l'expérience est faite est de composition régulière, la parcelle témoin doit toujours donner le moindre rendement. Toutes les autres parcelles présentent sur elle des excédents qui peuvent servir de mesure à l'action de l'engrais. Mais il ne faut pas avoir pour but dans ces expériences de mettre en évidence la supériorité des engrais chimiques ; on trouvera toujours, en effet, et facilement, le moyen d'employer suffisamment mal le fumier pour que cette supériorité éclate à tous les yeux ; il faut avoir pour but de connaître quels sont les engrais complémentaires, dont l'action est décisive sur les récoltes dans tel ou tel sol donné.

Voici des exemples tirés du guide de M. Joulie. L'un a été cité plus haut ; et nous avons vu que la terre avait besoin de phosphates, puisque l'engrais sans phosphate n'y donne aucun excédent.

Dans une pareille terre où les fumiers sont évidemment très pauvres en phosphates, l'addition des superphosphates produit un effet considérable lorsqu'on les emploie avec le fumier de ferme.

Voici un deuxième exemple ; il s'agit d'une culture des betteraves dans une terre médiocre de la Charente.

ENGRAIS EMPLOYÉS	EXCÉDENT DE RENDEMENT
Fumiers de ferme 60.000 kil.	31.400
30.000 kil.	25.400
130 kil. engrais complet intensif.	33.300
65 — — ordinaire	51.400
Sans azote	56.900
Sans phosphate	7.300
Sans potasse	56.400
Sans chaux	54.600
Azote seul	2.600
Guano du Pérou	39.900

Ces résultats, qui paraissent surprenants, s'expliquent pourtant. La terre manque de phosphates, puisque les engrais sans phosphates produisent très peu d'effet ; et elle a assez d'azote, de potasse et de chaux, puisque l'azote seul ne produit point d'effet, et que les engrais sans potasse, sans chaux et sans azote produisent autant que l'engrais complet ordinaire. Le guano agit par l'acide phosphorique qu'il contient et le résultat démontre que ce n'est pas un engrais d'expérience. Mais on peut être surpris des résultats de l'engrais complet intensif, résultats aggravés par la sécheresse de la saison, qui a retardé ou empêché l'action des phosphates, de sorte que l'azote s'est trouvé de beaucoup dominant, d'où un manque d'équilibre dans la nutrition de la plante qui a diminué le produit. Voilà une expérience qui est démonstrative, sans doute, pour un agriculteur instruit ou réfléchi, mais qu'il serait sinon dangereux, au moins inutile, de laisser faire à un cultivateur ordinaire. Cependant elle a appris quelque chose sur la composition du sol du champ d'expérience. Ce sol est le même que celui de la contrée, au moins dans la partie de même formation géologique et cultivée depuis longtemps de la même manière ; il est certain dès lors que les phosphates y exerceront une action considérable sur la végétation. Il suffit pour mettre ce point en évidence, pour le faire, en quelque sorte, toucher du doigt par les cultivateurs, de semer en plusieurs endroits dans les différentes récoltes un peu d'engrais phosphaté, d'indiquer les points de démonstration et de laisser parler les récoltes elles-mêmes. Voilà de quelle manière doit être conduit l'enseignement agricole, et comment doivent être établis les champs de démonstration. Il ne s'agit plus d'y employer des engrais de

toute sorte, mais simplement des engrais actifs.
Ici il faudrait, évidemment, employer le fumier
de ferme seul, fumier de ferme et superphosphate, superphosphate seul ; on réserverait, en
outre, une parcelle sans engrais ; bien entendu le
fumier serait donné en temps, enterré avant
l'hiver, bien remué, en un mot ce serait du
fumier actif.

Le champ de démonstration doit donc être,
surtout dans les pays de pauvre culture, précédé du champ d'expérience ; car il serait étrange
que là, au moins, le sol ne soit pas spécialement
pauvre de l'un des éléments essentiels à la végétation.

Dans le Poitou, par exemple, où les terres
sont généralement pauvres en tous les éléments,
mais peut-être suffisamment riches de l'un d'eux,
pour produire des récoltes de céréales, il ne suf-
fira pas de cultiver du blé avec la série des
engrais indiqués plus haut, il faudra aussi
cultiver d'autres plantes : le chou, le trèfle, la
betterave avec les mêmes engrais ou mieux avec
les engrais qui conviennent spécialement à la
plante, puisque toutes n'ont pas besoin d'azote.
Et ce sont les résultats des expériences que l'on
transportera dans la pratique ; mais il ne convient
pas de confier au premier cultivateur venu
l'établissement du champ de démonstration.
C'est une chose fort délicate que cet établissement, lorsque l'on veut qu'il démontre quelque
chose. Et le tort de presque tous ceux qui les ont
établis a été de le faire, avec une connaissance
insuffisante des besoins des plantes, la préoccu-
pation de montrer les bienfaits de l'introduction
des engrais chimiques, au lieu qu'ils auraient
dû se borner à chercher les éléments qui man-

quaient à la terre pour produire de bonnes récoltes.

Dans l'Anjou, il n'a point été établi de champs d'expériences ; la Société industrielle et agricole de Maine-et-Loire, toujours en vue de montrer le parti que l'on pouvait tirer des engrais chimiques dans la culture du chanvre, a fait quelques essais, dont les résultats ne sont pas bien certains ; ce qui n'est point surprenant : les terres où ces essais ont eu lieu sont les plus riches du pays ; et la sécheresse de l'année 1891 n'a pas été favorable à l'emploi des engrais chimiques.

Le Comice agricole de Château-du-Loir a aussi établi, en 1890, un champ d'expériences sur une terre médiocre, paraît-il, mais qui avait été fumée uniformément, tout d'abord, avec 20 mètres cubes de fumier de ferme à l'hectare. Voici les quantités d'engrais employés et les récoltes obtenues :

	Récolte quintaux	Sulfate d'ammoniaque	Superphosphate d'os	Minéral	Chlorure potassium	Plâtre	Excédents récoltés
Parcelle témoin ...	15.20	»	»	»	»	»	»
— N° 1......	23.60	200	400	»	»	»	8.40
— N° 2......	25.40	200	»	600	»	»	10.20
— N° 3......	25.40	200	200	»	100	200	10.20
— N° 4......	25.	200	»	300	100	200	9.80
— N° 5......	25.40	200	340	»	.	400	10.20
— N° 6......	25.40	200	»	500	»	400	10.20
— N° 7......	23.40	»	560	»	200	»	8.20
— N° 8......	24.60	»	»	820	»	»	9.40
— N° 9......	20.80	»	900	»	200	»	5.60
— N° 10.....	20.80	»	»	1340	»	»	5.60

Voilà un essai coûteux, qui ne pouvait donner et n'a, en effet, donné aucun résultat. Ce n'est ni une expérience ni une démonstration, bien que toutes les parcelles qui ont reçu de l'engrais aient, paraît-il, donné du profit ; à moins que l'on n'ait voulu montrer que l'on peut employer l'engrais d'une manière quelconque, même mauvaise, et en tirer bon parti. On remarquera, en effet, que toutes les parcelles ont d'abord reçu l'engrais complet, c'est une cause perturbatrice ; il aurait fallu laisser une parcelle sans fumier, au moins pour établir l'importance de l'apport d'azote. On ne peut en juger qu'en voyant la récolte de la parcelle sans engrais chimique qui est encore de 20 hectolitres. Il est probable que la terre a besoin d'azote, mais ce n'est pas bien certain, car deux des parcelles qui n'en ont point reçu, ont rendu, en grains, presque autant que celles qui en ont eu, quoique sensiblement moins de paille. Toutes les parcelles ont reçu du phosphate ; ce n'est pas non plus la manière de démontrer que la terre a besoin de phosphate, il manque à l'essai une parcelle sans phosphate et même deux peut-être ; et il y en a sûrement quatre ou cinq de trop qui en aient reçu ; les quantités données à quatre des parcelles sont aussi beaucoup trop considérables ; ce qui indique bien que l'on avait plutôt pour but de donner à chaque parcelle des engrais de même valeur que de faire une expérience ou une démonstration agricole sérieuse. Bref, l'essai paraît prouver que la terre a besoin de phosphate, car le phosphate, seul, produit de l'effet ; il en produit davantage avec le chlorure de potassium ; mais ce qu'il y a d'étrange, c'est que la potasse augmente la quantité de grain, au lieu d'augmenter celle de la paille. Les quantités de potasse sont aussi tout à fait hors de proportion avec les besoins de la plante, et je crois que l'on pourrait, sans inconvénient, admettre que la qualité du fumier employé a seule augmenté les rendements des parcelles 7 et 8, d'autant que les parcelles sans potasse 1, 2, 5, 6 ont rendu le maximum. Quant aux essais de plâtre, le but n'en apparaît pas clairement. Il n'y a pas un engrais qui n'en contienne, puisque les superphosphates en contiennent généralement jusqu'à 50 0/0 de leur poids, c'est donc une adjonction fort inutile ; et la conclusion à tirer de là est que l'on aurait eu des résultats plus certains avec cinq parcelles seulement : une fumée, une fumée avec azote, une fumée avec phosphate, une fumée avec potasse, une avec l'engrais complet, une à l'engrais incomplet, une sans engrais.

Revenons à l'Anjou et voyons de quelle manière il faudrait établir les champs de démonstration ; les analyses que nous avons montrent que dans une grande partie de l'arrondissement de Cholet le sol manque de chaux. Il faut donc essayer ici des engrais sans chaux, et il n'y en a pas, en fait d'engrais minéraux, parce que les superphosphates en contiennent toujours ; d'autre part, le blé est peu sensible à l'action de la chaux ; et, du reste, il y a toujours pour le blé des influences perturbatrices provenant de l'humidité des terres. Il convient donc d'essayer les divers engrais sur le blé, le trèfle et les choux. On pourra avoir les parcelles suivantes :

1, sans engrais ; 2, fumier seul ; 3, azote seul ; 4, minéraux ; 5, scories ; 6, sans phosphate ; 7, plâtre ; 8, engrais complet.

Pour la culture du blé on emploiera toutes ces parcelles, pour celle du trèfle on supprimera le n° 3, et pour le chou on occupera tous les carrés.

L'établissement des champs d'expériences peut donc être utilement précédé de l'analyse des terres, quoiqu'il ne l'exige pas. Le champ d'expériences peut, en effet, donner seul des indications agronomiques ; l'analyse ne le peut pas. Il y a des terres, que leur composition élémentaire pourrait faire regarder comme très fertiles et qui sont, au contraires, stériles. En voici trois exemples remarquables :

	1re TERRE	2e TERRE	3e TERRE
Azote.................	15.160	40.000	9.256
Acide phosphorique....	1.344	3.720	2.956
Potasse	5.144	880	12.120
Chaux.................	223.000	1.300.000	472.000
Magnésie.............	608	29.000	13.000

Les deux premières terres sont de vieilles prairies défrichées. Cela se voit à la quantité d'azote qu'elles contiennent. La première est pauvre en phosphate, mais paraît suffisamment riche en potasse et pourtant le blé n'y vient pas, il jaunit et s'étiole au mois de mai, ce qui est une marque du manque d'azote ou de potasse. Ce fait s'est produit en 1875, et l'analyse de la plante a donné les résultats suivants :

Poids de la plante sèche...	19 k. 770	dans les places où les chevaux ont uriné.
Reste de la pièce..........	9 k. 470	

Composition par 1.000 kilos de substance sèche :

	BON BLÉ		MAUVAIS BLÉ	
Matières organiques....	932 k.		925 k.	
Acide phosphorique....	5	130	9	420
Potasse	11	475	5	400
Chaux	6	400	11	100

On voit de suite par cette analyse que la deuxième plante a manqué de potasse.

Mais il a fallu l'analyse de la plante pour le reconnaître ; l'analyse de la terre avait indiqué au contraire que le phosphate manquait.

Le deuxième sol, l'analyse l'indique, manque de potasse ; et M. Joulie, à qui j'emprunte ces résultats, a pu le vérifier expérimentalement par la végétation ; car la potasse a suffi pour faire pousser sur cette terre appauvrie de très abondantes récoltes de blé.

Quant à la troisième terre, elle manque un peu de phosphate et possède au contraire un excès des autres éléments ; elle est en plus fort riche en calcaire. On pouvait donc croire que la nitrification s'y accomplirait bien. Il n'en est rien pourtant, et c'est l'azote qui a manqué au blé.

Voici, en effet, les résultats de l'analyse faite au moment de la floraison, par 1.000 kil. :

	BON BLÉ	MAUVAIS BLÉ
Azote	12.88	3.75
Acide phosphorique	4.53	3.69
Chaux	3.60	12.29
Potasse	17.30	14.40

Comme conséquence, M. Joulie a conseillé les nitrates qui ont parfaitement réussi depuis ; il aurait pu également conseiller le fumier de ferme, seul capable d'apporter au sol les microbes nitrificateurs.

Il y a donc là, par l'emploi des engrais chimiques dans les champs d'expérience, par l'analyse des plantes, qui ont mal végété sur un sol donné, deux méthodes nouvelles d'arriver, non pas à la connaissance complète de la composition du sol, mais à la connaissance des éléments qui lui manquent. Les résultats qu'elles donnent sont autrement importants que ceux de l'analyse directe du sol. Ils permettent de modifier l'assolement, de compléter convenablement les fumures d'après les résultats de l'entreprise agricole. Et dès lors, le point de départ d'une exploitation lucrative n'est pas l'analyse du sol, mais sa connaissance agronomique et géologique, c'est-à-dire l'inspection de la végétation spontanée qu'il porte, l'examen du système de culture ou d'inculture auquel il a été soumis dans le passé, enfin la recherche de la formation géologique à laquelle il appartient. Cet examen doit porter également sur le sous-sol et embrasser non seulement l'étude de la formation à laquelle le sol appartient, mais encore et surtout celle des minéraux qui le composent. Cette idée nouvelle a été le point de départ de la confection des cartes agronomiques.

L'état de culture ou d'inculture, l'étude des plantes qui poussent naturellement sur un sol donné ou de celles que l'on peut y faire pousser ont, au point de vue de la quantité et de la nature des matières fertilisantes disponibles, une très grande importance.

Dans un sol cultivé, par exemple, le critérium de ce que j'ai appelé la puissance, c'est-à-dire la capacité immédiate à produire, est certainement la végétation du trèfle. Le trèfle végète-t-il bien ? On peut sûrement conclure que la terre contient assez de potasse, d'acide phosphorique, d'azote et de chaux pour que le blé y réussisse. Dans les terres où le plâtre suffit à faire pousser le trèfle, la potasse ou la chaux manquent surtout, puisque le trèfle a bien levé et a bien végété jusqu'au moment où ses besoins en ces éléments sont considérables ; l'azote et l'acide phosphorique, le premier surtout, sont au contraire des éléments de première végétation; s'ils manquent, la réussite du trèfle est médiocre. La végétation des céréales complète les données sur les qualités et les défauts du sol. Le blé est-il court et bien nourri, la paille peu abondante et dure, les épis longs avec épillets serrés, on a affaire à une terre riche en acide phosphorique, assez riche en azote et pauvre en potasse. Une paille longue des épis courts ou vides, un grain maigre indiquent au contraire une terre où l'azote et la potasse prédominent sur l'acide phosphorique. Sans que cette terre soit peut-être pauvre en acide phosphorique, il convient de lui en donner, car ce qui est le plus important pour la fertilité du sol, c'est le bon équilibre des éléments bien plutôt que leur abondance, puisque les racines ne choisissent pas les éléments qu'elles absorbent ; elles absorbent tout ce qui se dissout, et il est nécessaire qu'un excès d'acide phosphorique vienne corriger les excès de potasse et d'azote. Enfin, dans une terre qui manque de potasse et où le trèfle ne réussit pas, les accidents ne se produisent sur le blé qu'en mai ou juin ; c'est à ce moment que se produit l'arrêt de la végétation et l'étiolement de la plante.

Le sol cultivé ne porte pas seulement les récoltes qu'il doit produire ; il nourrit encore beaucoup d'autres plantes qui leur nuisent, plantes que l'engrais et une culture bien entendue peuvent faire disparaître, car elles cessent de prospérer aussitôt que les conditions cessent de leur être favorables.

L'yèble, par exemple, se plaît dans les terres profondes silico-argileuses à sous-sol argileux ou imperméable et disparaît par les défoncements ; au point de vue chimique, il indique dans la terre un excès d'azote et de potasse ; et il est bien probable que des apports d'acide phosphorique aideraient à le faire disparaître.

Le chardon, la chicorée sauvage, la renoncule bulbeuse et le pas-d'âne se plaisent dans les terrains argilo-calcaires ; les premiers préfèrent les calcaires secs, les autres préfèrent les calcaires humides ou même tourbeux. Leur présence dans le sol est souvent l'indice du manque de potasse. La potasse permettrait la réussite de la luzerne et du trèfle, et ces deux plantes auraient bien vite raison du chardon, de la chicorée et même de la renoncule et du pas-d'âne, à la condi-tion pourtant que la culture leur fasse de la place.

Le jonc, le carex, se plaisent dans les terres humides ou acides. Que l'on supprime l'acidité du sol, et l'on diminue du même coup la vigueur, de ces plantes, en même temps que l'on rend pos-sible la végétation des bonnes plantes. Les ronces et les épines se plaisent au contraire dans les terres sèches, chaudes, calcaires ou pierreuses, auxquelles il convient de donner azote et potasse pour faire prospérer le reste. Enfin les chiendents de toute sorte, de bien mau-vais voisins, se plaisent dans les terres fraîches et fertiles, les uns dans les terres argilo-sili-ceuses, les autres dans les silico-argileuses, ceux-ci se contentent de peu, ceux-là sont plus exigeants surtout sur le phosphate et l'azote.

La végétation spontanée des plantes annuelles a pour le moins autant d'importance, lorsqu'il s'agit de connaître la composition d'une terre et ses aptitudes culturales. Les sanves, la moutarde blanche, le bluet, les pavots, la vesce sauvage à petites feuilles, les marguerites, l'oseille sauvage, font sûrement plus de tort aux récoltes que les plantes vivaces.

La moutarde blanche est une plante des terres fraîches et meubles, siliceuses, à sous-sol humide, jusqu'à ce que l'on leur ait donné des amendements calcaires. Elle végète surtout au printemps, la gelée la fait disparaître l'hiver ; c'est en somme une plante de terres médiocres, plus exigeante que le blé en principes minéraux, moins exigeante en azote, plante tardive au surplus et qui disparaît lorsque la fertilité augmente, pour revenir quand elle diminue.

Dans les terres pourvues de calcaire, c'est généralement la sanve qui la remplace, plante précoce qui se nourrit de la même manière et ne fait point grand tort aux récoltes dans les terres qui contiennent de l'azote.

L'oseille sauvage disparaît par la culture et les chaulages, qui augmentent la quantité d'azote et de calcaire disponible et font disparaître l'acidité du sol ; mais elle est sensible aussi aux apports d'acide phosphorique.

La vesce sauvage à petites feuilles réussit dans les terres fraîches et meubles, riches en potasse, relativement pauvres en acide phosphorique et en azote ; elle ne pousse vigoureusement qu'en juin dans les années humides.

Le pavot, que l'on appelle ponceau en Anjou, coquelicot un peu partout, réussit dans les terres meubles, surtout dans les terres siliceuses, dans les sables fins, fertiles et suffisamment frais, sans l'être trop. Il lui faut un peu de tout, mais surtout des matières minérales ; les marguerites aiment bien les terres meubles, quoique un peu moins ; mais il leur faut surtout des terres fraîches. Enfin le bluet est, par

excellence, la plante des terres pauvres, sèches
et sableuses. Chacune de ces plantes nuisibles
donne donc des indications précieuses sur les
besoins du sol et la culture qui lui convient. Leur
développement, surtout dans les terres où l'on
se livre exclusivement à la culture des céréales,
est une nouvelle preuve de la nécessité des
assolements, aussi bien au point de vue chimique qu'au point de vue cultural.

Voilà pour les terres cultivées ; mais les
terres incultes remises en culture, les vieilles
prairies défrichées, les landes couvertes d'ajoncs,
de bruyères ou de broussailles, les terres transformées en marécages, depuis un temps immémorial, présentent une végétation d'un autre
caractère, dont il faut tenir grand compte dans
une entreprise de défrichement. S'il s'agit de
vieilles prairies abandonnées, devenues quelquefois marécageuses, on est en droit de conclure
qu'il s'agit de terres hautement fertiles autrefois, épuisées par la production fourragère qui
consomme surtout des matières minérales, au
lieu qu'elle enrichit le sol en matières azotées,
la végétation des joncs, des carex, des composées,
nous renseigne à cet égard et nous indique qu'il
faut de la chaux pour détruire l'acidité du sol, de
l'acide phosphorique, pour produire des plantes
d'un ordre supérieur, peut-être de la potasse.
Que l'on donne 2.000 kilos de chaux, 1.000 kilos
de scories et l'on pourra semer de l'avoine avec
certitude de succès. Si la végétation s'affaiblit en
mai, on pourra donner un peu de nitrate de
potasse, 100 kilos à l'hectare.

Les landes couvertes de genêts, de bruyères,
de fougères, les marais couverts de carex et de
roseaux et de joncs, présentent pour la mise en

culture des difficultés variables. Un grand nombre, celles surtout où il ne pousse que de la bruyère, sont d'anciennes terres cultivées, appauvries, où la végétation était devenue trop faible pour que la culture en soit lucrative. La bruyère ne contient, en effet, que 0.18 0/0 d'acide phosphorique. Une récolte annuelle de 2.000 kilos n'enlève au sol que 3 à 4 kilos d'acide phosphorique, 5 et 10 kilos de potasse : elle enlève pourtant 70 kilos de matières minérales. Les terres qui portent des fougères sont beaucoup plus riches en principes minéraux, dont la fougère contient cinq fois plus. Aussi ces terres sont-elles généralement couvertes de bois. Les terres de bois défrichés sont singulièrement plus riches que les terres de bruyère. Dans celles-là, il faut apporter à la fois l'azote, l'acide phosphorique, la potasse et la chaux ; dans les terres de bois, la chaux suffit en général pour rendre disponible tout ce dont la plante a besoin. Aussi les défrichements de bois en terres calcaires donnent-ils du premier coup, sans apport d'engrais ou d'amendements, des résultats remarquables.

Avec ces principes, un cultivateur réfléchi parviendra aisément à mettre en valeur toutes ces terres, quel qu'en soit l'état initial, à moins que leur état physique, l'excès de la sécheresse ou de l'humidité ne s'y opposent. Il emploiera tour à tour l'analyse chimique, l'inspection des végétations adventices, l'analyse par les engrais, l'analyse par la végétation. Tout cela le dirigera dans l'emploi des engrais complémentaires, tout cela servira de base à ses réflexions et à ses jugements, tout cela contribuera tour à tour à améliorer le domaine et à faire prospérer l'exploitation.

CHAPITRE V

Il me reste à étudier les engrais verts sur lesquels on a tant raisonné et discuté depuis quelque temps, les uns voulant faire de leur emploi la base de toute amélioration agricole et même de toute culture, les autres répondant avec juste raison que les engrais verts étaient bons, quelquefois économiques, qu'il fallait hautement en encourager l'emploi, mais que le fumier restait nécessairement la base de toute production végétale et de toute prospérité agricole.

La sidération, pour être un mot moderne, n'en est pas moins une chose fort ancienne. On faisait de la culture sidérale en France, en Allemagne, en Angleterre, un peu partout, bien avant que M. Ville en eût inventé le nom. Il y a eu un peu partout des théoriciens de la sidération : Thaer, dans les Flandres, Fellemberg, en Allemagne, et tout récemment Goetz, en Alsace et en France ; Goetz, encore un inventeur de systèmes, un cultivateur praticien qui avait l'ambition de faire adopter officiellement sa méthode dans toute la France et qui est mort à la peine.

Jusque-là, on s'était contenté d'employer les

engrais verts comme adjuvant. Manquait-on de fumier pour faire du blé, du seigle, de l'orge, ou même du colza, des plantes avides d'azote en un mot, on se procurait cet élément à l'aide d'un engrais vert. Sans doute, on ne savait pas comment certaines plantes, le trèfle, par exemple, le sarrasin un peu moins, la spergule moins encore, le lupin davantage, jouissent de la propriété d'absorber l'azote de l'air ; mais on savait qu'ils l'absorbent, et c'était là l'important. On était, du reste, fixé sur la valeur des engrais verts. Ils ne pouvaient enrichir la terre qu'en azote : toutes les matières minérales qu'ils contenaient, ils les prenaient dans la terre, tout au plus pouvaient-ils en hâter quelque peu la dissolution ; mais, en somme, les engrais verts étaient surtout des engrais azotés qu'il n'était pas possible d'employer sans fumier de ferme.

M. Goetz enseignait tout le contraire, et c'est en cela que consiste l'originalité et aussi la faiblesse de sa méthode. Pour lui, les récoltes, les céréales notamment, doivent être produites de préférence avec des engrais verts ; le fumier doit être réservé surtout pour les prairies. J'examinerai plus loin la prairie Goetz et je montrerai que cette prairie est coûteuse dans son établissement, plus coûteuse encore dans son entretien, et qu'elle ne donne en définitive que des produits à peine plus abondants que les prairies mixtes, mais que ces produits sont de qualité très inférieure, de sorte que la prairie Goetz, la base du système, n'est point, il s'en faut de beaucoup, une prairie économique, ni par conséquent recommandable.

Quant au reste du système, il s'applique, comme celui de M. Ville, à la culture des céréales

et, dès lors, à l'assolement, type de cette culture,
à l'assolement de trois ans.

C'était, et il faut bien le dire, c'est encore
aujourd'hui l'assolement du nord de la France
jusqu'au Morvan, au Nivernais et à l'Anjou.
Avec beaucoup de perfectionnements sans doute,
l'assolement triennal a conservé sa forme essentielle, et il la conservera longtemps, grâce aux
circonstances économiques. Une rotation de
trois ans comprenant une année de culture pré-
paratoire à une récolte de blé, suivie elle-même
d'une autre récolte de céréales, telle est la
forme générale de l'assolement de trois ans
dans lequel deux céréales se succèdent sur le
même sol.

Il n'est pas surprenant que notre région du
Nord l'ait adopté à une époque où la population
de la France était aussi nombreuse qu'aujour-
d'hui, où il fallait absolument du grain pour la
nourrir, où les procédés de culture ne permettaient pas de récolter sur nos bonnes terres du
rayon de Paris plus de 15 hectolitres de blé à
l'hectare ; d'où la nécessité de compléter ce
qui manquait à l'aide des petites céréales, seigle
ou orge, qui suivaient le blé. La culture du
seigle et de l'orge disparaît dans le rayon de
Paris ; depuis longtemps, ces récoltes ne servent
plus à la nourriture de l'homme ; mais en même
temps que les récoltes de blé augmentaient, par
l'introduction des perfectionnements dont je
vais parler tout à l'heure, l'économie agricole se
perfectionnait, paraît-il, comme l'économie poli-
tique ; la culture par les bœufs était reléguée
dans les provinces éloignées de la capitale ; la
Normandie, l'Ile-de-France, la Champagne, la
Bourgogne, l'Orléanais, les Flandres n'em-

ployaient plus guère que des chevaux, à l'exception des exploitations qui avaient des pulpes de betteraves à utiliser ; la production du cheval pour le gros camionnage, pour les compagnies de transport, pour les besoins de l'industrie ou du luxe devenait une importante spéculation; il y avait là un autre mangeur de grain, un mangeur d'avoine pour lequel il fallait bien travailler. Cette circonstance fit la fortune de l'assolement triennal perfectionné.

L'assolement triennal primitif comprenait une année de jachère, pendant laquelle on avait fini par s'accoutumer à cultiver convenablement le sol que tout d'abord on abandonnait cinq à six mois au pâturage des vaches ou des moutons. La jachère était cultivée autrefois au mois de juillet ; dans les pays de culture même avancée où l'on a conservé cette pratique, on commence aujourd'hui à la cultiver en mai, en avril si on le peut, mais cela est rare ; le labour était laissé entier ; on attendait la pluie pour ameublir à la herse et réduire les mottes desséchées, et on donnait en juillet un deuxième labour suivi de hersage ; autant que possible on charriait à ce moment le fumier que l'on enterrait ; les opérations étaient terminées par un dernier labour, le labour de semaille ; et tout cet ensemble laissait la terre parfaitement propre et capable de produire 15 à 18 hectolitres de blé. Le seigle ou l'orge succédaient au blé : le seigle sur un seul labour, l'orge sur deux ou trois labours au moins, mais toujours sans fumier, et exceptionnellement ; car le seigle rapportait beaucoup plus en grain, comme en paille, et la qualité du grain était supérieure. Le seigle avait à ce moment dans la culture française une importance au moins égale à celle du blé. Et pourtant, il est bien facile de prévoir, d'après les explications données plus haut, qu'avec un pareil système, la culture devait être stationnaire. Elle devait l'être ; les rendements devaient même diminuer, car les céréales prennent à la terre plus de la moitié de l'azote qu'elles contiennent ; or, on ne rendait à la terre que la paille avec le résidu de la consommation de quelques prairies naturelles, c'est-à-dire sûrement moins de la moitié de l'azote des récoltes ; on donnait par hectare moins de 20.000 kilos de fumier, contenant moins de 60 kilos d'azote utilisable ; et il fallait avoir de bonnes terres pour que l'on pût en tirer une production moyenne de 15 hectolitres de blé, et surtout la maintenir. De là, nécessité de perfectionner l'assolement triennal ou de le changer.

Introduction du trèfle. — Une première amélioration fut obtenue par la culture du trèfle. Ceux qui cultivèrent les premiers cette plante admirèrent qu'elle pût donner un produit très important, 5,000 kilos de fourrage à l'hectare sur leurs terres médiocres, et laisser cependant le sol plus riche qu'il n'était auparavant. Ils le firent donc venir plusieurs fois de suite à la place de la jachère ; mais ils s'aperçurent bientôt que ses produits diminuaient ; ils en conclurent que la terre se fatiguait de lui comme elle se fatiguait, croyaient-ils, de toute autre plante. En même temps, la jachère était devenue plus rare, le chiendent et la traînasse reprenaient possession du sol, la terre se salissait et les cultivateurs concluaient que le trèfle était une plante salissante. C'est sans doute pour obvier à ce double inconvénient que les cultivateurs de la Lorraine commencèrent de fumer leurs trèfles, croyant ainsi les rendre plus vigoureux : c'est une pratique que quelques-uns continuent encore aujourd'hui, avec plus ou moins de succès. On observe pourtant que les trèfles fumés sont plus vigoureux que les autres, quoique tous les éléments azotés de l'engrais soient en grande partie perdus. L'introduction du trèfle, même dans un assolement qui ne lui convient pas très bien, fut donc certainement un progrès ; les déceptions et les échecs vinrent ensuite par défaut de connaissances. Aujourd'hui, dans les pays où cette culture si utile n'est pas un peu délaissée, on ne la fait revenir que tous les neuf ans sur le même sol ; l'on en obtient alors de bonnes récoltes, et l'assolement de trois ans se trouve considérablement amélioré. Mais il va sans dire que le trèfle dans l'assolement de trois ans ne sera jamais aussi fort que dans les assolements alternes ; ici, en effet, le trèfle est semé dans un blé fait sur betteraves ou jachère ; là, il est semé dans une avoine, c'est-à-dire trois ans après la fumure ; le sol ne contient plus alors rien des éléments minéraux qu'elle a apportés, sans compter qu'avec l'avoine il faut redouter également une bonne et une mauvaise levée du trèfle.

Introduction de la luzerne. — La luzerne ne fut pas introduite dans l'assolement, mais à côté de l'assolement ; et il y eut des contrées en France où elle supplanta presque entièrement le trèfle : ainsi arriva-t-il dans les plateaux calcaires de la Meuse. En Normandie et en Brie, pays d'assolement triennal, le trèfle est cultivé concurremment avec la luzerne, soit que le climat et le sol plus humides conviennent mieux pour sa réussite, soit que la fertilité plus grande de la terre et l'habileté des cultivateurs aient diminué les inconvé-

nients de sa culture dans l'assolement de trois
ans.

La luzerne épuise le sol des mêmes éléments
que le trèfle, mais elle épuise en même temps le
sous-sol ; elle ne peut donc revenir sur les mêmes
terres qu'à des intervalles assez éloignés. Il faut
au moins douze ans dans l'assolement triennal où
les terres ne sont pas en général labourées profondément ; et si la luzerne dure quatre ans, on
voit qu'il est impossible au cultivateur de laisser
en luzerne plus que 1/5 de son exploitation. En
général cette proportion n'est pas atteinte : la
surface en luzerne varie de 1/7 à 1/10, lorsque cette
plante est cultivée simultanément avec le trèfle.
Lorsque la surface occupée par la luzerne est 1/8,
si la durée de la plante est quatre ans, elle revient
après vingt-huit ans sur le même sol, et le sous-
sol est alors abondamment pourvu des principes
nécessaires à la végétation. Le sol peut encore
porter dans cet intervalle trois récoltes de trèfle,
cela fait en tout 7/32, c'est-à-dire que 1/4 de
l'étendue du domaine est occupé par des fourrages. Avec une bonne culture, cette étendue
était suffisante pour que le cultivateur pût entretenir en élevant une tête de gros bétail pour 2 hectares. C'était là la moyenne de la population en
bétail dans les bonnes exploitations pendant la
première moitié du siècle, et c'est un chiffre qui
n'est pas encore atteint aujourd'hui sur l'ensemble du territoire français, bien qu'une pareille
population soit loin d'être suffisante ; il est certain
que la culture ne pouvait pas davantage, à moins
d'importer de quoi nourrir son excédent de bétail,
avant l'introduction de la betterave fourragère et
du maïs-fourrage. Ce n'était pas du reste une
mince amélioration que celle qui permettait de

ne plus laisser la terre en jachère que cinq années sur trente-deux, et pendant ces années-là de lui donner 27,000 kilos de fumier, de sorte que l'on obtenait facilement dans les domaines bien dirigés des rendements en blé de près de 20 hectolitres et en avoine de 35.

Introduction de la betterave. — Il y avait déjà près de cinquante ans que la betterave avait commencé à être cultivée dans le nord pour la fabrication du sucre, et que la pulpe était employée à la nourriture du bétail. Elle avait transformé complètement les procédés de culture de cette riche contrée et achevé la victoire des assolements alternes sur l'assolement triennal ; elle s'étendait peu à peu vers le midi, lorsque l'on songea à l'employer directement à la nourriture du bétail. Avec moins de soins, moins de fertilité accumulée dans le sol, moins de façons, la betterave fourragère rendait autant que la betterave à sucre et fournissait au bétail une nourriture fraîche, dont il a si grand besoin pendant l'hiver. Sa production eut autant d'influence sur l'économie du bétail que sur la culture proprement dite ; mais, dans la plupart des contrées, elle fit seulement disparaître la jachère au lieu de faire disparaître l'assolement triennal.

La moitié de la superficie de la jachère fut consacrée dans les bonnes cultures à la production de la betterave ou de la pomme de terre. Le reste fut occupé par d'autres cultures fourragères, vesces, pois Jarras et minette, qui permettaient encore une demi-jachère et produisaient une masse importante de fourrages sans appauvrir la terre. Dès lors l'assolement dans les contrées bien cultivées de la France, et notamment en Brie, fut à peu près le suivant :

Betterave, blé, avoine ; — trèfle, blé, avoine ; — minette, blé, avoine avec 1/8 de luzerne.

Dans les cultures où les fourrages et les pailles étaient consommés sur la ferme, il permettait l'entretien, sur 10 hectares de terre, de 7 à 8 têtes de bétail, d'un poids moyen de 5 à 600 kilos et produisant par jour 30 kilos de fumier. Une ferme de 100 hectares pouvait ainsi en produire 800.000 kilos à 3,75 d'azote pour 1.000, mais il convient de réduire cette quantité à 650.000 kilos, même pour des fumiers très bien soignés.

Voilà généralement le maximum de fumier qu'il est possible d'obtenir dans les exploitations bien conduites suivant les règles de l'assolement triennal. Or, cette quantité ne permet pas de charrier plus de 44.000 kilos de fumier par hectare sur la sole de betteraves, et de 23.000 kilos sur la demi-jachère précédée d'une récolte de minette. Voilà donc 23.000 kilos de fumier que l'on peut, grâce à la demi-jachère, considérer comme donnant leur maximum d'action ; l'azote sera pour les 3/4 au moins utilisé, soit sur 86 kilos 66 kilos, 44 kilos pour la récolte de blé, 22 pour celle d'avoine ; cela ne permettrait pas d'obtenir plus de 22 hectolitres de blé à l'hectare et de 35 hectolitres d'avoine, soit 18 quintaux de grain. C'est le maximum, maximum qui ne sera pas élevé à plus de 22 quintaux par les résidus laissés par la récolte de minette. Or, c'est là, incontestablement, la sole la plus avantageuse pour la production des céréales, car c'est la plus riche et la plus propre. Le blé qui suit le trèfle ne sera jamais aussi propre, surtout dans les terres un peu humides ; et l'éteule de trèfle qui suffit à le nourrir ne donnera en général à l'avoine qui suit qu'une nourriture insuffisante, sans compter que le blé est ici exposé à la verse ou à l'échaudage. Enfin, les 44.000 kilos de fumier, que l'on charrie sur la sole de betteraves, suffiraient pour donner une récolte de plus de 50.000 kilos suivie d'une récolte de blé de plus de 30 hectolitres ; mais il faut considérer que ces récoltes sont ici suivies d'une avoine, et que de deux choses l'une, ou il ne resterait plus rien de la fumure pour la production de l'avoine, qui devrait se nourrir sur le stock de la terre, l'appauvrir et la rendre incapable de nourrir par la suite des récoltes de blé et de betteraves aussi abondantes, ou bien, une partie de la fumure nourrirait l'avoine, et les récoltes de betteraves et de blé seraient diminuées d'autant. Cette fumure de 44.000 kilos rend disponible 125 kilos d'azote, dont 25 pour l'avoine, 30 pour le blé, avec celui provenant des feuilles 50 kilos, et 70 pour les betteraves. Avec cet approvisionnement, la terre produira 40.000 kilos de betteraves et 20 quintaux de grain chaque année, pas davantage, à la condition bien entendu que l'on entretienne la provision d'acide phosphorique. D'où il résulte que, dans l'assolement de trois ans, la fertilité ne peut pas augmenter au delà d'un certain point ; la terre n'est jamais plus riche à la fin d'une rotation qu'à la fin de la précédente ; et en voici maintenant l'application.

Je ne m'occupe pas de la luzerne, et je suis seulement les terres soumises à l'assolement régulier. Ces terres sont déchaumées après l'avoine qui précède la betterave ; le fumier y est charrié et enterré en février par un labour ordinaire, suivi en mai d'un labour profond. La betterave est semée après roulages, hersages, coups d'extirpateurs nécessaires pour ameublir la terre. Le fumier enterré dans d'excellentes conditions produit grand effet sur la récolte de betteraves ; le blé est semé ensuite sur un seul labour dans une terre propre, l'avoine suit semée sur un labour profond précédé généralement à l'automne d'un déchaumage ; mais, enfin, cette fumure n'en a pas moins trois récoltes à nourrir. C'est beaucoup, et je suis bien large en supposant qu'elle les nourrira dans une terre labourée moins profondément, sans plus de pertes qu'elle n'en subirait dans la culture du Nord. Le trèfle suit l'avoine et est coupé deux fois, la deuxième fois à fin d'août. On n'a pas toujours le temps de bien préparer la terre à recevoir le blé ; il n'y a pas longtemps que l'on a pris l'habitude d'ameublir, de rouler, de herser, d'extirper avant la semaille le seul labour qu'il est en général possible de donner ; beaucoup de bons cultivateurs ne le font pas encore. Rien à dire de la demi-jachère emblavée en minette ou trèfle incarnat, qui est généralement mieux faite que l'ancienne jachère complète, puisqu'elle est cultivée en juin et qu'elle reçoit avant la semaille deux autres labours et des façons d'ameublissement. Les défauts de l'assolement se voient ; des fumures destinées à agir trop longuement et un travail assez mal réparti, puisque, à partir de la moisson, il faut déchaumer la moitié des terres, mener rapidement les battages, enfin rentrer les betteraves et ensemencer en blé le tiers des terres. Dans tous les assolements, les mêmes travaux sont urgents à cette époque de l'année depuis fin août jusqu'à fin novembre ; et c'est pour cela que l'on gagnera toujours de les réduire quelque peu en réduisant les étendues à traiter.

J'ai étudié ici un peu en détail la forme de l'assolement triennal la plus favorable à la production du fumier ; celle dans laquelle la jachère est entièrement employée à la production des fourrages, utilisés à la nourriture du bétail. Il y a peu d'exploitations où cela ait lieu. Dans les pays qui nous fournissent les types les mieux entendus de l'assolement triennal, la Brie, la Beauce et la Normandie ; tantôt on vend la plus grande partie de la paille et des fourrages comme dans les environs de Paris, tantôt on cultive le colza comme en Normandie, en même temps que la culture de la betterave est considérablement réduite. Supposons même que le colza occupe la place de la demi-jachère, nous avons évidemment une première diminution de bétail, 1/8 au moins ; l'exploitation, au lieu de faire 650.000 kilos de fumier aura peine à en faire 570.000 kilos. D'autre part, le colza demandera une demi-fumure qu'il sera bon de compléter à la suite par une autre demi-fumure pour le blé. Cela vaudra mieux que de donner au colza la fumure complète et généralement dans de mauvaises conditions. Ainsi planté en octobre, à la charrue, sur chaume d'avoine, labouré moyennement, ameubli à l'extirpateur, et sur demi-fumure enterrée au premier labour, le colza a quelque chance de réussir, mais il épuise le sol ; et dès lors on est obligé de répartir également les 570.000 kilos de fumier sur 19 hectares de terres, en une fois pour les betteraves, en deux fois pour le colza et le blé qui suit. Cela fait une bien mauvaise répartition des travaux agricoles. Rien n'est fait avant la fin de juillet, il faut tout faire en août, septembre et octobre ; un pareil assolement ne peut réussir que dans les régions où le blé peut être semé jusqu'au milieu de novembre ; et puis la fumure est réduite, elle n'est plus que de 30.000 kilos à l'hectare et les rendements s'abaissent d'autant ; 15 à 16 quintaux de grain à l'hectare, c'est le maximum.

Voilà certainement une des raisons qui avaient amené la pratique des engrais verts. De tous les assolements, en effet, c'est l'assolement triennal, un gros consommateur d'azote, qui en exige le plus impérieusement l'emploi. Sans eux, on a peine à y maintenir la fertilité ; et il est absolument impossible de l'augmenter. Mais je suppose que dans le blé qui suit les betteraves, nous semions du trèfle, que nous fassions de même dans celui qui suit la minette, et que ces trèfles soient enterrés, soit à l'automne, soit au printemps, pour la préparation de la récolte d'avoine. Voici un apport de fertilité important ; car il n'y a pas de raison pour que le trèfle ne réussisse pas dans le blé de betteraves, puisque c'est sa place habituelle, et il ne gênera pas le trèfle ou la minette, qui doivent être semés dans l'avoine suivante, puisqu'il sera enterré, soit à l'automne, et c'est le mieux, soit au printemps. Ce système, préconisé par M. Milon, ancien député, agriculteur aux Merchines, était pratiqué par deux ou trois cultivateurs de la Meuse qui s'en trouvaient bien. C'était là l'emploi rationnel, économique, fertilisateur des engrais verts ; l'enfouissement d'un trèfle pouvait apporter à la terre, racines comprises, la valeur de 15.000 kilos de fourrage vert, c'est-à-dire de 15.000 kilos de fumier ordinaire ; c'était plus qu'il ne fallait pour faire pousser une bonne récolte d'avoine et laisser pourtant la terre enrichie ; et les 35 kilos d'azote utilisable ainsi produits qui valaient plus de 55 fr. n'avaient en réalité coûté que 20 fr.

C'est de cette méthode très rationnelle que M. Goetz voulut faire un système général de culture à peu près continue des céréales. Goetz employait tout d'abord un peu de fumier, 30 à 35.000 kilos à l'hectare à la production d'une récolte sarclée, betteraves ou pommes de terre, suivie immédiatement d'un blé, dans lequel il semait au printemps le trèfle de sa méthode. Il prescrivait de faucher un peu haut pour ne pas blesser le trèfle, qui pousserait ensuite plus facilement. Sous le climat de Paris, où la méthode fut d'abord pratiquée, le blé est fauché au 15 juillet, et l'on obtenait, en effet, facilement des trèfles qui fleurissaient au milieu de septembre, et que Goetz enterrait à ce moment pour ressemer sa terre en blé. Il paraît qu'il obtenait ainsi une récolte de blé aussi considérable que la première ; cela n'est pas impossible. Mais il avait la prétention de recommencer aussi à semer du trèfle. Or, ce qui est possible avec l'avoine, plante semée au printemps, pour laquelle on pouvait ameublir la terre, que l'on peut semer jusqu'au 10 avril, ou remplacer par de l'orge ou de l'orgée en semant jusqu'à fin avril, n'était plus possible pour le blé qu'il fallait semer en octobre, sur un seul labour, généralement profond, ce qui est une mauvaise condition pour la réussite du blé dans un hiver rigoureux. La terre devait donc se salir, et le trèfle ne pouvait qu'être inférieur au premier. Celui-là était enterré et remplacé par de l'avoine ou de l'orge, plutôt de l'orge, après laquelle on obtenait une avoine, toujours sur fumure verte ; quatre récoltes de céréales avec une seule fumure. Je suppose que Goetz donnait les engrais minéraux appropriés ; et j'admets qu'il pouvait réussir à moitié ou aux trois quarts dans ses cultures de trèfle ; mais cela n'aurait pas encore rendu son système économique. Il péchait par la base, le mauvais emploi des fumiers, qui l'obligeait à recourir à des engrais minéraux, potasse et phosphate dont il aurait pu économiser une partie, sans compter que la dépense annuelle de 20 fr., 25 fr. même de semence de trèfle, car il fallait le semer plus dru pour être sûr de réussir, pouvait bien n'être pas couverte trois fois de suite par l'azote récupéré. Enfin, il devenait impossible de cultiver une terre presque toujours occupée ; il n'y avait point d'intervalle entre les deux blés, point entre l'orge et l'avoine, un petit seulement entre le second blé et l'orge.

Bref, le système de Goetz n'était pas praticable ; il était anti-agricole ; sur une ferme de 100 hectares, il consacrait 20 hectares à la production des prairies, 16 à celle des betteraves, 32 à celle du blé et autant aux petites céréales, en tout 64 hectares de céréales, contre 54 dans l'assolement de trois ans. Les déchaumages étaient supprimés, il est vrai ; mais il fallait bien les remplacer par des façons postérieures à l'extirpateur. Il fallait attendre que les trèfles fussent en fleur pour les enterrer, de sorte que les travaux agricoles, commencés vers le 1er octobre, devaient être terminés avant fin mai, en moins de sept mois et demi, les plus mauvais de l'année, pendant lesquels il faut compter un tiers de mauvais jours, desquels il convient de défalquer les dimanches et fêtes, soit un sixième; il restait donc moins de 120 jours par an pour faire tout le travail; et les attelages se reposaient le reste du temps.

Dans l'assolement de trois ans de la Brie, le travail commençait avant le 15 août, pour la culture et ne se terminait qu'à la moisson; il y avait toujours des terres libres à cultiver; les attelages travaillaient 240 jours au lieu de 120; il en fallait moins. Je ne discute pas davantage le système de culture de Goetz, il n'a plus guère, je crois, qu'un intérêt archéologique, et j'arrive de suite au système récent de M. Georges Ville.

Celui-ci n'est qu'une transformation, c'est-à-dire, à ce qu'affirme son auteur, une amélioration de l'ancien assolement triennal, dans lequel la jachère nue est remplacée par une récolte jachère, le trèfle, élevé à son maximum de rendement à l'aide des engrais chimiques et enterré en pleine fleur. Avec cette récolte jachère on produit ensuite une récolte de blé et une récolte d'avoine, toutes deux de 25 à 30 quintaux à l'hectare; et, dans cette récolte d'avoine, on ressème le trèfle jachère destiné à être de nouveau enterré. Il est entendu qu'il faut donner au trèfle au moins tous les engrais minéraux, exportés par la vente des récoltes, et cela suffit même à peine. Ainsi, c'est un minimum de 700 kilos de superphosphate additionné de 200 kilos de plâtre et d'autant de chlorure de potassium qu'il convient de répandre, un tiers dans l'avoine qui précède le trèfle, un tiers à l'automne suivant, le reste au printemps de l'année de jachère. C'est une dépense d'engrais de près de 120 francs à l'hectare, mais l'auteur est un partisan résolu des grosses dépenses d'engrais ; il affirme qu'elles sont ici très économiques, parce que la production de la récolte jachère est économique.

L'expérience n'a sans doute pas encore prononcé sur cette affirmation, mais nous pouvons l'examiner à la lumière des connaissances acquises par la science et la saine pratique agricole.

Le fumier se compose de litières, d'excréments solides et d'urines. Les litières sont en général des tiges de plantes, parties fibreuses plus ou moins difficilement pénétrables aux urines et par conséquent résistant énergiquement à l'action combinée de l'air, de l'humidité et de la chaleur. Les excréments solides sont des résidus d'où ont été extraits, par l'action des liquides du tube digestif, toutes les parties capables de se dissoudre, résidus plus ou moins fibreux, où l'azote est engagé dans des produits assez stables qui tapissent les cellules. Les urines seules contiennent l'azote à l'état de dissolution Mais une grande partie de l'azote ingéré par l'animal est éliminée par la respiration ou par la transpiration et ne se retrouve pas dans les fumiers : c'est précisément la portion la plus soluble. Il en est tout autrement des engrais verts ; ceux-ci sont des plantes entières en pleine fleur, c'est-à-dire que les tissus fibreux des tiges n'y ont pas acquis une grande consistance ; ils sont pénétrés par la sève et sont bien plus facilement détruits par les agents du sol que s'ils avaient été séchés ; enfin ils contiennent tous les principes que l'animal assimile, interposé il est vrai au milieu du résidu qu'il élimine, principes bien plus attaquables par les agents du sol que ce résidu même, et dont la destruction rapide dans le sol aide puissamment à la destruction de ce résidu même. Si l'on considère enfin qu'à la floraison la plante contient des principes organiques beaucoup plus oxygénés qu'à maturité, du sucre et des acides organiques au lieu d'amidon, on en concluera sans doute que les plantes enfouies à la floraison sont entièrement et immédiatement détruites, fournissant à la terre des nitrates et aussi la potasse et la chaux qu'elles contiennent. Cette destruction sera surtout rapide, lorsque l'on commencera de pratiquer le système, à cause de la présence des microbes nitrifères du fumier. De sorte que, si l'on peut représenter par 3/10 la partie immédiatement assimilable du fumier de ferme, on peut certainement représenter par 7/10 la partie correspondante des engrais verts.

Aussi la théorie démontre, et la pratique a vérifié depuis longtemps que les engrais verts sont immédiatement actifs, que leur action n'est pas lente et continue comme celle du fumier de ferme ; et, s'il fallait ranger les engrais azotés d'après la rapidité de leur action, l'ordre serait sans doute le suivant :

Nitrates, sulfate d'ammoniaque, guanos, engrais verts et engrais industriels bien faits, engrais industriels assez décomposables, et enfin fumier de ferme.

Il résulte de là qu'il n'y a point d'intérêt à enfouir à la fois dans le même sol une trop grande quantité d'engrais vert ; car le sol ne garde pas les nitrates ; et, si les plantes ne les utilisent pas, ils sont rapidement entraînés dans le sous-sol. Or, pendant l'été, les engrais sont entièrement détruits en deux ou trois mois ; pendant l'hiver la destruction est un peu moins rapide, mais il est certain que leur effet ne se fait guère sentir que sur la récolte qui suit l'enfouissement, et que l'on s'expose à de grandes pertes d'azote, si l'on enfouit en vert plus d'engrais que cette récolte n'en peut consommer. Le trèfle engrais de M. Ville, en supposant qu'on enterre la première coupe seulement, apporte au sol 25.000 kilos de matière fertilisante contenant par 1.000 kilos 5 k. 5 d'azote, soit près de 140 kilos d'azote. Entre l'époque de l'enfouissement au commencement de juillet et celui de la semaille, il s'écoule au moins trois mois, pendant lesquels le sol subit de grandes pertes d'azote. Théoriquement les 140 kilos d'azote du trèfle engrais permettent d'obtenir une récolte de blé de 40 hectolitres suivie d'une récolte d'avoine de 60 hectolitres ; mais il n'est pas exagéré d'admettre que, sur un pareil stock d'engrais très facilement décomposable destiné à parer aux exigences de 2 récoltes consécutives, 40 kilos d'azote au moins seront perdus ; l'on ne pourra plus dès lors obtenir qu'une récolte de blé de 30 hectolitres et une autre d'avoine de 40 hectolitres au plus, et dans les terres légères on n'arrivera sûrement pas à ce résultat. M. Ville propose, il est vrai, de faucher la première coupe, de la laisser sur le sol et de n'enfouir que la 2ᵉ coupe ; mais la croissance de la 2ᵉ coupe serait fort gênée, et la première coupe complètement desséchée perdrait certainement de sa valeur comme engrais. Quoi qu'il en soit, on enterrerait par ce système au commencement de septembre, en tenant compte des racines, au moins 33.000 kilos d'engrais vert contenant 180 kilos d'azote; et la moitié de cet azote, celui qui provient de la première coupe, résisterait davantage à la nitrification ; du reste l'enfouissement d'automne, l'impossibilité de cultiver la terre après la semaille des blés retarderaient la nitrification de l'autre partie, de sorte que l'on doit admettre que les rendements seraient augmentés et que l'on obtiendrait 35 hectolitres de blé et 45 à 50 d'avoine, pourvu que l'enfouissement se fasse dans de bonnes conditions, c'est-à-dire dans une terre saine.

Il est à remarquer enfin que, dans le système de la sidération, l'assolement n'est pas blé, avoine, trèfle, ou comme l'indique M. Ville, trèfle, blé, avoine ; tous les cultivateurs m'entendront lorsque je soutiendrai que ni le blé ni le trèfle ne sont la tête de l'assolement, c'est-à-dire que ce n'est pour aucune de ces plantes que le sol est préparé par la culture et par l'engrais. M. Ville soutient, et il a raison, que le pivot de la sidération est la réussite du trèfle ; mais cette réussite dépend avant tout de la culture et de l'engrais donnés à la plante qui le précède, c'est-à-dire à l'avoine ; c'est donc l'avoine qui tient en réalité la tête de l'assolement. Or, lorsqu'on enterre seulement la première coupe, il reste de juillet à octobre assez de temps pour nettoyer complètement le sol avec l'extirpateur, la herse et la charrue, et cette culture profite à l'avoine ; mais elle a l'inconvénient de hâter la nitrification et d'occasionner une nouvelle perte d'azote et de potasse. Lorsque l'enfouissement a lieu au commencement de septembre, le blé peut être semé un mois après à l'extirpateur ; mais la terre reste dans l'état de propreté ou de saleté où elle était pendant la végétation du trèfle, et il faut la nettoyer complètement avant de semer l'avoine. Il est vrai qu'elle est plus riche en azote et en potasse; mais, puisqu'il est évident que l'enfouissement d'une seule coupe de trèfle suffit pour la production d'une très abondante récolte de blé, il semble qu'il vaudrait mieux mettre en réserve l'autre coupe, et s'en servir pour fumer la sole d'avoine. Ce serait, il est vrai, un accroissement important de travail, mais aussi un accroissement important des chances de succès, puisque en ensilant par exemple la première coupe de trèfle, on mettrait en réserve une fumure de 80 kilos d'azote, et qu'on éviterait en plus la verse du blé, qui pourrait arriver dans une terre où 140 kilos d'azote seraient disponibles dès le commencement de la végétation, à moins que l'équilibre ne fût maintenu entre l'azote et les phosphates assimilables par une importation de superphosphates.

Mais il est clair qu'il serait encore plus avantageux, puisque les dépenses d'ensilage sont faites, puisque les provisions d'hiver sont amassées, d'avoir du bétail pour les consommer. Il est certain que ce bétail serait très abondamment nourri au vert depuis le milieu de mai jusqu'au milieu de septembre; mais le système n'aurait plus rien de nouveau; il serait difficile de lui donner le nom de sidération : ce serait tout simplement la méthode pratiquée avec un grand succès du temps de Mathieu de Dombasle par le fermier Leroy, puisque cet illustre agronome nous apprend qu'en suivant à peu près l'assolement jachère, blé, avoine; — trèfle, blé, avoine; — trèfle, blé, avoine; et enterrant les secondes coupes, le fermier Leroy avait considérablement accru la fertilité de sa ferme, et que les récoltes de trèfle qu'il obtenait étaient plus abondantes qu'au commencement.

Or, si l'on compare au point de vue économique ces quatre systèmes, il n'est pas douteux que le dernier ne soit de beaucoup le plus avantageux, et que le premier ne soit le plus médiocre, si tant est même qu'il puisse donner du bénéfice. J'observe en effet que, quel que soit le système pratiqué, il faudra à peu près le même nombre de chevaux pour l'exploitation d'une ferme de 150 hectares : en terre de consistance moyenne, 10 chevaux.

La saison la plus occupée de l'année s'étend du 20 août au 15 novembre. Pendant cette période qui comprend en moyenne, déduction faite des dimanches et des jours de pluie, 60 jours de travail, il faut dans le cas où la première coupe a été enfouie extirper deux fois la sole de blé, herser ensuite et labourer pour semer; il faut encore déchaumer la sole d'avoine de l'année suivante et herser. Avec ces travaux, on maintient, il est vrai, le sol en bon état de propreté ; or tout cet ensemble exige au moins :

Pour extirper deux fois	50 hec.	(33 j. de 4 ch.)	132 journées.
Pour herser deux fois	50 —	(25 j. de 2 ch.)	50 —
Pour labourer	100 —	(150 j. de 2 ch.)	300 —
Pour herser deux fois	100 —	(50 j. de 2 ch.)	100 —

C'est un total de 582 journées de travail que 10 chevaux feront en 60 jours. Il est vrai que, si le blé est semé à l'extirpateur, on économisera 100 journées et 8 ou 9 chevaux suffiront. Dans les trois autres systèmes, le travail est exactement le même ; il faut d'abord :

Enfouir la seconde coupe de trèfle, soit labourer 50 hect.
(100 j. de 2 ch.) 200 jour.
Herser le labour 50 hect. (25 j. de 3 ch.) 75 —
Extirper 2 fois et herser pour semer. (132 j. et 50 j.) 182 —
Enfin déchaumer et herser 2 fois 50 hect. 200 —

C'est un travail qui exige 11 chevaux. Total 657 jour.

Mais on remarquera que dans les deux premiers systèmes, lorsqu'on enterre la première coupe seule ou les deux coupes ensemble, les attelages sont très occupés en juillet, août, septembre, octobre, novembre, février et mars, au lieu qu'en décembre, janvier, avril, mai et juin, il ne reste qu'à effectuer les battages et à livrer les grains et les pailles, opération qui ne demande pas un effectif de 9 ou 11 chevaux ; les travaux sont donc mal répartis.

Dans le troisième système, l'ensilage est charrié l'hiver sur la sole d'avoine et enterré, l'avoine est semée en mars à l'extirpateur. Dans le quatrième système, on réserve en jachère 1/9 de l'exploitation, soit 17 hectares qui reçoivent tous les fumiers enterrés l'hiver ; et cette jachère porte ensuite des betteraves et des pommes de terre. Enfin dans les deux systèmes, l'herbe est fauchée en juin et ensilée, les travaux sont donc beaucoup mieux répartis, et les attelages sont presque continuellement occupés.

Si nous considérons maintenant la quantité d'engrais importé, nous voyons que le premier système en exige le plus, parce que les pertes y sont plus considérables que dans les autres systèmes. Dans les trois premiers, toutes les pailles sont vendues et il est nécessaire de remplacer au moins toute la potasse qu'elles contiennent ; cela suffit certainement dans le troisième système où

la sole de blé et la sole d'avoine reçoivent comme
fumure chacune une coupe de trèfle; et on peut
admettre que pour maintenir une bonne végétation du trèfle, il suffit de lui donner, moitié à
l'automne et moitié au printemps, 200 kilos de
chlorure de potassium ; il faut dans le deuxième
système donner 150 kilos de plus, et dans le premier 100 de plus ; quant au dernier système, si
la terre est suffisamment riche en potasse, l'importation de ce produit est inutile puisqu'on ne
vendra en général ni paille ni betteraves.

Une importation de phosphates est nécessaire
dans les quatre systèmes, puisque le grain est
vendu; mais il en faut davantage dans les trois
premiers, puisque les pailles sont exportées. Ici,
le minimum nécessaire est de 70 kilos d'acide
phosphorique, qu'il convient, d'après M. Ville, de
donner entièrement au trèfle ; mais cela ne sera
peut-être pas suffisant, dans les deux premiers
systèmes surtout, à cause de l'abondance de
l'élément azoté ; il faut, pour rétablir l'équilibre,
un apport d'acide phosphorique, au moins 30 kilos
à l'hectare. C'est donc 100 kilos d'acide phosphorique qu'il faut donner à la terre tous les trois
ans dans les deux premiers systèmes, 70 kilos,
dans le troisième et 40 kilos seulement dans le
quatrième. Dès lors, les dépenses sont les suivantes :

	1er SYSTÈME	2me SYSTÈME	3me SYSTÈME	4me SYSTÈME
	fr.	fr.	fr.	fr.
Loyer.............	10.500	10.500	10.500	10.500
Frais généraux....	3.750	3.750	3.750	3.750
Personnel.........	(6 dom) 6.000	(6 dom.) 6.000	(7 dom.) 7.000	(6 dom.) 6.000
Vachers..........	»	»	»	(2) 1.800
Chevaux (avoine)..	(9 chev.) 3.150	(11 chev.) 3.850	3.850	3.850
Paille pour chevaux	600	750	750	(Les pailles ne sont pas vendues.)
Semences.........	3.300	3.300	3.300	(Bett. en plus).. 3.300
Engr. chlor. pot...	(15.000 k.) 3.800	(12.500 k.) 3.000	(10.000 k) 2.400	néant.
Moissonnage......	3.000	3.000	3.000	3.000
(Les grains sont battus par le personnel.)				
Superphosphates...	(40 000 k.) 3.200	(40 000 k.) 3.200	(27.000 k.) 2.200	(15.000 k.) 1.200
Betteraves........	»	»	»	1.500
TOTAUX...	fr. 37.100	fr. 37.850	fr. 36.750	fr. 34.900

Je suppose, bien entendu, une exploitation en terres améliorées, avec un loyer de 70 francs à l'hectare. J'ai estimé, dans les quatre systèmes, les frais généraux à 25 francs l'hectare, cela n'est sûrement pas trop dans une exploitation possédant une machine à battre; cela peut ne pas suffire dans les exploitations à céréales, surtout lorsqu'elles sont un peu éloignées des marchés, et que les pailles ou les fourrages sont vendus. Dans une exploitation située à 12 kilomètres du marché, il n'est pas possible de faire plus d'un voyage par jour ; un charretier met deux jours à charrier les pailles d'un hectare. Il faut deux cents voyages pour charrier toutes les pailles et il faut toujours compter un minimum de 3 francs de déboursés par voyage, soit 6 francs par hectare de céréales, ou 4 francs par hectare en moyenne. D'un autre côté, le matériel fatigue davantage dans l'exploitation où la paille n'est pas vendue, mais il roule aussi beaucoup moins, de sorte que, s'il y a une exploitation dans laquelle il conviendrait de réduire les frais généraux, c'est certainement la dernière.

J'ai compté dans chaque exploitation, sauf dans la troisième, six domestiques à l'année. Cela suffit sûrement dans la première exploitation, où la culture ne dure guère que cent jours, les battages et les charrois de paille occupent le reste du temps. Dans le deuxième système, il faut en plus faucher la première coupe de trèfle, 50 hectares, ce qui exige, pour les six hommes, vingt jours de travail ; je suis persuadé qu'ils peuvent bien faire ce travail en plus. Tout au plus faudrait-il porter, de ce chef, une dépense supplémentaire de 500 francs de main-d'œuvre. Mais dans le troisième système, cela ne suffit certainement plus : non seulement il faut couper le trèfle, mais il faut encore l'ensiler, ce qui exige deux fois plus de travail que pour le faucher ; il faut encore reprendre ce trèfle ensilé et le conduire avant ou après l'hiver sur les champs destinés à porter de l'avoine et l'enterrer. Pour tout ce travail, j'estime qu'il faudra toute l'année un homme de plus et il y aura avantage de le prendre ainsi à l'année plutôt que d'employer des journaliers ; les battages et les charrois de paille se feront ainsi plus rapi-

dement, et tout le personnel pourra être disponible en juin. Enfin, dans le quatrième système,
il n'est plus besoin de se préoccuper des charrois
de paille, mais il faut en plus deux vachers qui,
pendant l'été, peuvent soigner chacun une qua-
rantaine de vaches, mais ont besoin d'être aidés
l'hiver dans cette besogne par deux hommes que
l'on emploie à couper les betteraves, à curer les
vaches et à charrier les fumiers pendant que les
autres battent les grains. Il faut remarquer que
le personnel peut facilement faucher et rentrer
les fourrages dont une plus grande partie pour
la première coupe, 17 hectares au moins, est
fauchée en vert ; d'autant plus que le pâturage
pouvant commencer dès le 15 avril dans une
autre partie, la fenaison y sera retardée et pourra
être prolongée jusqu'au 15 juillet depuis le
10 juin, pour 17 autres hectares. Or, il est certain qu'un personnel de six hommes pourra facilement couper et ensiler 2 hectares en trois jours.
D'autre part, la deuxième coupe est enterrée, et
comme les animaux seront nourris avec du vert
fauché jusqu'au commencement de septembre,
sur les 7 ou 8 derniers hectares consommés en
vert, il ne repoussera qu'une plus faible coupe
que l'on pourra faire pâturer et qu'il conviendra
dès lors de remplacer exceptionnellement par du
fumier dont l'exploitation possèdera alors des
quantités considérables. Dans cette même exploitation, il faut nourrir et payer deux vachers ;
mais on économise la paille pour les chevaux,
outre la plus grande partie des engrais ; il est
vrai qu'il faut cultiver et arracher 17 hectares de
betteraves pour lesquels j'inscris une dépense
de 1.500 fr. Il n'en résulte pas moins que le
système d'exploitation le plus coûteux est le

deuxième, qui coûte à peu près 3.000 fr. de plus que le quatrième et que les trois premiers systèmes donnent à 1.000 fr. près la même dépense.

Or les produits, ainsi qu'il est facile de le vérifier, sont aussi régulièrement décroissants du premier au quatrième système.

	1er SYSTÈME		2me SYSTÈME	
Blé, grain........	(30 h. à l'hect.)	23.000 fr.	(35 h. à l'hect.)	26.000 fr.
Paille de blé	(5.000 k. à l'h.)	7.500 »		7.500 »
Avoine..........	(40 h. à l'hect.)	16.000 »	(50 h. à l'hect.)	20.000 »
Paille d'avoine ..		3.000 »		3.000 »
Bétail..........		» »		» »
Pommes de terre		» »		» »
TOTAUX..		49.500 »		56.500 »

	3me SYSTÈME		4me SYSTÈME	
Blé, grain........	(35 h. à l'hect.)	26.000 fr	(30 h. à l'hect.)	23.000 fr.
Paille de blé		7.500 »		» »
Avoine..........	(60 h. à l'hect.)	24.000 »	(40 h à l'hect.)	16.000 »
Paille d'avoine...		3.000 »		» »
Bétail..........		» »	(90 têtes)	18.000 »
Pommes de terre		» »		1.000 »
TOTAUX..		60.500 »		58.000 »

On remarquera que, dans le premier système, la récolte de blé n'est estimée en moyenne qu'à 30 hectolitres ; il est possible qu'elle dépasse un peu ce chiffre, mais elle n'atteindra certainement pas celui de 40 hectolitres indiqué par l'inventeur, et elle sera certainement inférieure à celle obtenue dans le deuxième système. Quant à la récolte d'avoine, elle atteindra difficilement à mon sens 40 hectolitres à l'hectare. Celui de 50 hectolitres indiqué pour le deuxième système est aussi probablement trop fort, puisqu'il s'agit d'une avoine en deuxième récolte après fumure. Au contraire, dans le troisième système, on donne à la terre avant chaque récolte et dans les meilleures conditions tout l'azote et tout l'engrais minéral dont elle a besoin pour produire respectivement 40 et 60 hectolitres ; il n'y a donc pas d'exagération à compter sur ces récoltes. Enfin, dans le quatrième, il est certain qu'avec 15 hectares de betteraves, 33 de première coupe de trèfle et de pâturage d'automne du trèfle, il est possible d'entretenir les chevaux de fourrage et de nourrir abondamment 90 têtes de gros bétail, qui donneront un produit brut de 18.000 fr. et 2.500 kilos de fumier par jour, soit 900,000 kilos par an, qui permettront de fumer la sole de betteraves et pommes de terre à raison de 53.000 kilos à l'hectare, soit en une fois soit en deux fois. C'est une fumure qui permet d'obtenir facilement, après les betteraves, 30 hectolitres de blé et 40 d'avoine.

L'enfouissement de la deuxième coupe de trèfle permet du reste d'obtenir les mêmes récoltes ; mais il est certain que dans le quatrième système une importation d'engrais azoté, 100 kilos de nitrate à l'hectare sur la sole d'avoine et le blé qui suit les betteraves, serait une très heureuse spéculation, puisqu'avec une dépense de 2.000 fr. on augmenterait les produits de plus de 6.000 fr. *Il n'est pas possible* avec les engrais verts et l'assolement de trois ans d'éviter l'importation d'engrais azotés, à moins qu'une partie de l'engrais vert ne soit mise en réserve comme dans le troisième système pour fumer la sole d'avoine.

Quoi qu'il en soit, les résultats des quatre systèmes sont donnés par les chiffres suivants :

Premier système. . . . . . . 49.500 — 40.600 = 8.900 fr.
Deuxième système. . . . . . 56.500 — 40.250 = 16.250
Troisième système. . . . . 60.500 — 38.850 = 21.650
Quatr. syst. avec 2.000 fr. nit. 64.000 — 39.150 = 24.850

Voilà, ou je me trompe, de gros bénéfices. A considérer la situation précaire d'aujourd'hui, tout cultivateur raisonnable se contenterait aisément du premier ; mais, en les considérant de près, on verra que le premier système constitue réellement le cultivateur en perte ; que le deuxième laisse peu de bénéfice, si l'on remarque surtout que le produit de la récolte d'avoine est sans doute exagéré.

Dans les deux systèmes, il faut un capital d'exploitation de 50.000 fr., qui produit 2.500 fr. d'intérêt. Sur ce capital, le matériel entre pour 20.000 fr. et est déprécié de plus de moitié par l'usage, même lorsqu'il est entretenu en bon état de service. Son amortissement en douze ans exige donc une réserve de 1.000 fr. par an. La nourriture et l'entretien de la famille du fermier exigent certainement plus de 5.000 fr. par an ; et encore il ne faut pas que la famille soit trop grande ni trop dépensière. Il reste, en définitive, 400 fr. pour parer à l'imprévu, aux intempéries des saisons, aux accidents des récoltes. C'est un chiffre bien insuffisant, car, sur 100 hectares de céréales, il faut compter ordinairement sur un vingtième de déchet, soit cinq hectares. Il en résulte que le premier système constitue le cultivateur en perte, et que le deuxième ne lui laisse pas plus de 4 à 5.000 fr. de bénéfice.

Après la déduction de 8.500 fr. et le prélèvement de 4.000 fr. pour les cas imprévus, il reste, dans le troisième système, un bénéfice de 9.000 fr. qui est très raisonnable. Enfin, dans le quatrième système, où le capital engagé compte 20,000 fr. de plus que dans les autres, il faut déduire 9.500 fr., et il reste alors un bénéfice de 11.000 fr. Il résulte de cette discussion que la sidération, telle qu'elle est enseignée par M. Georges Ville est un système probablement ruineux ; qu'il ne peut devenir lucratif qu'à la condition que l'on mette en réserve la première coupe de l'engrais sidéral, et que l'on puisse vendre couramment ses pailles ; qu'enfin, l'emploi des engrais verts dans l'assolement triennal peut donner un bénéfice sérieux, pourvu que l'on importe un peu d'engrais azoté.

Autres engrais verts. — Il y a donc pour les engrais verts un véritable type : c'est le trèfle. Le trèfle s'accommode de tous les genres de culture ; j'en donnerai plus loin des exemples ; et lorsque l'on peut l'introduire dans l'assolement en culture dérobée et le réussir, toujours il donne des profits importants. Cette considération n'a pas empêché beaucoup d'agronomes de proposer d'autres engrais verts : la minette, le colza, le trèfle, le sainfoin, la vesce, le sarrasin, les divers lupins, la spergule ; il convient de les examiner ici et de comparer leurs avantages à ceux du trèfle.

Quelles qualités devons-nous exiger d'un bon engrais vert? deux principales : qu'il pousse rapidement afin de pouvoir réussir en culture intercalaire ou dérobée, en deuxième culture, et que, sans consommer d'azote, ou bien en n'en consommant que très peu, il en mette à la disposition de la récolte suivante une quantité considérable.

Il n'y a point de plante qui présente ces deux qualités au même degré que les légumineuses et le trèfle en particulier.

Le trèfle végète sans consommer d'azote, il puise dans l'air toute sa provision et il donne intégralement au sol tout ce qu'il en contient, 6 à 7 kilos par 1.000 kilos de récolte verte avant la fleur, 5 à 6 au moment de la fleur. Semé dans une céréale, il y accomplit lentement, il est vrai, son premier développement jusqu'à ce que la plante couvrante meure et mûrisse. Mais alors les racines se développent, elles s'emparent de toute la nourriture disponible qu'elles trouvent dans le sol. Que la terre soit humectée par la pluie, et la plante végète vigoureusement aussitôt après la moisson ; elle fournit sous le climat de Paris une pousse dont les tiges fleurissent du 1er au 15 septembre et atteignent quelquefois 0^{m}50 de longueur et 10.000 kilos de récolte verte, 3 ou 4.000 kilos de racines vivantes, en tout près de 15.000 kilos d'engrais vert contenant 80 kilos d'azote ; voilà l'apport d'un trèfle réussi en culture dérobée après un blé de betteraves ou de pommes de terre par exemple ; très sensiblement moindre après l'avoine, il est aussi considérable après l'orge et souvent plus considérable après le seigle. Pour une dépense de semence de 25 fr., il donne toujours au moins 50 kilos d'azote valant 80 fr.; c'est un gain qui n'est pas à beaucoup près négligeable.

Y a-t-il des légumineuses qui puissent donner autant? Non, assurément, surtout avec une aussi faible dépense et en récolte dérobée. La culture dérobée exclut en effet celle du pois et de la vesce, dont la végétation dure trois mois, depuis la semaille jusqu'à la floraison, et qu'on ne peut semer après une récolte de céréales, sauf dans notre vallée de la Loire. La luzerne, le sainfoin et la lupuline ne fleurissent point et ne grandissent presque point dans l'année de leurs semis; les deux premières plantes coûtent du reste trop cher de façons et de semence pour être employées en cultures dérobées ; la minette seule peut donc être employée comme engrais vert au même titre que le trèfle dans les terres médiocres et surtout dans celles qui sont trop calcaires pour que le trèfle y réussisse.

C'est à cause de cela que quelques agronomes, allemands surtout, ont indiqué comme engrais verts les lupins de toutes les couleurs, jaunes, bleus ou blancs qui réussissent bien, paraît-il, dans les terres sableuses au lieu que le trèfle n'y réussit que médiocrement ; mais ces sols conviennent aussi au trèfle incarnat, et il suffirait peut-être pour qu'ils conviennent aux autres trèfles de les enrichir en acide phosphorique et en chlorure de potassium. Les lupins végètent au reste comme la vesce ; semés en avril, ils ne fleurissent qu'à la fin de juin, et ne peuvent pas non plus être semés comme récolte intercalaire ni comme récolte dérobée. Le trèfle dans les terres fortes et moyennes, la minette dans les terres contenant de 5 à 15 0/0 de calcaire, le trèfle incarnat dans les sols siliceux sont donc les seules légumineuses qui peuvent être employées comme engrais vert en récolte dérobée.

Ils sont loin pourtant de satisfaire à toutes les exigences, et c'est pour cela que l'on est quelquefois obligé par les circonstances culturales à employer d'autres engrais verts, quoique ceux-ci soient moins avantageux, soit parce que leur réussite est moins certaine, soit parce que la dépense est plus considérable, soit parce que la quantité d'azote qu'ils apportent à la terre est moins importante.

Je suppose que l'on veuille faire succéder l'orge au blé ou le blé au seigle, ou que l'on n'ait pas de fumier à employer sur des pommes de terre qui doivent succéder à la même plante. La culture du trèfle ordinaire qui était ici absolument indiquée n'a pas été faite, ou n'a pas réussi dans le blé ; dans le seigle, la terre est trop sableuse pour que le trèfle puisse réussir ; le trèfle incarnat n'est point assez fort à fin octobre pour pouvoir être utilement enterré ; il n'est point non plus suffisamment fort au 15 avril et, du reste, sa semence coûte assez cher : on peut, dans ce cas, employer comme plante intercalaire le colza ou le sarrasin. Semé dans la première quinzaine d'août, le colza bien réussi atteint au 15 octobre une longueur de 0^{m}30 à 0^{m}35. On peut à ce moment l'enterrer pour semer le blé ; s'il ne doit être enterré que pour la semaille de l'orge ou la plantation des pommes de terre, on peut avec avantage le laisser passer l'hiver en terre, et l'enterrer au commencement de la fleur, un peu avant la fin d'avril. La difficulté est de le réussir ; car le colza est une plante exigeante en azote et en matières minérales, qui demande en plus un sol riche et bien préparé, de sorte qu'il n'est pas toujours possible, à cause de la sécheresse, de le semer immédiatement après l'enlèvement de la récolte. Il est entendu qu'on le sème sans fumier ; et dès lors il faut lui donner à la semaille 300 kilos de superphosphate et 150 kilos de nitrate de soude pour être à peu près sûr de réussir. On laboure le sol profondément, et on l'ameublit au rouleau, à la herse, à l'extirpateur même après avoir semé l'engrais : on sème alors le colza à la volée, on herse et l'on roule. Ce système a, il est vrai, un avantage : le colza exige une bonne culture; on peut lui donner un labour profond, ce qui dispense de le donner pour la récolte qui suit, orge ou pommes de terre. Cela est important lorsqu'on enterre un engrais vert, qui demande comme tous les autres à ne pas être enterré trop profondément. Mais il y a la question de frais et la question de produit : 60 fr. d'engrais, 10 fr. de semence et de façons supplémentaires, pour obtenir, lorsque l'on réussit, 10 à 15.000 kilos d'engrais vert au plus, soit, dans le cas le plus avantageux, 50 à 60 kilos d'azote; mais, il faut bien le dire, on ne réussit pas toujours, on peut n'obtenir que 20 à 30 kilos d'azote d'une récolte à laquelle on en a donné 24; le gain est alors insignifiant. On peut aussi ne pas réussir du tout ; les insectes empêchent la levée ou dévorent la jeune plante tout aussitôt. Le colza n'est donc point à recommander comme engrais vert ; on ne peut l'employer que dans les sols sableux à sous-sol plus ou moins imperméable. Quant au sarrasin, lorsqu'on le sème après le seigle dans un sol et sous un climat qui lui conviennent, on peut obtenir un engrais vert très abondant; mais qu'il faut absolument enterrer à l'automne et même avant les premières gelées. Le sarrasin exige peu d'azote, et, dans nos terres de l'Anjou et de la Bretagne, il réussit bien. On peut donc le semer soit après du trèfle incarnat, soit après du vesceau, soit après des choux, soit même après du seigle ou du blé, comme préparation aux plantes sarclées de l'année suivante. On peut le semer alors sans aucun engrais azoté lorsqu'il succède à des plantes vertes ; lorsqu'il succède à des céréales, on peut lui donner un peu de nitrate, 50 kilos environ à l'hectare, à moins que le sol ne soit par trop pauvre. On assurera la récolte avec 200 kilos superphosphate, et dans les terres sèches 50 kilos chlorure de potassium.

Cette plante, qui n'est pas recommandable dans les terres riches où le trèfle violet, *le trèfle incarnat* et même le colza donneront comme engrais vert un produit plus abondant et même un résultat plus sûr, est au contraire fort recommandable dans les sols pauvres et sableux, dans les terres riches en potasse notamment. A ce titre, on peut la considérer comme une plante améliorante, comme une plante d'exploitation appauvrie ou nouvellement défrichée. Le sarrasin réussit sur les défrichements, mais, il faut bien le dire, il y est moins nécessaire que sur les terres pauvres quoique anciennement cultivées, puisque celles-ci sont généralement pauvres en azote total aussi bien qu'en azote soluble, au lieu que les premiers ne sont pauvres qu'en azote soluble, d'où il suit que les engrais chimiques sont indiqués dans le premier cas et les engrais verts dans le second pour augmenter la quantité de matière organique du sol. Mais lorsqu'il s'agit de refaire une exploitation rurale, ou de l'établir sur un défrichement, il ne s'agit plus d'employer les engrais verts comme récolte dérobée : on peut les employer comme récolte principale, semer en tout temps, en tout sol, sous tous les climats les plantes convenables et les enterrer en pleine fleur ; il faut ici tenir compte en plus de la nécessité de nettoyer les terres ; de sorte qu'il est impossible de donner d'avance une méthode générale de mise en valeur du sol et que tout dépend absolument des circonstances particulières de l'exploitation.

CHAPITRE VI

L'étude des engrais verts nous amène naturellement de l'assolement triennal aux assolements alternes. Les engrais verts bien employés
ne font pas, en effet, autre chose que de remplacer l'assolement triennal par un véritable
assolement alterne. Nous semons du trèfle dans
le blé, nous le défrichons en automne ou au
printemps suivant, pour y ressemer du seigle, de
l'orge, de l'avoine ; nous avons maintenant deux
céréales séparées par un trèfle intercalaire ;
l'assolement de trois ans a bien conservé sa
forme, mais les céréales ne se suivent plus.
Nous ne cultivons plus sans interruption deux
plantes gourmandes d'azote, nous les séparons
par une récolte destinée à fournir l'azote à la
seconde.

Ce n'est pourtant pas de l'usage des engrais
verts que sont nés les assolements alternes. Ils
ont paru d'abord dans le Nord, dans les Flandres ;
et peut-être que le sol sableux d'un pays où les
blés ne réussissaient pas toujours également
bien n'a pas été étranger à leur adoption. Toujours
est-il qu'ils consistent essentiellement à ne

cultiver les céréales que tous les deux ans, et à séparer les deux récoltes par une culture de racines, de fourrages, ou même de graines ou plantes industrielles qui ne soient pas des céréales. On fait pourtant une exception pour le maïs, qui est bien une plante de la famille des céréales, mais que l'on considère cependant avec raison comme pouvant alterner avec elles. Le maïs, en effet, est une plante sarclée ; c'est une plante du Midi très vigoureuse et à larges feuilles, qui ne pousse pas très vite, qui paraît se nourrir de l'azote de l'air pour une partie importante, et qui prépare bien la terre à la production du blé.

Il n'y a qu'un assolement triennal, que l'on ne peut varier que dans des limites assez restreintes. Avec le seigle, l'orge ou l'avoine succédant au blé précédé du trèfle, de la minette, des vesces, des betteraves, du colza ou du chanvre on peut faire au plus une vingtaine de groupements, dont quelques-uns sont des plus médiocres. Dans les assolements alternes, la variété est bien plus considérable, puisqu'une plante quelconque peut précéder ou suivre une céréale quelconque. Les assolements alternes se prêtent donc beaucoup mieux à des cultures d'essai, d'expérimentation ou de démonstration, aussi bien pour les plantes isolées et les engrais que pour les rotations elles-mêmes. Elles ont. du reste, beaucoup d'autres avantages, et aussi, à ce que disent certains cultivateurs praticiens, quelques inconvénients.

Voici d'abord leurs avantages : le blé exige pour une production de 25 hectolitres 50 kilos d'azote dans l'engrais ; l'avoine en exige 25 à 30 kilos, l'orge davantage et dans un espace très court, le seigle 40 à 42 kilos; dans l'assolement triennal, il faut donner de suite à la terre un approvisionnement de 100 kilos d'azote à peine suffisant à cause des pertes; dans les assolements alternes, il suffit de donner la moitié pour avoir des récoltes aussi considérables. Ainsi, avec une culture judicieuse, des façons données en temps opportun, on parvient difficilement à produire des récoltes respectives de 25 hectolitres de blé et 20 quintaux d'avoine, avec des fumures de 25 à 28.000 kilos de fumier sur la jachère. Dans un assolement alterne on arrivera au même résultat avec des fumures de 12.000 kilos avant chaque récolte. J'ai indiqué, au reste, que le fumier ne pouvait pas être employé immédiatement avant une céréale. Lorsque l'on fume la terre avant d'y semer le blé, il ne faut pas enterrer le fumier après la fin d'août, afin d'avoir le temps de le cultiver, de le retourner, de l'incorporer intimement au sol, de sorte que la récolte d'avoine profite seulement du reste de fumier qui a été mis deux ans auparavant, au lieu que dans les assolements alternes le fumier ne doit nourrir que la récolte qui suit, et s'il en reste, la culture que l'on donne après son enlèvement en achève la nitrification, de manière qu'il puisse entretenir la végétation de la récolte prochaine. Le fumier est donc sûrement mieux employé dans les assolements alternes, il en faut moins.

La plus grande partie des plantes qui succèdent aux céréales ou les précèdent n'occupe point longtemps le sol. Les vesces ou les pois, la minette, le chanvre, la betterave, le maïs végètent de trois à cinq mois; le chou passe l'hiver, mais ne se nourrit guère que dans l'air;

le trèfle occupe le sol quatorze mois mais l'enrichit en azote ; le colza enfin dure presque un
an, mais il végète surtout en automne et au printemps, et on peut, après lui, cultiver un engrais
vert, qui nourrirait le blé ou l'avoine qui suivent.
Toujours est-il que la fumure enterrée avant ces
plantes leur profite, que le fumier qu'on donne
aux pois ou aux vesces, enterré au printemps de
mars à fin mai est un fumier toujours bien
traité, enterré dans une terre saine et bien aérée,
dont la nitrification marche régulièrement
pendant la végétation et après, lorsqu'on a soin
de labourer, herser et rouler le sol. La betterave, la pomme de terre, le chou et le colza sont
des plantes sarclées, plantées en ligne, où l'on
ne laisse jamais de mauvaises herbes ; la surface
du sol y est fréquemment remuée, et le fumier
qu'on leur donne se trouve encore dans d'excellentes conditions pour la nitrification. Dans les
assolements alternes le fumier est donc toujours
bien employé, à la condition qu'on ne le donne
pas directement aux céréales.

Mais ce n'est pas tout ; la culture a aussi son
importance et ses exigences pour la nitrification,
l'ameublissement du sol et la destruction des
mauvaises herbes qu'il contient. Ces trois objets
ne peuvent être dans bien des cas obtenus, que
par des façons répétées et données à un moment
favorable, au moins pour les terres humides. Or,
dans l'assolement de trois ans, la première
récolte de céréales est très bien préparée par les
cultures, elle reçoit la même préparation que
dans les assolements alternes ; mais la deuxième
l'est beaucoup moins. Si l'année est sèche en
automne, si le printemps ou l'été ont été pluvieux,
ce qui arrive fréquemment, il n'est pas possible

de cultiver la terre après l'enlèvement de la
récolte de blé. Or, cette culture est nécessaire,
dans toutes les terres, pour produire une nitrification active pour ne pas laisser en mottes toute
l'épaisseur du sol qui doit être enterré au fond
du sillon, et surtout pour nettoyer la terre, lorsqu'elle contient du chiendent, des plantes vivaces
ou des semences de plantes annuelles, de sorte
que, quand bien même l'assolement de trois ans
pourrait être utilisé comme assolement d'entretien, il faudrait absolument l'abandonner comme
assolement d'amélioration.

Ce n'est qu'au mois de novembre, après la
semaille des blés, que les déchaumages peuvent
être utilement entrepris. A ce moment la terre
est quelquefois trop fraîche pour pouvoir être
cultivée, lorsqu'elle contient du chiendent ; et la
culture que l'on lui donne ne peut jamais avoir
l'efficacité de celle des mois d'août ou de septembre ; pour la même raison la nitrification est
aussi retardée, de sorte que, lorsque la terre doit
être ensemencée en avoine, on n'a pas le temps
d'y constituer un stock suffisant d'azote pour
une végétation vigoureuse de la plante. Cet ense-
mencement se fait depuis la fin de février
jusqu'au commencement d'avril. Lorsque l'hiver
est rigoureux, il ne peut fréquemment commencer qu'au milieu de mars, et alors le cultivateur a moins de trois semaines pour exécuter
des travaux urgents sur des terres plus ou moins
bien préparées. Il faut que sur une ferme de
150 hectares, il laboure en ce court espace de
temps 45 hectares, qu'il les herse et souvent les
roule. C'est un travail qui exigerait 13 chevaux
au moins. L'assolement triennal du Nord de la
France, en supposant qu'il fût, du reste, parfait

au point de vue de la statique chimique du sol, ne saurait donc convenir partout. Il a en quelque sorte son habitat comme les plantes elles-mêmes ; et cet habitat ne s'étend pas fort loin, il faut le limiter aux sols moyens du centre Ouest de la France, la Normandie, le bassin de Paris, la Champagne, la Bourgogne, l'Orléanais, le Berry, le Poitou, l'Anjou et la Bretagne. On le suit encore dans la Lorraine, et il serait difficile de faire autrement à cause de la division du sol ; mais les hivers y sont très rigoureux, trop précoces et trop longs, le sol y est fréquemment trop tenace, pour qu'il donne des résultats certains. On ne le suit généralement pas en Anjou, où le climat serait convenable, comme en Bretagne, mais où le sol est souvent trop tenace et la culture trop mal outillée, pour en tirer des produits abondants. On ne le suit pas non plus dans la Vendée, dans l'Auvergne, le Limousin, la Bresse et la plus grande partie de la Comté, parce que soit le climat, soit le sol, ne lui conviennent pas très bien.

Mais, si l'assolement de trois ans, avec deux récoltes de céréales, n'est vraiment pas un assolement recommandable, surtout en terre pauvre, ce n'est pas une raison de renverser les termes de la proportion et d'adopter un assolement de trois ans avec une seule récolte de céréales et deux récoltes de fourrages. Voici ce qui se produit alors : lorsque les terres sont fertiles et bien préparées, on récolte facilement sur une ferme de 30 hectares de terres de quoi nourrir, en élevant 40 têtes de gros bétail, et les pailles récoltées sur l'exploitation ne suffisent pas à la fois à l'alimentation du bétail et à la confection des litières. Or, la paille est absolument nécessaire à l'alimentation du bétail. Si bien nourri qu'il soit, le gros bétail mange volontiers la paille, et son appétence pour ce produit est le meilleur indice de sa santé ; ce n'est là, au reste, qu'un détail, car la paille suffit toujours à nourrir le bétail, mais elle est loin de suffire alors à l'absorption des urines et des excréments solides ; il s'en perd une grande quantité, et le fumier est diminué d'autant ; de sorte que, s'il n'y a pas avantage à augmenter la production des céréales jusqu'au chiffre des 2/3 des terres, 4/7 dans les exploitations qui contiennent de la luzerne, il y a encore moins de profit à la réduire trop, jusqu'à 1/3 ou 2/5 dans les exploitations qui n'ont que peu ou point de prairies, et jusqu'à 2/7 ou 1/3 dans celles qui en ont davantage. Cette proportion est sûrement trop faible, et il n'est point admissible que la proportion des céréales, dans une exploitation, s'abaisse au-dessous de 3/7 de l'étendue totale, à moins qu'il ne s'agisse de fermes herbagères.

C'est pourtant ce système défectueux qui est adopté en Anjou d'une manière générale, sans doute, mais au moins dans les trois arrondissements d'Angers, Cholet et Segré, et dans celui de Baugé, autant que l'on y fait quelque chose de régulier. Les terres y sont uniformément divisées en trois parties, dont une seulement doit être ensemencée en blé ou seigle, et, sur les 2/3 qui restent, 1/6 en général, et 1/5 au plus, peut être ensemencé en avoine, orge ou menus grains. Ainsi, sur une ferme de 30 hectares, dont il faut déduire 6 occupés par des prairies plus ou moins mauvaises, on fera 8 hectares de blé, 3 hectares au plus d'avoine et généralement pas plus de deux, soit en tout 10 hectares de céréales, 1/3 seulement de l'exploitation. C'est trop peu ; mais c'est pourtant une méthode commune d'exploitation, méthode mise en évidence par les baux et par les coutumes locales, sur laquelle il y aurait du reste beaucoup d'autres choses à dire. Maintenir un pareil assolement c'est, évidemment, gêner le fermier sans aucun profit pour le propriétaire.

Pour s'en convaincre, il suffit de se reporter au tableau des exigences des plantes. On y voit que les céréales, qui sont sûrement les plantes les plus exigeantes en azote, sont loin de l'être autant en principes minéraux, en phosphates notamment, et qu'un hectare d'avoine, dont la récolte est vendue, n'exporte pas de l'exploitation plus de 8 kilos d'acide phosphorique ; avec 3 hectares de plus, on n'exporterait pas plus de 24 kilos. Or, si on remplace cette récolte par des fourrages, la récolte verte obtenue suffirait à nourrir, pendant trois ans, plus de deux bœufs, pesant ensemble 1.500 kilos, contenant près de 500 kilos d'os, de corne, de sang, de cartilages phosphatés, soit 250 kilos d'os secs qui contiennent au moins 80 kilos d'acide phosphorique. Ajoutons que les fermiers, qui sentent vivement, sans s'en rendre bien compte, cette pénurie de paille, qui savent que le blé est par excellence la récolte avec laquelle on fait de l'argent, consacrent à cette récolte des étendues aussi considérables que possible. Les baux les autorisent à semer en blé 1/3 des terres ; c'est 1/3 des terres cultivées qu'il faut lire, et c'est généralement 1/3 et quelquefois 2/5 des terres de toute la ferme qu'ils consacrent à cette culture ; de sorte que, dans des fermes où le blé ne devrait revenir sur le même sol que tous les trois ans, on est tout étonné de le voir assez fréquemment revenir deux années de suite sur la même terre.

En réalité, il n'y a pas d'assolement dans l'Anjou, surtout dans le Baugeois ; les fermiers font ce qu'ils veulent, et ils font souvent mal. Et cela a de grands inconvénients au point de vue de la richesse des terres en éléments minéraux et azotés. Le blé est singulièrement plus épuisant que l'avoine ; c'est 18 à 20 kilos d'acide phosphorique à l'hectare, qu'une récolte de blé vendue enlève au sol. Si le fermier en fait 3 hectares de trop, c'est 60 kilos d'exportés ; il a beau réduire de 1 hectare l'étendue consacrée à l'avoine, ce système de culture, suivi généralement dans les arrondissements du nord de la Loire, est très épuisant d'acide phosphorique. Du reste, ces fumiers courts, ces purins perdus, contribuent encore à l'épuisement du sol en potasse aussi bien qu'en acide phosphorique et en azote ; de sorte qu'avec un assolement théorique de trois ans, comprenant 2 hectares sur 3 de cultures fourragères, assolement qui devrait enrichir considérablement le sol en azote, on arrive très fréquemment à l'appauvrir en cet élément aussi bien qu'en matières minérales.

Voilà l'inconvénient des baux consentis par des propriétaires peu au courant des besoins de la terre et des besoins de la culture ; baux qui n'empêchent point, en général, les fermiers de faire, ni deux céréales de suite, ni deux blés de suite, qui ne leur imposent aucun assolement, de sorte qu'eux-mêmes n'en adoptent aucun. Il est certain cependant que les baux paraissent prescrire une rotation de neuf ans, avec :

                3ᵉ année..................... blé
                6ᵉ année..................... blé
                9ᵉ année..................... blé

Les six autres soles seraient occupées par des plantes fourragères, sauf une qui serait occupée par l'avoine. Cette plante viendrait donc avant ou après le blé, après bien entendu ; ce serait renouveler les inconvénients de l'assolement triennal sans en avoir les avantages.

Voici maintenant quelques rotations en usage en Anjou ; commençons par celle de Bellefontaine :

Blé, jarosses-navets fumés, pommes de terre, blé, avoine, trèfle, blé, jachère-choux, pois ou betteraves

C'est un assolement de neuf ans, l'assolement type de l'Anjou, on peut le dire, avec 1/9 de choux et 1/9 de navets dont une partie est remplacée par des choux, 1/9 de trèfle dont on fauche en vert la première coupe et la plus grande partie de la deuxième, le reste étant réservé pour la production de la semence. Le blé et l'avoine occupent nécessairement leur place. Bon assolement, au surplus, toutes les fois que l'on a, comme à Bellefontaine, une fosse à purin, ou que l'on peut trouver dans les bois un supplément de litières. C'est le chou d'après le blé qui est la véritable tête d'assolement. On le plante sur demi-jachère en général, à la Saint-Jean de l'année suivante, après deux ou trois cultures commencées en février seulement. On ne connaît, pas, en Anjou, les cultures préparatoires ; c'est une erreur, et l'on trouverait certainement grand avantage à préparer de longue main la culture du chou. La meilleure préparation serait un labour profond suivi d'un sous-solage, le tout donné au mois de septembre ou de novembre au plus tard. On enterre en avril par un labour superficiel 15.000 kilos de fumier ; c'est suffisant, car le chou ne précède pas immédiatement le blé, et il ne serait pas prudent de donner à la terre plus de deux ans d'avance l'engrais nécessaire pour deux récoltes. Le fumier est façonné à la herse, au rouleau, retourné en mai et façonné encore ; il serait préférable de ne le façonner qu'à l'extirpateur et planter les choux après un labour ordinaire et vers la fin de juin.

On fait quelquefois précéder les choux d'une récolte-jachère, seigle, jarosses, trèfle incarnat, colza, ou même navets. Le trèfle incarnat et les jarosses, qui n'exigent point d'azote pour leur végétation, sont dans des conditions à peu près bonnes pour réussir ; mais ces plantes sont très gourmandes de chaux et d'acide phosphorique dont le chou est encore plus avide ; de sorte que, pour récolter à la fin de mai moins de 10.000 kilos de nourriture verte, on s'expose à n'avoir pas le temps de préparer la terre pour le chou, à le fumer ou à le cultiver dans de mauvaises conditions, à ne le planter qu'en juillet et à ne le réussir qu'à moitié, c'est-à-dire à avoir deux récoltes qui n'en vaudront pas, en définitive, une bonne. Lorsque l'on emploie cette méthode, il faut, en général, se résigner à ne fumer le chou que très faiblement ou même point du tout. C'est une culture à l'engrais chimique qu'il convient de faire, avec 150 kilos de nitrate de soude et 800 de superphosphate.

Le colza et le navet sont enlevés plus tôt et laissent plus le temps de cultiver une terre toujours débarrassée à fin avril ; mais ils ne peuvent donner, même avec 150 kilos de nitrate de soude et 200 de superphosphate, que des produits ordinaires ; le colza serait, je crois, préférable, c'est-à-dire pour le moins aussi productif que le navet et moins exigeant de main-d'œuvre ; mais le seigle est sûrement préférable à tout le reste. Lorsqu'on le sème à la fin d'août avec 50 kilos de nitrate de soude, et qu'on lui en donne, s'il en est besoin, encore 50 kilos avant la fin de mars, on est assuré d'une récolte de 10.000 kilos au moins de fourrage vert à l'hectare, que l'on peut couper dès le 15 avril ; et il reste environ deux mois et demi pour préparer une terre déjà cultivée et, en somme, peu épuisée de chaux et d'acide phosphorique ; de sorte qu'avec une fumure ordinaire, enterrée dès le commencement de mai, additionnée dans les cultures suivantes de 4 ou 500 kilos de superphosphate ou de scories, suivant la compacité des terres, on est encore assuré d'avoir une bonne récolte de choux, surtout si la pépinière est bien réussie, si elle est préparée au superphosphate, aux scories et au nitrate.

La récolte de choux est enlevée à la fin d'avril, et la terre est occupée alors par des betteraves ou par des pommes de terre. Ces récoltes, qui sont dans la Beauce, dans la Brie, dans le Nord, dans les pays les mieux cultivés de France, la récolte principale de tout l'assolement, ne sont ici, en quelque sorte, qu'une récolte intercalaire. Le chou a épuisé la terre, et c'est dans cette terre épuisée que l'on plante la pomme de terre, sans prendre même le temps de bien préparer le sol, puisque la pomme de terre doit être plantée fin avril. Aussi, quoique la pomme de terre soit peu épuisante, quoiqu'elle ne consomme guère que 40 à 50 kilos d'acide phosphorique en cinq mois, et pour une récolte de 20.000 kilos, c'est-à-dire moitié seulement pour 10.000 kilos, on observe que les pommes de terre venues après choux sur fumier poussent fortement en tiges, qu'elles sont échaudées ou grillées en juillet et août, quelquefois en juin, ce qui tient évidemment à la pauvreté de la terre en éléments minéraux. La pomme de terre ne doit donc jamais être mise après le chou. C'est une lourde faute de procéder ainsi ; elle n'est point à sa place dans une terre appauvrie, qu'il est impossible de fumer à temps, surtout lorsqu'on veut donner à la terre les façons absolument nécessaires pour que le fumier lui profite. On ne peut cultiver, après les choux, que les plantes vertes ou des betteraves fourragères.

La vesce peut venir utilement après le chou, mais il faut absolument lui donner du superphosphate, lorsqu'on la cultive tout de suite ou bien il faut ne la semer qu'au commencement de juillet, après avoir façonné convenablement la terre préalablement fumée. Quant à la betterave, si on la semait comme partout en France, on aurait moins d'un mois pour préparer la terre ; on planterait, au reste, une graine qui serait soumise à tous les accidents, et qui ne trouverait qu'une terre appauvrie de tous les éléments qu'il lui faut, soulevée par le fumier plus ou moins frais que l'on aurait été obligé d'employer en grande quantité. De là nécessité ou mieux utilité de recourir à la production et au repiquage du plant, opérations auxquelles les Angevins sont habitués de longue main par la culture du chou. On a intérêt de planter du plant très fort ; on peut le faire jusqu'au commencement de juillet, ajouter à l'hectare 150 ou 200 kilos de superphosphate et, dès lors, on a plus de deux mois pour préparer la terre, ce qui est bien suffisant, lorsque l'on a la précaution de fumer de suite la terre après la récolte de choux, avec 20 ou 25.000 kilos de fumier à l'hectare. La betterave convient à peu près en culture intercalaire après le chou, pourvu que l'on prépare avec grand soin la pépinière, que l'on ne plante que des betteraves fortes, que l'on arrache avec le plus grand soin pour ne pas blesser la racine, que l'on plante enfin en terre saine, le matin, à la rosée, ou mieux encore le soir, que la racine ne soit pas recourbée, que les feuilles soient convenablement rognées, et qu'enfin les quinze jours qui suivent ne soient pas trop secs. Je doute pourtant que cette méthode puisse jamais donner plus de 30.000 kilos de racines à l'hectare, c'est encore suffisant pour la petite dépense, puisque, par ce système, on évite au moins deux façons à l'outil et le démariage de la betterave. Il est vrai que la plantation est plus longue, mais la terre n'a pas, non plus, besoin d'être aussi bien préparée.

Après la betterave, blé non fumé, bien entendu, qui réussira toujours avec ou sans superphosphate, si le chou ou les betteraves en ont suffisamment reçu. Nous arrivons alors à la première rotation de l'assolement : vesce d'hiver, navets et pommes de terre, trois récoltes en deux ans. La première, la vesce après blé, dans une terre encore riche en azote, peu épuisée de matières minérales dont le blé a laissé beaucoup, réussira certainement et donnera à la fin de mai une bonne coupe ; la deuxième, le navet, peut être semée sur forte fumure, et il y aura avantage à le faire, 20 à 25.000 kilos de fumier au moins, qui serviront encore à la pomme de terre. On a, en définitive, deux mois pour la préparation des terres, les mois de juin et de juillet ; le fumier étant enterré dès le commencement de juin et convenablement façonné, la récolte de navets réussira. Mais si le fumier n'est enterré que dans la deuzième quinzaine de juillet, la récolte sera moins sûre ; et on a l'habitude, à cause de cela, de donner au navet un peu de superphosphate, engrais très convenable après le vesceau qui en consomme beaucoup. Je crois qu'il conviendrait d'ajouter un peu de nitrate, 50 kilos à l'hectare, mélangé avec 200 kilos de superphosphate. Les navets ainsi semés donneront toujours une récolte double ou même triple de celle que l'on obtient après froment. Cela ne veut pas dire que l'on obtiendra en tout, feuilles et racines, plus de 20.000 kilos de produit, c'est-à-dire, en tenant compte de la richesse, à peu près autant que la récolte de vesce peut en donner.

Le navet devra, autant que possible, être consommé à partir du 15 novembre et avant l'hiver ; la partie restante devra être arrachée aussitôt après l'hiver et avant le 10 mars, si l'on veut ne pas sacrifier la récolte de pommes de terre. On comprend que la pomme de terre plantée après le navet réussira beaucoup mieux qu'après le chou ; la terre est beaucoup moins épuisée et on a près de deux mois pour la préparer, les mois de mars et d'avril, qui sont généralement beaux en Anjou, rarement trop pluvieux, et presque toujours sans gelée. On a aussi du fumier, on a enfin très peu de terres à préparer, puisque les charrois de navets ont commencé au 15 novembre et que les charrois et l'enfouissement du fumier auraient dû commencer en même temps. Malheureusement les choses se passent autrement : on a ici la mauvaise habitude de ne pas travailler la terre l'hiver, comme si une opération bonne partout ailleurs, toutes les fois, bien entendu, que la terre est saine, devait être mauvaise en Anjou. Il ne faut pas se dissimuler pourtant qu'une culture active, très active, peut seule diminuer les inconvénients d'emblavures trop précipitées.

Avec ces précautions, en plantant le plus tard possible, à la fin d'avril seulement, des pommes de terre tardives, comme la *Richter Imperator* ou la *Chardonne* et la *Magnum bonum*, la *blau Riesen* dans des terres bien ameublies ou dans des terres moyennes naturellement meubles, sur des fumures de 20 à 25.000 kilos de fumier, on a bien des chances d'avoir une bonne récolte de pommes de terre suivie d'un bon blé, dans lequel le trèfle réussira sûrement, à la condition que l'on lui donne, à la fin de l'automne, 1.000 kilos de chaux, et au printemps, 500 kilos de plâtre. Le même amendement est indiqué pour la culture de la vesce, lorsque l'on tient à la réussir dans nos terres de la Vendée et du pays de Segré, qui manquent généralement de calcaire. Après le trèfle, dont la seconde coupe est récoltée partiellement pour graine, on obtient un bon blé, mais il faut, pour cela, ne pas labourer trop profondément une terre précédemment ameublie et fouillée. On avait l'habitude, en Lorraine, de labourer légèrement pour semer les blés dans les trèfles, et c'est le mieux, à moins qu'on ne laboure de très bonne heure à fin août, que l'on n'ameublisse par des hersages, des roulages et des coups d'extirpateur, et que l'on ne sème sans recommencer le labour.

On a l'habitude de fumer les trèfles avant de

semer les blés ; c'est une habitude mauvaise que l'on ne suit pas, bien entendu, à Bellefontaine, qui oblige à semer le blé sur un labour très profond, généralement tard. D'autres cultivateurs fument le trèfle à l'automne ou pendant l'hiver qui suit l'enlèvement du blé précédent et prétendent qu'ils s'en trouvent bien. Il est pourtant bien certain que les fumures données en couverture à des plantes quelles qu'elles soient produisent généralement peu d'effet, puisque l'azote en est toujours fort mal utilisé. Pour le trèfle qui n'en a pas besoin, au moins lorsqu'il est déjà développé, il ne le serait pas du tout; et le temps qu'exige la décomposition du fumier, celui tout aussi considérable qu'il faut pour que les matières minérales se dissolvent et pénètrent dans le sol ne permet pas d'espérer que la fumure donnée avant l'hiver puisse être bien utile au trèfle. En définitive, la meilleure manière d'obvier à cet inconvénient est de donner à la récolte qui précède le trèfle l'engrais minéral qui convient à cette dernière plante, c'est-à-dire 500 kilos de scories, dont il restera, sans doute, assez pour la production du blé suivant. Au printemps, on ne peut donner que de la chaux, du plâtre ou du superphosphate de nouvelle fabrication.

Après le blé de trèfle, nous terminons l'assolement par une avoine faite sans fumier. C'est généralement de l'avoine d'hiver que l'on sème en Anjou, et l'on gagnerait davantage de faire au moins la moitié d'avoine de printemps. Le malheur est que l'on ne sait pas trop comment s'y prendre pour ameublir au printemps la surface des terres argileuses fraîchement labourées. Cela tient à ce que l'on n'a pas l'habitude des cultures d'automne et d'hiver. Il y a bien peu de terres auxquelles on ne puisse donner un labour profond en novembre ou décembre, ou même février ; et il n'importe pas ici que la terre se reprenne en dessous, puisqu'elle n'est pas destinée à être labourée au printemps et qu'il ne reste plus qu'à en ameublir la surface. C'est ainsi qu'il faudrait procéder pour pouvoir semer des avoines dès le mois de mars, aussitôt que le sol est assez égoutté pour qu'on puisse en travailler la surface. Avec un labour léger en septembre, un labour profond en novembre, suivi d'un sous-solage, on pourrait compter sur une bonne récolte d'avoine. Remarquons pourtant que l'avoine vient ici, en cinquième récolte, après les pommes de terres fumées ; il serait plus avantageux de la faire succéder au blé qui suit les betteraves, elle serait plus sûre, la terre étant à ce moment plus riche.

Etudions maintenant ces assolements angevins, examinons le fumier qu'ils exigent et les travaux de culture nécessaires pour les mener à bonne fin :

Nous fumons tout d'abord les choux avec 20.000 kilos de fumier, les betteraves avec 25.000 kilos, les pommes de terre avec 25.000 kilos et les navets avec 20.000 kilos ; cela fait en tout 90.000 kilos chaque année pour 9 hectares, soit 270.000 kilos pour 27 hectares en culture, c'est-à-dire pour notre ferme de 33 hectares. Il faut, sur l'exploitation, pour produire cette quantité, 30 bêtes adultes, c'est-à-dire, dans l'élevage, environ 35 bêtes ; d'autre part, nous avons, pour les nourrir, 6 hectares de prairies et 15 hectares de fourrages verts de toute nature, même 18 à 21 hectares, en tenant compte des doubles récoltes, cela est largement suffisant ; et il est probable que l'on pourra vendre une grande partie des pommes de terre produites. Mais les animaux consommeront par jour, sauf pendant trois mois d'été, au moins 200 kilos de paille, de litière et de nourriture, en tout 65.000 kilos de paille, au lieu que l'on n'en récolte guère sur la ferme que 55.000 kilos. L'on fera donc surtout du fumier court, qu'il sera nécessaire de charrier au fur et à mesure de sa confection, si l'on veut éviter les pertes. En hiver, on fumera les pommes de terre ou les choux, du commencement de novembre à fin mars, avec le fumier des mois d'août, de septembre, octobre, novembre, décembre et janvier. En mai, l'on conduira le fumier de février, mars, avril, pour la préparation des betteraves ; enfin, le reste sera employé à la fumure des navets. Quant aux engrais chimiques, nous employons annuellement un wagon de superphosphates ou de scories pour remplacer l'acide phosphorique enlevé par la vente du bétail ou du blé, et nous en semons tout d'abord 1.800 kilos sur les 6 hectares de prairies, et 1.200 kilos sur les 3 hectares de choux ; le reste est employé à raison de 400 sur le blé qui précède le trèfle, et 300 kilos sur celui qui le suit.

Avec un pareil assolement, les travaux de la culture sont convenablement répartis, lorsque l'exploitation est conduite par un cultivateur judicieux et actif. Aussitôt après l'enlèvement de la récolte de blé ou d'avoine, les déchaumages commencent pour la préparation de l'avoine, les labours pour la semaille du seigle et des vesces d'hiver ; la semaille des blés suit, puis les déchaumages pour la préparation des choux et entre temps le charroi des fumiers et les labours profonds pour la semaille d'avoine. En février, mars et avril, préparation des betteraves et des navets, plantation des choux, des betteraves. C'est le moment où le personnel est le plus occupé, au lieu que c'est après la moisson que les attelages doivent l'être le plus. Mais il est bien certain qu'avec une culture bien conduite et un bétail bien soigné, six bœufs ou quatre bœufs et un cheval, devront toujours largement suffire pour une exploitation active. Sur nos 27 hectares, nous avons, en effet, 9 hectares de blé à semer, 3 hectares de betteraves à ensiler, 3 hectares de pommes de terre à rentrer, 3 hectares de seigles à semer et 3 hectares à déchaumer pour les avoines de l'année suivante, en tout 15 hectares à labourer en septembre et octobre, ce qui exige en moyenne 30 journées de deux paires de bœufs. La troisième fera pendant le même temps les hersages et les roulages, et l'emmagasinage des pommes de terre et betteraves ne prendra pas une dizaine de jours. Les bœufs ne seront donc pas surmenés, ils ne seront surmenés à aucune époque de l'année, et cela est nécessaire pour qu'ils profitent et que l'on en tire un bon parti dans l'engraissement.

L'assolement de neuf ans, de Bellefontaine, est donc un bon assolement, à peu près suffisant pour la production des pailles, lorsque des bois ou des landes voisines viennent leur apporter un petit appoint pour la confection du fumier, mais il comporte encore deux céréales de suite dans l'une des séries de trois récoltes. On peut supprimer, il est vrai, la récolte d'avoine et réduire la rotation à huit années, ce qui n'est plus conforme aux usages et diminue la quantité de paille produite. Mais on peut facilement arriver à produire, en neuf ans, quatre récoltes de céréales ; il suffit de ne faire, dans cet intervalle, qu'une seule rotation de trois ans avec deux récoltes fourragères et de la faire suivre de trois rotations de deux ans.

Une des principales causes qui ont empêché l'adoption de ce système, qui est fort bon, est que le chou prépare fort bien la terre pour le blé et que pourtant on ne peut pas semer cette plante immédiatement après lui, même lorsque l'on cultive le chou moellier. Il est vrai que l'avoine peut fort bien lui succéder, ou bien l'orge, et que l'on obtient, après le chou, d'abondantes récoltes de ces deux céréales ; mais alors il faut renoncer au blé ; on n'y renonce pas, paraît-il, et très souvent on fait succéder un blé fumé à l'avoine. Voilà sûrement une très mauvaise pratique ; le blé n'est pas à sa place. après l'avoine, sur une terre appauvrie, et l'on s'expose à perdre le fumier qu'on lui donne. L'Anjou n'est pas, du reste, le seul pays où l'on commette cette faute. Dans tous les pays d'assolement triennal, on fait succéder le blé à l'avoine sur les défrichements de luzerne ou même quelquefois de trèfle. C'est au moins irrégulier ; mais c'est une irrégularité que les circonstances culturales excusent un peu, car le blé ne réussit point après la luzerne, et on ne peut l'y placer qu'en sacrifiant une demi-récolte de fourrages, au lieu que l'on peut semer l'avoine sur luzerne rompue en hiver ou après l'hiver. L'avoine s'accommode au reste parfaitement du défrichement au lieu que le blé est presque toujours échaudé. Quoi qu'il en soit, si la pratique de la Brie n'est pas bonne, on peut remarquer pourtant que l'avoine venue sur luzerne laisse encore, généralement, la terre assez riche pour qu'on en obtienne avec des

précautions culturales et avec 300 kilos de superphosphate et peu ou point d'engrais, au printemps, une bonne récolte de blé, au lieu que le
blé sur avoine ne peut s'obtenir, en Anjou, que
sur fumier. Mais avec notre rotation de neuf ans,
nous arrivons facilement au même résultat sans
faire suivre la récolte d'avoine d'une récolte de
blé, et voici quelle serait notre rotation :

Trèfle, blé, chou, avoine, seigle-betteraves

Au lieu de :

Trèfle, blé, avoine, chou, betteraves

On voit de suite tout le parti que l'on peut
tirer de la succession de ces rotations alternes à
la rotation de trois ans. On peut, à son gré,
allonger ou raccourcir la rotation de neuf ans, la
faire de sept ans, de cinq ans ou de onze ans,
de sorte qu'il est possible, en Anjou, de continuer
à cultiver le chou, de récolter des céréales
presque tous les deux ans, et de suivre à son
gré une rotation de cinq ans, de sept ans, de
neuf ans ou de onze ans et même de six ans et
de huit ans, en employant successivement deux
rotations de trois ans dans le premier cas, et y
ajoutant pour le deuxième une rotation alterne.
Les cultivateurs de l'Anjou ont donc le choix, et
ils seraient véritablement sans excuse de n'en
adopter aucune, de ne pas s'astreindre à récolter
sur la même terre une série de plantes déterminées et de continuer à agir au hasard, sans
plan défini, au risque de ne pas savoir où ils en
sont de la fertilité de leurs terres.

Voici, maintenant, quelques exemples de rotations à suivre :

Chou, avoine, trèfle, blé

C'est une rotation de quatre ans dans laquelle on peut faire suivre le blé d'un seigle coupé en vert. Le chou cessera d'être un obstacle à l'adoption de l'assolement de quatre ans aussitôt que nous commencerons à cultiver l'avoine de printemps. Une rotation aussi courte a pourtant des inconvénients : elle ne permet ni la culture de la betterave, ni celle de la pomme de terre, de sorte que, pendant l'hiver, le bétail vit seulement de choux, ressource très abondante, il est vrai, mais souvent précaire ; l'été il ne vit que de trèfle. La variété de la nourriture, si profitable au bétail, disparaît ; enfin, après le chou, le bétail, qui vit uniquement de seigle vert, n'a pas le temps d'en consommer 7 hectares. Pour toutes ces raisons un assolement un peu plus long est préférable et le suivant, qui est de cinq ans, vaut mieux :

Choux, betteraves ou pommes de terre, blé, trèfle, blé, seigle vert

La quantité de céréales diminue ; mais le blé est seul cultivé et la quantité de paille produite ne diminue pas. Ici nous avons des betteraves ; nous avons aussi des pommes de terre qui succèdent au chou, ce qui n'est pas bon ; mais on peut éviter cet inconvénient en cultivant un quart de la sole de choux, en choux moelliers arrachés avant l'hiver, et en plantant de bonne heure une partie des choux branchus, que l'on arrache dès le mois de février, au fur et à mesure des besoins du bétail.

Dans les deux assolements, le seigle cultivé en vert succède au blé. Il faut le semer de bonne heure, et il serait utile de lui donner un peu de nitrate de soude ou de fumier, quoique ce soit une opération culturale irrégulière. Ce qu'il y aurait de mieux à faire serait d'enterrer à l'hectare 15.000 kilos de fumier, par un labour moyen, de herser, de rouler, et de semer le seigle sur deux coups d'extirpateur, donnés quinze jours plus tard. Un deuxième inconvénient de ces deux assolements est le retour du trèfle, sur la même terre, tous les quatre ou cinq ans ; nous examinerons plus loin les inconvénients de ce retour, et nous verrons s'il est possible et lucratif. Toujours est-il que nous connaissons, en Anjou, des fermes où l'assolement de cinq ans, cité plus haut, se soutient et donne des produits abondants et des bénéfices, en même temps qu'une nourriture suffisamment variée pour le bétail. On obtient une nourriture encore plus variée avec l'assolement de six ans, que l'on peut faire alterne, tout en y laissant le chou.

Seigle-chou, avoine, pommes de terre ou jarosses-betteraves, blé, trèfle, blé

Cet assolement n'a qu'un inconvénient, c'est de ne plus être angevin que par la culture du chou.

L'examen détaillé des assolements angevins m'amène à quelques considérations sur la culture du colza, culture qui conviendrait si bien au sol et au climat de l'Anjou et que l'on ne fait plus maintenant que pour le bétail. Le colza est, en définitive, pour les animaux une nourriture médiocre, et il reste, au contraire, lorsqu'on le récolte en grain, un produit avantageux en Anjou, quoique les Chambres aient refusé de frapper les colzas étrangers de droits à l'entrée. En récoltant 20 quintaux à l'hectare, ce qui ne semble pas exagéré, et en vendant 28 francs, ce

qui est au-dessous du prix moyen depuis six ans,
époque où la baisse des colzas s'est surtout ma-
nifestée, on aurait encore un produit de 560 francs
à l'hectare, et la paille a, en plus, une réelle
valeur comme combustible sinon comme litière.
Dans un pays où l'on cultive le chou, où l'on est
habitué aux opérations du semis de pépinière, de
plantation ou de repiquage, la culture du colza,
si avantageuse par ailleurs, aurait dû tenir,
malgré la crise. Le colza, repiqué en lignes ou
planté à la charrue, peut ici succéder aux céréales,
au seigle surtout, qui est coupé dès le commencement de juillet, au blé même, qui est toujours
rentré avant le 15 août, ce qui laisse encore deux
mois pour préparer la terre, pour lui donner un
labour léger par lequel on enterre 15 à 20.000
kilos de fumier, qui suffisent généralement après
le blé, pour la production d'une bonne récolte
de colza. Cela suppose que l'on ne plante le colza
qu'au 15 octobre ; mais cela est fort suffisant
pour la réussite ; c'est même le meilleur moment
pour éviter les ravages des insectes, particulièrement des limaces. Planter tard, planter à la
charrue des plants très forts, espacés de 0,35
centimètres sur la ligne et de 0,60 centimètres
entre les lignes, dans un champ suffisamment
riche et ayant reçu une demi-fumure, enfouie
dans un sol que l'on ameublit ensuite ; voilà tout
le secret de la réussite. Au mois de novembre,
aussitôt que les plants sont repris, on passe une
houe à cheval, armée en avant de trois ou cinq
pieds de herse, et on recommence la même façon
en mars, avant de butter, opération qui n'est
peut-être pas aussi nécessaire qu'on le croit.

Le colza est coupé fin juin ou commencement
de juillet et est battu sur place. La terre est ainsi

débarrassée vers le 15 juillet au plus tard et peut alors être préparée pour recevoir le blé. La meilleure préparation consiste à donner au sol un labour profond. Ce n'est pas l'habitude, il est vrai, dans les pays où l'on fait du colza ; on commence, en général, par un labour léger, un simple déchaumage, qui remet à plat le sol mis en rayons par le buttage ; mais il vaut mieux donner un labour profond qui permet de mieux enterrer l'herbe, qui est plus facile à exécuter à une saison généralement sèche, qui donne enfin plus de terre meuble capable de servir d'enveloppe au fumier que l'on enterre par un labour léger, après avoir ameubli plus facilement le sol. Cette opération terminée vers le 15 août, la terre est roulée pour favoriser la décomposition des 10.000 kilos de fumier enfouis. On la herse énergiquement trois semaines plus tard. On extirpe une fois ou deux, on herse et l'on roule pour détruire les mauvaises herbes ; et l'on sème enfin le blé avant le 15 octobre, soit à la charrue, soit à l'extirpateur.

Le colza peut également précéder les navets ; il faut alors lui donner un peu plus de fumier, 25 à 30.000 kilos, et l'on complète l'engrais pour la plante qui suit avec 300 kilos de superphosphate à l'hectare. Le navet, ainsi préparé, réussit, en général, un peu moins bien que celui semé sur vesces d'hiver ou sur seigle consommé en vert, mais beaucoup mieux que celui semé sur éteule de blé ou d'avoine.

Cependant, il y a une objection : le but de toute culture améliorante est de produire assez d'azote dans l'exploitation pour que le cultivateur n'ait pas besoin d'en importer. Le but est atteint dans l'assolement de Belle-Fontaine, comme dans tous les assolements qui comprennent moins de céréales que de fourrages, pourvu que l'on soigne bien les fumiers. On admet, en effet, que dans les assolements alternes, même lorsque l'on ne maintient point une portion du domaine en luzerne, on admet que l'on produit assez de fourrage pour l'entretien du bétail, et, par suite, pour l'amélioration des terres, pourvu, bien entendu, que les récoltes alternantes soient exclusivement des récoltes fourragères. Ici nous en produisons cinq en neuf ans et parmi elles une récolte de trèfle; il n'est donc point douteux que la fertilité sera maintenue, et même augmentée. Tout dépend des soins donnés au fumier. Mais lorsque nous faisons une année de colza, la proportion est renversée, c'est cinq récoltes de grains que nous avons contre quatre récoltes fourragères ; et voici quelle est notre consommation d'azote : 50 kilos pour chaque récolte de blé et pour la récolte de colza, 30 kilos pour la récolte d'avoine, 50 kilos pour les betteraves, 30 pour les pommes de terre, 50 pour les choux et les navets réunis. Les autres récoltes sont productrices d'azote ou, au moins, n'en consomment pas ; nous avons donc une consommation de 365 kilos d'azote, qui représentent à peu près 100.000 kilos de fumier, c'est-à-dire, en supposant que les trois quarts seulement de l'azote du fumier soient utilisés, qu'il nous en faut produire 132.000 kilos sur 9 hectares en culture ou 400.000 kilos sur notre ferme de 33 hectares, y compris les prairies. Une pareille production de fumier suppose 40 têtes de gros bétail adultes ; et la ferme n'en peut pas entretenir plus de 30 à 35 ; mais il faut remarquer que le colza laisse de la paille et des siliques qui augmentent la masse des nourritures et des litières, il faut ajouter que la récolte de trèfle laisse dans la terre assez de racines et de détritus pour la production d'une abondante récolte de blé. Il convient donc de diminuer d'autant la quantité de fumier nécessaire, soit 50.000 kilos. Il convient aussi d'admettre que le fumier produit sera un peu plus considérable, parce que la litière donnée au bétail sera plus abondante. Le fumier produit sera donc sûrement suffisant pour entretenir la fertilité du domaine, et même pour l'augmenter. Tout dépendra de la production des prairies, c'est-à-dire de leur entretien.

Les assolements de l'Anjou, convenablement modifiés, sont donc de bons assolements ; mais on remarquera que les perfectionnements à y introduire les ramènent à peu près aux assolements alternes ; et, d'autre part, il est bien facile de se convaincre que cette règle consacrée par la coutume de n'entretenir en blé que le tiers du domaine et de ne semer en petites céréales que le huitième des terres cultivées, n'est point observée dans le département. On y fait 160.000 hectares de blé sur une étendue cultivable de moins de 450.000 hectares ; et on y fait, en plus, 70.000 hectares de petites céréales sur 380.000 hectares de terres labourables, c'est-à-dire que l'on maintient en céréales 230.000 hectares, soit plus de la moitié des domaines du département, prairies comprises. En réalité, déduction faite des prairies, on maintient en céréales près des deux tiers des terres labourables du pays, c'est-à-dire autant au moins que dans les régions à céréales du centre Nord de la France, autant à l'exception que partout on fait à peu près autant de petites céréales que de blé, au lieu qu'en Anjou, on fait plus des deux tiers de blé, un tiers seulement en avoine et orge.

C'est, en définitive, une situation agricole médiocre, qui tient surtout, il faut bien le dire, à ce que l'arrondissement de Saumur fait trop de blé ; que celui de Baugé en fait plus encore et le fait bien mal. Le véritable remède à cette situation réside dans une transformation légère du contrat de bail. Il suffit d'obliger le fermier ou le métayer à ne pas ensemencer en céréales plus de la moitié de ses terres et à diviser son exploitation en deux parties à peu près égales qui seront alternativement occupées par les céréales. Ce sera la rotation alterne ; et si l'on n'augmente pas ainsi les surfaces des fourrages, on rend, au moins, l'assolement plus régulier, plus facile à suivre et, sans doute, aussi plus productif.

Les avantages des assolements alternes signalés plus haut : meilleure répartition du fumier ou de la matière fertilisante, nitrification plus complète du sol et du fumier, entretien de la propreté du sol et, enfin, fertilisation du domaine appartiennent sans exception à tous les assolements alternes, à moins qu'on ne fasse alterner avec les céréales des produits destinés à être vendus ; mais ils appartiennent surtout aux assolements dans lesquels on fait entrer, pour une bonne partie, pour un quart au moins, la culture des légumineuses.

Voici deux types de ces assolements :

1° Betteraves ou pommes de terre, blé, trèfle, blé ou avoine.
 Colza,   blé, trèfle, blé ou avoine.
2° Betteraves ou pommes de terre, blé, trèfle, blé ou avoine,
 Colza,   blé, vesces, blé.

Le premier assolement est l'assolement de quatre ans proprement dit, composé essentiellement de deux récoltes de céréales et d'une récolte de trèfle, la quatrième sole étant occupée indifféremment par le colza, les racines ou même dans les exploitations en voie d'amélioration par la jachère.

Une première question se présente ici. Est-il possible de faire revenir tous les quatre ans sur la même terre une plante aussi exigeante que le trèfle ? Beaucoup de cultivateurs disent non ; mais il faut bien reconnaître que ce ne sont ni les plus judicieux, ni les plus instruits. L'assolement de quatre ans avec culture du trèfle tous les quatre ans était, au commencement de ce siècle, l'assolement général de l'Angleterre ; et il se soutenait fort bien. Le fermier Leroy, cité par Mathieu de Dombasle, cultivait le trèfle deux fois en neuf ans ; et si j'ai supposé qu'il suivait à peu près, du reste, l'assolement de trois ans, c'était uniquement pour la facilité des comparaisons que je l'ai fait. En réalité son assolement était singulièrement épuisant en matières azotées, mais surtout en matières minérales, puisque le colza y remplaçait l'avoine et enlevait au sol 51 kilos d'acide phosphorique, 80 kilos de potasse, autant de soude et davantage de chaux. L'assolement du fermier Leroy, quoique très épuisant, se soutenait pourtant très bien. Mathieu de Dombasle note même que la fertilité de ses terres augmentait et que les récoltes de trèfle y devenaient de plus en plus considérables. Il n'y a donc point d'inconvénient à cultiver le trèfle tous les quatre ans, dans une terre, du reste, bien pourvue d'éléments minéraux. Et en ce qui concerne particulièrement nos départements de l'Ouest, l'Anjou, la Mayenne, la Loire-Inférieure, l'Ille-et-Vilaine, la Vendée, et la plus grande partie des Deux-Sèvres, on doit remarquer que le trèfle n'est pas plus épuisant, en acide phosphorique surtout, que le chou, qui revient pourtant bien fréquemment sur les mêmes terres. Il faut remarquer encore que si en Anjou on ne fait revenir le trèfle sur les mêmes terres que tous les huit ou neuf ans, on y fait aussi de la vesce une fois ou deux pendant la même période. Or, la vesce contient pour 15 à 17.000 kilos de fourrage vert, de 35 à 40 kilos d'acide phosphorique, et 110 à 115 kilos de potasse ; c'est aussi une légumineuse épuisante de matières minérales. Enfin, et c'est là le point à considérer, si le trèfle consomme beaucoup de matières minérales, cela n'importe pas, puisque le trèfle est destiné à la nourriture du bétail, et que toutes ces matières, ou presque toutes, seront rendues à la terre par le fumier.

L'appauvrissement en matière minérales n'est donc point un obstacle à la culture du trèfle, surtout lorsqu'on se décide à importer sur la ferme assez de phosphates ou de superphosphates pour remplacer l'acide phosphorique exporté par les récoltes. Quant à la potasse, le grain du blé n'en contient presque point, le sang n'en contient que fort peu, les os point du tout. Une ferme de 30 hectares n'en perd pas annuellement 110 kilos sur une teneur totale moyenne de 500.000 kilos. C'est donc, en réalité, le contraire qu'il faudrait dire, lorsque les fumiers sont bien faits, lorsque les purins sont utilisés, lorsque les fumiers ne sont pas abandonnés dans la cour, lorsqu'on les charrie régulièrement tous les deux mois au moins, l'exploitation ne s'appauvrit pas de potasse, elle s'enrichit, au contraire, de potasse assimilable. Et cela se comprend ; la potasse du sol est engagée, la plupart du temps, dans des combinaisons peu solubles ou insolubles, dans des matières insuffisamment désagrégées, d'où les plantes l'extraient, la plupart du temps, par dialyse, c'est-à-dire par l'action de la sève descendante et élaborée. Que l'on ensemence en trèfle une terre ne contenant point de potasse assimilable, le trèfle ne réussira pas bien, il manquera de potasse ; mais que l'on enterre ce trèfle, que l'on ajoute par exemple 10.000 kilos de fumier de ferme, et que l'on ressème du trèfle, il n'est pas douteux que le deuxième trèfle réussira beaucoup mieux que le premier, parce que la plante aura trouvé dans la terre, outre la potasse du fumier, de la potasse, de la chaux, du phosphate rendus disponibles par la culture et par la végétation précédentes. Rien, en définitive, ne rend la terre productive comme de la faire produire, lorsque, du reste, on lui restitue ce qu'elle produit. On n'augmente pas sa richesse, à coup sûr, mais on augmente sa puissance, et c'est ce qui arrive pour le trèfle au fur et à mesure qu'on le produit dans l'assolement de quatre ans (1). Ainsi, au point de vue de la statique chimique du sol, l'assolement de quatre ans peut sûrement se soutenir et améliorer le sol. Et quant à ses avantages ils ne sont pas douteux.

Un trèfle bien réussi prépare parfaitement la

----

(1) La pratique confirme ici la théorie : après le fermier Leroy, cité par Mathieu de Dombasle, voici un de nos syndiqués, M. Chartier, de la Chapelle-Saint-Laud, qui m'affirme qu'il cultive le trèfle tous les trois ans sur ses terres, qu'il s'en trouve bien et que ses terres même sont aujourd'hui trop fertiles, que les céréales y versent fréquemment.

terre à la production des céréales, blé ou avoine.
J'avoue que je donne la préférence à l'avoine et
je suis persuadé que, dans une exploitation où
l'on suivrait l'assolement de quatre ans, il serait
impossible, à moins de sacrifier plus de la moitié
des secondes coupes, d'ensemencer tous les trèfles
en blé, excepté dans les années pluvieuses, qui
sont particulièrement avantageuses au défrichement du trèfle. Il ne faut pas, au reste, perdre
de vue que les blés de trèfle non phosphatés sont
sujets à la verse ou à l'échaudage, qu'il faut les
semer dru, à cause des ravages des insectes, et
quelquefois de l'hiver, dans les terres trop profondément labourées et non roulées. On devra
donc se réserver la faculté de semer en blé ou en
avoine, en tenant compte du temps, qui a une si
grande influence sur les opérations de la culture.
A l'avoine, notamment, doivent être réservées
toutes les terres un peu sales, de chiendent
surtout. Le chiendent ne nuit pas à l'avoine, pas
plus que le chardon et les plantes annuelles, dans
les défrichements de trèfle. Et cela s'explique;
l'avoine réussit toujours, elle pousse vite et ne
laisse pas pousser le chiendent, qui aime bien
une terre fraîche et ameublie, toutes les fois que
les opérations qui produisent ce résultat ne
gênent pas sa végétation, qui végète au surplus
à la surface du sol et est insuffisamment enterré
par le labour léger de la semaille du blé. Les
plantes annuelles ont perdu, pendant l'année de
végétation du trèfle, une partie de leurs facultés
germinatives ; elles poussent moins vite ; le
trèfle a appauvri le sol de matières minérales
qui leur sont nécessaires, et l'a au contraire
enrichi d'azote qui convient à la végétation des
céréales, de sorte que, lorsque l'avoine est réussie,

et l'avoine réussit toujours, les mauvaises herbes peuvent lever, l'avoine les dépasse, les étouffe, les empêche de mûrir et même de fleurir. Le trèfle n'est donc pas comme on l'a dit une plante salissante, c'est au contraire une plante nettoyante ; il ne salit pas la terre, il ne fait que la laisser sale, lorsqu'on l'a semé dans une terre malpropre.

La récolte d'avoine qui suit le trèfle n'a besoin que d'un seul labour profond donné de novembre à février ; sa réussite est certaine, et elle ne consomme pas, en produisant 60 hectolitres de grain, tout l'engrais laissé par les détritus du trèfle. Quant au blé, il suit naturellement la plante sarclée, qui a succédé à l'avoine. Entre la semaille de la betterave et la récolte d'avoine il s'écoule près de dix mois, neuf mois au moins : la terre peut être utilement cultivée pendant six mois : l'avoine l'a du reste laissée propre, et pendant ce long espace de temps on peut déchaumer, par un labour léger, herser, ameublir et détruire les plantes qui ont levé, enterrer le fumier par un labour léger, herser encore et extirper, au printemps, pour ameublir, nettoyer toute la profondeur du labour, faire nitrifier le fumier, et enfin labourer profondément pour semer. La récolte de pommes de terre est entretenue propre par deux ou trois hersages, par des sarclages et des binages, la récolte de betteraves, par un hersage avant la semaille et, par deux ou trois sarclages et binages. Enfin, on a même ici l'avantage des assolements angevins, puisque le blé, le trèfle et l'avoine se suivent sans repos pour la terre ; la betterave ou le chou seraient précédés d'une demi-jachère.

Lorsque le colza remplace la plante sarclée

pour partie au moins, il n'est pas possible de le
préparer par une demi-jachère, mais il ne reste
que deux mois pour ameublir la terre, et on
ne doit, en conséquence, employer à cette culture, que des terres propres. Planté dans ces
conditions au mois d'octobre, sur demi-fumure,
le colza est biné au mois de novembre avec une
houe à cheval à laquelle on a adapté des pieds de
herse ; l'opération est recommencée aussitôt que
possible, au printemps, et le sarclage à la main
achève au besoin de nettoyer la terre ; mais il
est presque toujours inutile : la récolte est généralement battue sur les champs et le sol débar-
rassé dans la première quinzaine de juillet et
même un peu plus tôt sous le climat de l'Anjou ;
il reste trois mois pour façonner la terre, lui
donner une demi-fumure et la préparer à porter
du blé, qui est semé dès le commencement d'octobre.

Un inconvénient de cet assolement est le travail
considérable qu'il donne à un moment où la
culture est occupée à d'autres travaux importants. Ainsi, lorsque l'on suit exclusivement
l'assolement :

Plantes sarclées, blé, trèfle, avoine ou blé

si l'on consacre au blé la moitié de la sole qui
suit le trèfle, on n'a à cultiver, sur une ferme de
100 hectares, que 38 hectares de terres destinées
à être ensemencées en blé, à déchaumer 25 hectares pour la préparation des betteraves de l'année
suivante et à labourer l'hiver 12 hectares pour
l'avoine. Le moment le plus occupé de l'année
est le mois d'octobre et la fin de septembre. Il
faut, du 15 septembre à fin octobre, en trente
jours de travail :

Labourer et herser 38 hect., 82 journées de deux ch. 164 j.
Emmagasiner betteraves, 25 hectares . . . . 75 j.

On voit que ce travail exige au moins huit chevaux.

L'arrachage des betteraves est généralement fait à la tâche ; mais il faut encore être en mesure d'engager d'avance les tâcherons, ce qui n'est pas toujours facile dans les contrées où la main-d'œuvre est rare. Une pareille besogne exige un travail de dix hommes, pendant un mois, pour l'arrachage seul. L'emmagasinage et la confection des silos exige, d'autre part, cinq hommes de plus. C'est un total de quinze hommes, qu'il faut en plus que le personnel ordinaire, pendant tout un mois et plus. Ainsi, personnel nombreux, attelages relativement faibles, voilà ce qu'exige l'assolement de quatre ans. Les attelages suffiront, en effet, toujours, pour le reste du travail, savoir : 25 hectares de terre à déchaumer, ce qui exige :

		75 journées d'un cheval.
Hersage.	30	—
Charroi du fumier. . . .	200	—
Battage	300	—
Enfouir le fumier	75	—
Labours profonds, 37 hect.	200	— y compris 12 d'avoine
Ameublissement.	200	—
Total.	1.080	journées d'un cheval.

ou 130 journées de tous les atelages, que l'on trouvera facilement depuis le 15 août jusqu'à la fin de mai, déduction faite de un mois et demi pour la semaille des blés ; d'autant plus que les battages peuvent être faits par tous les temps.

Lorsque l'on remplace les betteraves pour une partie par du colza, ce qui paraît bien nécessaire, lorsque l'on veut être sûr de semer tous ses blés et de ne pas trop dépendre des intempéries, qui retardent ou quelquefois même empêchent complètement l'arrachage des betteraves, voici les travaux que les attelages ont à exécuter depuis le 10 juillet jusqu'à fin octobre, époque la plus occupée de l'année :

Charroi de la moitié du fumier de l'année sur les soles de blé et de colza, 90 journées

Ce travail se fait dans les mois les plus secs de l'année, et dans les journées les plus longues on peut admettre qu'il se fera un peu plus vite qu'en hiver. On remarquera encore qu'il permet d'utiliser, presque aussitôt après leur confection, les fumiers de mai, juin, juillet, août, septembre; au lieu que, lorsqu'on fait seulement des betteraves, les fumiers de mai, juin, juillet et août au moins restent quatre mois sans emploi et perdent beaucoup de leur valeur :

Enterrer le fumier mené sur le colza par le déchaumage	40	journées
Rouler, herser et rouler encore.	15	—
Extirper avant la moisson du blé et herser . .	15	—
Labourer moyennement et herser.	50	—
Mêmes façons pour la préparation du colza. .	120	—
Plantation du colza à la charrue	50	—
Emmagasinage des betteraves	37	—
Semailles des blés sur betteraves et trèfles . .	110	—
Sur colza.	45	—
Total.	572	journées

de travail d'un cheval ou 72 journées de 8 chevaux que l'on trouvera difficilement en trois mois et demi, si l'on tient compte du temps qu'il faut pour emmagasiner les récoltes de céréales. Il faudrait donc au moins un cheval de plus dans cet assolement que dans le précédent, et, du reste, les attelages seraient beaucoup moins occupés depuis la fin d'octobre jusqu'à la fin de mai. Enfin, le colza devrait être pour 1/3 au moins planté sur fumier frais, ce qui a de grands inconvénients, tant au point de vue de son utilisation que de la culture même. Pour toutes ces raisons, je pense qu'il sera bien préférable de ne réserver au colza que le tiers de la sole des plantes sarclées, et dès lors il ne faudra plus que

```
 60 journées  pour charrier le fumier.
160    —      pour préparer le colza et les blés de colza.
 32    —      pour planter le colza.
 50    —      pour emmagasiner les betteraves.
155    —      pour semer les blés,
________________
457 journées en tout,
```

au lieu de 572 journées de travail, et je pense qu'on les trouvera facilement du 15 juillet à fin octobre. Au surplus, les charrois de fumier étant complètement supprimés depuis le 15 septembre, le travail nécessaire pour semer le blé, rentrer les betteraves et planter le colza, devient à peu près le même dans les deux assolements, qui pourront toujours être composés en céréales, colza et betteraves, de manière que l'on y emploie le moins de chevaux qu'il sera possible. Quant à la main-d'œuvre, elle est diminuée ; les 8 hectares de colza exigeront 50 journées d'homme ou de jeune homme, soit deux hommes pendant un mois, au lieu de cinq qu'exigent l'arrachage et l'emmagasinage des betteraves.

Sur cette même ferme de 100 hectares, l'assolement de quatre ans permettra d'entretenir, par hectare de trèfle, deux têtes de gros bétail adultes, et par hectare de betteraves, rapportant 45 à 50.000 kilos, deux têtes et demi. Dans l'assolement de quatre ans sans colza on entretiendra donc 110 têtes de gros bétail qui produiront 1.100.000 kilos de fumier, suffisant pour donner 45.000 kilos à l'hectare à la sole de plantes sarclées. C'est tout ce qu'il faut, lorsque du reste on restitue l'acide phosphorique au blé qui précède le trèfle et à celui qui le suit, pour obtenir des récoltes de blé de 35 à 40 hectolitres à l'hectare, et des récoltes de betteraves de 55 à 65.000 kilos, qui permettront d'entretenir un bétail de plus en plus nombreux, de sorte que l'assolement de quatre ans améliore sûrement le sol, et l'amène progessivement à produire les récoltes *maxima* que sa nature et son état physique comportent.

Lorsque l'on substitue à la betterave un tiers de colza, l'on ne peut plus entretenir tout à fait autant de bétail : 50 têtes pour le trèfle, 45 pour les betteraves, parce que les siliques de colza viennent augmenter la quantité de nourriture disponible ; mais il faut remarquer que le nombre de têtes de bétail étant moindre, il est possible d'augmenter leur ration de paille pour nourriture et de leur donner aussi plus de litière, de sorte que l'on pourrait sans doute nourrir 97 bêtes au moins, et admettre qu'elles produiront, en moyenne, 500 kilos de fumier de plus, et cela, sans aucune perte, le fumier de mai, juin et juillet étant utilisé dans de bonnes conditions ; de sorte que le fumier produit sera de plus de 1.020.000 de kilos, ce qui permettra de donner à la sole de plantes sarclées ou au blé qui suivra, 41.000 kilos à l'hectare. On arrivera ici un peu moins vite aux récoltes *maxima*, mais on y arrivera sûrement, et on doit admettre que les récoltes produites dans les deux systèmes seront à peu près les mêmes, à la condition que l'on donne au colza 3 ou 400 kilos de superphosphate à l'hectare.

Beaucoup de cultivateurs hésiteront pourtant

à adopter l'assolement de quatre ans avec trèfle. Que ceux-là remplacent une des récoltes de trèfle par une récolte de vesces ; ils suivront alors le deuxième type d'assolement indiqué plus haut. Ils auront à cela deux avantages : le premier sera de préparer à leur bétail une nourriture plus variée pour l'été. Dans l'assolement de quatre ans, le bétail est nourri exclusivement avec le trèfle, depuis la fin d'avril jusqu'à la fin d'octobre. Cela l'expose à divers accidents, sans compter le dégoût qui résulte toujours de cette nourriture uniforme. Dans l'assolement nouveau, le deuxième trèfle est remplacé par des vesces, ou, si l'on veut, par du trèfle incarnat ; et l'on commence à semer les vesces dès le mois de septembre ; on peut donc donner concurremment dès le mois de mai, les trois nourritures, en réglant les étendues attribuées aux vesces d'hiver et au trèfle incarnat, de manière que presque tout soit consommé sans porter graine, quoique cela n'ait pas pour la vesce un grand inconvénient, car cette plante est toujours mangée avec appétit par le bétail. Dès le mois d'avril et jusqu'en juillet, on recommence à semer des vesces de printemps, de manière à en avoir jusqu'à la fin d'octobre pour la nourriture du bétail ; c'est là un deuxième avantage que l'on n'obtient qu'incomplètement avec le trèfle seul. Avec cette plante, en effet, les animaux sont nourris abondamment en mai et juin ; mais, à partir du 25 juin, la plante durcit, vieillit, elle est moins nourrissante et les animaux en rebutent une grande partie, tant qu'on ne peut pas recommencer à faucher les parties qui ont été consommées les premières, ce qui ne peut guère commencer que vers le 20 juillet. A la fin d'août, le vert manque encore, jusqu'au 25 septembre ; de sorte que la culture exclusive du trèfle ne peut pas permettre de rationner convenablement le bétail pendant l'été. Il est donc nécessaire, lorsque l'on suit l'assolement de quatre ans, de couvrir cependant en vesces quelques-unes des terres destinées au trèfle ; cinq ou six hectares sur 25 hectares paraissent être très suffisants. On peut, à la rigueur, si on le veut, y faire sur une partie au moins, une récolte de trèfle incarnat, suivie d'une récolte de vesces ; et la terre est destinée ensuite à la production de l'avoine sans fumier ou du blé fumé.

Il y a beaucoup d'autres assolements alternes ; je n'en étudie plus qu'un, celui du Nord de la France, où un grand nombre de cultivateurs fabricants de sucre suivent l'assolement suivant betteraves, blé. Cette rotation biennale est, en réalité, quatriennale, la terre ne recevant du fumier que tous les quatre ans. Il est clair qu'un pareil assolement ne peut se soutenir sans importation d'engrais azotés. En effet, pour produire les 35.000 kilos de fumier nécessaires tous les deux ans à l'entretien de la fertilité de la terre, soit 1.750.000 kilos de fumier sur une ferme de 100 kectares, il faudrait 180 têtes de gros bétail ; tandis que les pulpes des betteraves récoltées sur le domaine ne peuvent en nourrir que 75. En laissant en luzerne une partie de l'exploitation, on arriverait à augmenter le chiffre du bétail entretenu, et à réduire celui du bétail nécessaire. Avec 35 hectares de luzerne, on entretiendrait, en tenant compte de la pulpe provenant des 32 hectares de betteraves, 120 têtes produisant 1.100.000 kilos de fumier. Mais il est probable que le domaine ne pourrait pas porter régulière-

ment une aussi forte proportion de luzerne ; et il
serait alors plus avantageux d'en revenir purement et simplement à l'assolement de quatre
ans. Aussi les fabricants de sucre cultivateurs
avaient-ils pris le parti d'importer des engrais ;
c'étaient les plus importants consommateurs de
guano du Pérou, puisque dans leur assolement
de quatre ans l'hectare de terre en recevait, chacune des deux dernières années, 400 kilos. Les
deux dernières années se trouvaient ainsi gre-
vées, en plus du loyer, de la main-d'œuvre des
semences et des frais généraux, d'une somme de
140 fr., représentant aujourd'hui près du tiers
de la récolte de blé. C'est dire que les circonstances actuelles, avec la crise sucrière et la crise
du blé, ne permettent presque plus un pareil
système de culture.

Mais il y a moyen de maintenir cet assolement
en l'améliorant, et de supprimer complètement
l'importation des engrais azotés : c'est de semer
du trèfle dans le blé ; l'assolement sera alors le
suivant :

1re Année.	2e Année.	3e Année.	4e Année.
Betteraves fumier.	Blé, trèfle.	Betteraves.	Blé, trèfle.

Le trèfle pousse à l'automne un regain qui
fleurit généralement dans les terres fertiles du
nord de la France. Ce regain, enterré avant
l'hiver, servira d'engrais azoté. On objectera que
c'est là faire revenir le trèfle tous les deux ans
sur la même terre au lieu que les cultivateurs,
au moins en France, sont d'accord qu'il ne peut
guère y revenir que tous les six ans. Sans doute,
si le trèfle était récolté, l'objection serait rece-
vable ; la plante ne trouverait peut-être pas dans
la terre les éléments minéraux qui lui sont néces-

saires ; mais il en est autrement si la plante est enterrée ; la terre ne se trouve plus appauvrie de potasse ni de phosphates, mais simplement enrichie d'azote. D'autre part, les conditions culturales sont les meilleures que l'on puisse obtenir pour la réussite du trèfle, à savoir un sol profond, meuble et fertile, une récolte de betteraves suivie d'une seule récolte de céréales ; et cette céréale, un blé qui permet de semer le trèfle un mois plus tôt au printemps que toute autre céréale ; avec de pareilles conditions chimiques, physiques et culturales, la réussite ne fait point doute. On ne peut guère estimer à moins de 4/5 la partie utilisable de l'azote contenu dans cet engrais vert ; or il n'y a point d'exagération à admettre que ce regain, y compris l'éteule du trèfle, équivaut en poids à une bonne deuxième coupe et contiendra davantage d'azote puisqu'il est plus tendre. Il équivaut donc au moins à 10.000 kilos de fumier, dont les 4/5 utilisables : soit 40 kilos d'azote.

La terre reçoit donc en quatre ans, par une fumure de 40.000 kilos, 120 kilos d'azote, par deux éteules de trèfle 80 kilos d'azote, c'est-à-dire ce qu'il lui faut pour deux récoltes de blé et deux de betteraves. Et il suffit, pour qu'un pareil assolement puisse être maintenu sans importation d'engrais azoté, que 17 hectares soient soustraits à l'assolement et laissés en luzerne, ou bien laissés en trèfle pour être récoltés.

En outre, par cette méthode, le déchaumage des terres en août et septembre devient impossible. Est-ce un mal ? Sans doute, cela serait si le déchaumage était une opération indispensable ; mais cette façon si nécessaire pour détruire les herbes adventices, pour aérer la terre, pour faire germer les mauvaises semences que le blé a laissé mûrir, est loin d'être aussi utile lorsque la terre est couverte de trèfle. Car sa végétation, surtout lorsqu'il a été semé de bonne heure au printemps, est un obstacle au progrès des mauvaises herbes; et, pour celles qu'il n'a pas empêché de mûrir, sa présence, après la récolte, conserve à la surface de la terre assez d'humidité pour que la plupart de leurs graines, qui sont fort petites, puissent germer. Au reste, il serait sans doute possible, si le temps était favorable, c'est-à-dire assez humide avant les progrès du trèfle, de remplacer le déchaumage par un double hersage qui remplirait le même but.

Enfin, la principale condition de la culture de la betterave, je veux dire l'augmentation du rendement en sucre, sera, à ce qu'il me semble, obtenue. En négligeant, en effet, l'apport supplémentaire d'engrais phosphatés que je suppose suffisant et judicieusement fait, en tenant compte de l'état physique et chimique du sol, il faut en quelque sorte incorporer à la terre un engrais azoté de nitrification régulière, de manière que la composition du sol soit la même dans toute la surface et dans toute la profondeur. Cela exclut absolument les fumures récentes d'après l'hiver, avec lesquelles on obtiendrait une végétation d'abord lente qui empêcherait la betterave d'arriver à maturité. Or, le trèfle vert, engrais de décomposition très facile, est enterré avant l'hiver par un labour ordinaire suivi pendant l'hiver, lorsque le temps est favorable, d'un labour profond. Tout le fumier disponible est conduit sur les terres avant les première façons, de septembre à fin novembre, toutes conditions très favorables à la végétation régulière de la betterave à sucre.

Si les terres ne recevaient le fumier que tous les quatre ans, les betteraves qui viendraient après fumure seraient peu sucrées à cause de la trop grande abondance d'azote, et une partie de l'engrais serait perdue ; il vaut donc mieux alors donner tous les deux ans au sol une demi-fumure et l'engrais vert fournissant à la terre une provision suffisante d'azote pour la première végétation ; le fumier enterré après l'hiver ne nuira plus à la betterave.

On aura encore un autre avantage dans les terres qui manquent de potasse, ce sera de donner le chlorure de potassium au trèfle au moment où on le sème. La décomposition du trèfle ne laissera pas la potasse à l'état de chlorure de potassium, mais la laissera sans doute à l'état de carbonate ; or, autant le chlorure de potassium, qui est absorbé en nature par la betterave, nuit à la production du sucre en donnant à la plante ne végétation luxuriante, autant le carbonate de potasse lui est favorable en mettant à sa portée un élément indispensable à la végétation. La conclusion s'impose : s'il est incontestable que la betterave à sucre a besoin d'engrais, le regain de trèfle est à la fois le plus économique et le meilleur.

Il convient maintenant de comparer ces divers assolements, ceux au moins qui sont utilisables dans notre région de l'Ouest, au point de vue des résultats pratiques qu'ils peuvent donner. C'est un essai que j'ai déjà fait plus haut pour les assolements sidéraux de M. Georges Ville et qu'il faut renouveler ici, quoique j'aie conscience de la difficulté qu'il présente. Les agriculteurs sont, en effet, d'accord qu'il est difficile à celui qui exploite un domaine d'établir une comptabilité rigoureuse ; mais s'il s'agit de deux ou trois domaines exploités par un écrivain pour les besoins de sa cause, l'exactitude devient impossible ; et celui qui est judicieux doit hésiter s'il est en même temps honnête, à s'engager sur ce terrain brûlant, d'autant plus que le bénéfice d'une spéculation agricole résulte très souvent, non pas de la valeur de cette spéculation même, mais de la valeur de celui qui la met en œuvre. L'examen dont il s'agit a cependant trop d'importance pour qu'il me soit permis de l'omettre.

Je vais donc comparer, au point de vue des résultats financiers, l'assolement de trois ans de la Brie avec l'assolement de quatre ans ; et ensuite, ce dernier aux assolements de l'Anjou. Afin d'avoir à raisonner sur de moins gros chiffres, je ne vais signaler ici que des différences, soit dans les dépenses, soit dans les recettes. Je considère donc deux domaines de 100 hectares soumis, l'un à l'assolement de quatre ans, l'autre à l'assolement triennal, ou, si l'on veut, le même domaine soumis successivement à ces deux assolements, que je vais rendre aussi comparables que possible, cela est nécessaire pour que mes chiffres aient de la valeur.

Je remplace donc dans l'assolement de la Brie, la culture de la minette par la betterave à sucre ou le colza, je suppose que dans les deux assolements, 10 hectares portent de la luzerne. Les terres restent ainsi partagées de la manière suivante :

ASSOLEMENT DE TROIS ANS

Betteraves fourragères, blé, avoine, betteraves à sucre, blé, avoine, trèfle, blé, avoine.

Chaque sole comprend 10 hectares, et il y a en plus 10 hectares de luzerne.

ASSOLEMENT DE QUATRE ANS
Betteraves fourragères, blé, trèfle, avoine, betteraves à sucre,
blè, trèfle, avoine.

Et 10 hectares de luzerne, soit en définitive :

	ASSOLEMENT DE TROIS ANS		ASSOLEMENT DE QUATRE ANS		
Luzerne	10 hectares		10 hect.		
Trèfle	10	—	22	—	5
Blé	30	—	22	—	5
Avoine	30	—	22	—	5
Betteraves à sucre	10	—	12	—	50
— fourragères	10	—	10	—	"

Je suppose provisoirement que chaque hectare
de betteraves fourragères, de trèfle et de luzerne
produise les mêmes quantités de fourrage dans
chaque assolement, ce qui est fort désavanta-
geux pour l'assolement de quatre ans. Les betteraves entretiendront sur deux hectares cinq
têtes de gros bétail, le trèfle et la luzerne deux
têtes par hectare. On entretiendra donc dans
l'assolement de trois ans 65 têtes, et 80 têtes si
les pulpes des betteraves à sucre sont rachetées,
comme elles le seront sûrement. Dans l'assolement de quatre ans, on entretiendra 28 têtes de
plus ; mais comme on produit 60 hectares de
paille dans l'assolement de trois ans contre 45
dans celui de quatre ans ; nous admettons que si
la paille est suffisante dans l'assolement de
quatre ans, elle est trop abondante dans celui
de trois ans, et, dès lors, les excédents seront
vendus, la paille de blé seule, bien entendu, soit
10 hectares seulement au lieu de 15. Dès lors,
nous n'avons plus aucune raison d'admettre
que les animaux de la première ferme feront
relativement plus de fumier que ceux de la
seconde, puisqu'ils utilisent les pailles produites

sur les mêmes étendues, et que s'il y a plus d'animaux dans la seconde, elle produit aussi plus de paille à cause de sa plus grande fertilité. Les 28 animaux produiront 280.000 kilos de fumier en plus, ce qui permettra de donner 50.000 kilos de fumier à l'hectare, à 2 hectares 1/2 de betteraves à sucre que l'on fait en plus et de répartir sur les 20 autres hectares 150.000 kilos, par hectare 7.500 kilos ; de sorte que la sole de plantes sarclées recevra dans l'assolement de 3 ans 7.500 kilos de fumier de moins que dans celui de 4 ans. Il ne m'est donc pas possible d'admettre que ces rendements en blé et en betteraves à sucre, directements influencés par le fumier, seront les mêmes, d'autant plus que la fumure doit encore produire en plus la récolte d'avoine dans l'assolement de trois ans. Il résulte de là que l'on obtiendra sûrement pour la betterave à sucre 6.000 kilos en plus, pour le blé, 30 hectolitres au lieu de 25, et pour l'avoine, qui est directement fumée, puisqu'elle succède au trèfle, la différence sera encore plus forte, 52 hectolitres au moins au lieu de 40. Les différences seront donc les suivantes en poids :

ASSOLEMENT DE TROIS ANS

Blé . . . . 7 hect. 5 en plus à 25 hectol. 187 hect. 5
Avoine . . . . . 7 hect. 5 — à 40 hectol. 300 hect.
Paille de blé . . . . 40.000 kil.

ASSOLEMENT DE QUATRE ANS

Betteraves à sucre. en plus 10 hectares à 6.000 k. 60.000
Betteraves . . . . . — 2 hect. 5 à 35 000 k. 87.500
Blé. . . . . — 22 hect. 5 à 5 hect. 112 h. 5
Avoine. . . . . . — 22 hect. 5 à 12 hect. 270 h.

Et en argent :

	ASSOLEMENT DE TROIS ANS	ASSOLEMENT DE QUATRE ANS
Blé	65 hectol. à 18 f. 1.170 f.	
Avoine . .	30 hectol. à 9 f. 270 f.	
Paille. . .	40.000 k. à 30 f. 1.200 f.	
Betteraves.		147.500 k. à 25 f. 3.700
Totaux.	3.640 f.	3.700

La différence des produits vendables, grains et betteraves, est donc minime, et pourtant à l'avantage de l'assolement de quatre ans ; mais il faut tenir compte des 28 têtes de bétail en plus qui donnent facilement un produit moyen brut de 250 fr. par tête, 200 fr. seulement, si l'on veut, soit 5.600 fr.

Il convient maintenant de considérer la différence des dépenses. La plus importante est sûrement celle de la main-d'œuvre et des attelages. Or, dans l'assolement de quatre ans, nous avons à préparer 22 hectares 1/2 de betteraves contre 20 dans celui de trois ans, différence : 2 hectares 1/2. Nous avons aussi beaucoup plus de fumier à charrier ; 2 hectares 1/2 de betteraves de plus à charrier à la sucrerie. Mais nous avons en moins à semer 7 hectares 1/2 de blé. Pour l'avoine, nous ne donnons qu'un seul labour sur 22 hectares 1/2, au lieu de deux labours sur 30 hectares, nous n'avons pas à charrier les 40.000 kilos de paille ; enfin les battages durent beaucoup moins longtemps, 1/8 du temps en moins. Les travaux des attelages et de la main-d'œuvre à l'année sont donc beaucoup moins considérables dans l'assolement de quatre ans que dans celui de trois ans ; la différence est de plus de 150 journées de travail de deux chevaux et d'un homme, soit près de 1.500 fr. Mais l'important est de connaître la répartition du travail. Or, dans l'assolement triennal du 1ᵉʳ septembre à la fin de novembre, en 70 jours de travail, il faut déchaumer 50 hectares au lieu de 22 hectares 1/2, différence en plus : 27 hectares 1/2, 40 journées de deux chevaux, 80 journées ; semer 30 hectares de blé au lieu de 22 hectares 1/2, différence en plus : 7 hectares 1/2, 15 journées de deux chevaux, 30 journées.

Dans l'assolement de quatre ans, au contraire, il faut charrier en plus 157.000 kilos de betteraves à une distance moyenne de quatre kilomètres, soit 10 journées de deux chevaux, 20 journées. Il reste 100 journées au moins de travail en plus dans l'assolement de trois ans, pour cette période de trois mois ; il faut donc au moins un cheval en plus, et la dépense, en y comprenant la moitié du salaire d'un homme, est bien de 1.500 fr. au moins . . . 1.500 fr.

Pour le bétail, au contraire, dans l'assolement de quatre ans, il faut un homme de plus que dans celui de trois ans, 900 fr. ; la différence reste donc en définitive à . . . . . 600 fr.

Le moissonnage et l'emmagasinage des récoltes sont aussi plus coûteux, puisqu'il y a 15 hectares supplémentaires à récolter ; la différence est d'au moins 1.000 fr. . . 1.000 fr.

Au contraire, dans l'assolement de quatre ans, il y a 2 hectares 5 de betteraves à façonner, soit une dépense de 250 fr. ; il faut aussi emmagasiner plus de foin ; la différence est de 12 hectares 1/2 ; mais il faut remarquer que le vacher supplémentaire est à ce moment partiellement disponible et que les animaux consomment beaucoup plus de fourrage en vert que dans l'assolement de trois ans. La consommation commence plus tôt et le bétail est plus nombreux. Je ne pense pas que de ce chef il y ait à compter de travail supplémentaire. La différence de main-d'œuvre est donc de 600 fr.

Enfin, dans l'assolement de trois ans, la semaille de 7 hectares 1/2 de blé et d'autant d'avoine exige 500 fr. de semence, au lieu que celle de 12 hectares 1/2 de trèfle, dans l'assolement de quatre ans, ne coûte que 200 fr. au plus, c'est encore une différence de 300 fr., en tout près de 2.000 fr. Et il n'est pas téméraire d'affirmer en conséquence que la pratique de l'assolement triennal coûtera 2.000 fr. de plus que l'assolement de quatre ans, qu'elle rapportera 5 à 6.000 fr. de moins de produit brut et que le bénéfice net y sera inférieur de 8.000 fr.

Si à la betterave à sucre nous substituons la culture du colza, le résultat sera le même, avec cette différence que le colza réussira sûrement beaucoup moins bien dans l'assolement de trois ans, sur des terres épuisées par la production de plusieurs récoltes de céréales, que dans l'assolement de quatre ans. On remarquera que le système triennal comporte la vente de 40.000 k. de paille, qui contient 400 kilos de potasse et 180 d'acide phosphorique, et qu'il convient de remplacer, ce qui augmentera de 400 fr. les frais dans l'assolement de trois ans.

Considérons maintenant les assolements de l'Anjou et comparons-les avec l'assolement de trois ans d'abord et avec l'assolement de quatre ans ensuite. Ce sera comparer entre eux les assolements généraux de toute la région de l'ouest, car on comprend que je ne puis pas entrer dans les détails. Je suppose toujours des assolements bien conduits dans lesquels le fumier est bien utilisé, appliqué à des terres de moyenne fertilité initiale, et où l'on remplace par les engrais chimiques les principes utiles exportés par la vente des récoltes. Nos 100 hectares seront ici divisés entre trois exploitations de 33 hectares 1/3 chacune; mais nous supposons que cela n'augmente ni le loyer, ni les frais généraux, ce qui n'aurait du reste pas d'importance, puisque ce sont les mêmes exploitations qui sont soumises aux mêmes assolements.

Les assolements que je vais comparer sont les suivants :

Assolement triennal : betteraves, blé, avoine, trèfle, blé, avoine, minette, blé, avoine.

Assolement de l'Anjou : pommes de terre, blé, avoine, trèfle, blé, choux, betteraves, blé, jarosses et navets.

Je suppose que 90 hectares de terre sont soumis à cet assolement et que les 10 autres hectares portent des prairies ou de la luzerne. Si l'assolement triennal était pratiqué en Poitou, il est certain que ces 10 hectares seraient cultivés en luzerne, au lieu qu'en Anjou, où la luzerne ne réussit pas, il faudrait les laisser en prairies, ce qui serait un désavantage pour l'assolement angevin, car la luzerne coûte moins d'entretien et produit davantage que la prairie; mais la prairie peut durer beaucoup plus longtemps que la luzerne, ce qui diminue son infériorité; et, du reste, nous supposons ces assolements pratiqués successivement sur le même domaine, sans comparer pour le moment le Poitou à l'Anjou. Nous supposerons donc que nos 10 hectares sont en pré dans les deux cas, et nous négligerons les frais d'entretien du pré qui sont invariables.

D'autre part, l'assolement angevin cité plus

haut comprend exactement les mêmes récoltes que l'assolement suivant :

Pommes de terre, blé, trèfle, blé, choux, avoine, betteraves, blé, jarosses et navets.

Elles sont simplement interverties ; mais on voit du premier coup que le troisième assolement sera singulièrement plus productif que le deuxième, puisque le trèfle y est fait dans le blé, trouvera par conséquent une terre plus riche en éléments minéraux et azotés, et poussera mieux, préparant aussi plus convenablement la terre pour le blé qui doit suivre. Pour la même raison, les choux seront plus beaux, et, quant à l'avoine qui leur succédera, elle donnera évidemment une pleine récolte, 1/3 en plus que l'avoine qui aurait suivi le blé. Enfin, on a tout le temps de préparer la terre pour les betteraves qui peuvent être semées au lieu d'être repiquées de pépinière et qui rendront sûrement 1/3 de plus que les autres. Pour toutes ces raisons, le troisième assolement est beaucoup plus avantageux que le deuxième, et c'est lui que nous allons comparer avec le premier assolement, quoiqu'il soit sûrement moins pratiqué en Anjou.

Dans l'assolement de trois ans, nous avons 10 hectares de betteraves avec lesquelles nous pouvons nourrir 25 têtes de gros bétail, le trèfle nourrit 20 têtes, la minette 15 têtes et la prairie 15 têtes : cela fait en tout 75 têtes. Dans l'assolement angevin, les pommes de terre sont généralement employées à la nourriture du bétail, ce qui n'est pas très avantageux, et rapportent 12.000 kilos de tubercules pouvant nourrir une bête pendant 500 jours ; les 10 hectares nourrissent ainsi 14 bêtes ; le trèfle en nourrit 20, les choux produisent plus de nourriture que la betterave et nourrissent 27 animaux, la betterave après avoine en nourrit 25, soit qu'o nla repique et qu'on la fasse précéder d'un seigle consommé en vert, soit qu'on la plante en place ; enfin la jarosse nourrit 13 bêtes, le navet 10 et la prairie 15 : en tout 124 animaux ; c'est plus que dans l'assolement de quatre ans ; et l'on peut affirmer que c'est trop ; aussi je pense qu'il faudrait supprimer la pomme de terre des rations du bétail ; et si ce produit n'est pas facilement vendable, ce qui arrive généralement, le remplacer par le colza, suivi soit de jarosse, soit de sarrazin en vert. J'examinerai tout à l'heure les résultats pratiques de cet assolement. Quoi qu'il en soit dans l'assolement précédent, nos 124 animaux produiront beaucoup plus de fumier que les 75 de l'assolement de trois ans ; mais il sera juste ici, à cause de l'abondance des pailles et menues pailles, de porter le nombre des têtes entretenues à 80, faisant en moyenne 1/8 de fumier de plus que dans les assolements angevins, à cause de l'abondance des litières, c'est-à-dire autant que 90 têtes. Il résulte de là que, dans l'assolement angevin, nos 90 hectares reçoivent 240.000 kilos de fumier de plus chaque année, soit 3.000 kilos par hectare. On produira donc facilement dans cet assolement 30 hectolitres de blé au lieu de 25 à l'hectare, et en avoine 52 hectolitres au moins ; dès lors les produits seront les suivants :

	ASSOLEMENT DE TROIS ANS		ASSOLEMENT DE QUATRE ANS	
Blé.....	30 hect. à 25 hectol.	750	30 hect. à 30 hectol.	900
Avoine.	30 hect. à 40 hectol.	1.200	10 hect. à 52 hectol.	520
Paille ..	40.000 kilos à vendre.			

Les différences seront les suivantes pour les grains :

ASSOLEMENT DE TROIS ANS			ASSOLEMENT ANGEVIN		
Blé			150 hect. à 18 f.	2.700 f.	
Avoine.	680 hect. à 9 f.	6.120 f.			
Paille..		1.200 f.			
		7.320 f.		**2.700 f.**	

La différence est de 4.700 fr. à l'avantage de l'assolement de trois ans. Mais nous avons en plus pour les assolements angevins le produit de 44 têtes de gros bétail à 200 fr. l'une, soit 8.800 fr., de sorte qu'en réalité la supériorité reste en définitive à ces derniers quant aux produits.

Et quant à la dépense, elle est à peu près la même pour les attelages et les domestiques à l'année qui les conduisent, car il y a la même quantité de terres en culture et la même quantité de terres non cultivées, laissées en trèfle. Il faut, dans un cas, mener au marché davantage de grains et 40.000 kilos de paille ; et les transports à faire, dans l'autre cas, pour l'entretien du supplément de bétail et l'enlèvement des fumiers, compensent à peu près cette dépense pour les attelages et les gages du domestique employé à les conduire, mais point du tout pour les frais supplémentaires d'auberge qu'il est obligé de faire en route ; de sorte que les frais généraux seront certainement plus considérables dans l'assolement triennal, d'autant que l'usage presque général des pays à assolement triennal est de cultiver avec des chevaux, ce qui s'explique par le manque de nourriture verte à certains moments de l'année, au lieu que l'habitude générale en Anjou, habitude que l'on commence malheureusement à changer, est encore de cultiver avec des bœufs. A cause de cela, il est juste d'augmenter de 2 fr. par hectare les frais généraux pour l'assolement triennal.

L'assolement triennal comporte vingt hectares d'avoine de plus à battre et à moissonner. C'est une dépense de 1.200 fr. au moins ; mais dans les assolements angevins, il faut un domestique de plus pendant 500 jours pour soigner les 40 bêtes de supplément, soit une dépense de 1.300 fr.

Les 20 hectares d'avoine exigent 500 fr. de semence.

Les 10 hectares de betteraves, 40 fr.

Je suppose que les autres semences sont, dans les deux cas, produites dans la ferme. Je ne compte pas non plus de dépense pour la semence de pommes de terre, puisque ce produit est consommé par le bétail et que la semence est réservée sur la récolte.

Enfin la main-d'œuvre, pour les betteraves, est plus considérable dans l'assolement de trois ans. Lorsque l'on repique la betterave dans l'assolement d'Anjou, il n'y a point alors de démariage, qui équivaut avec la plantation de la graine au repiquage de la betterave. La première façon équivaut à la plantation du chou et de la pomme de terre. La récolte du chou n'est pas à compter ; mais il faut tenir compte de la récolte de la pomme de terre et de la façon à donner aux choux et aux pommes de terre pour les maintenir propres. C'est une dépense de 300 fr. environ à imputer aux assolements angevins. De sorte que les différences de dépense sont en définitive les suivantes :

	ASSOLEMENT DE 3 ANS	ASSOLEMENT D'ANJOU
Frais généraux à 2 fr l'hectol. en plus.	200 fr.	
Moissonnage et battage 20 hectares avoine	1.200 fr.	
Semences 20 hectares avoine	500 fr.	
Semences 10 hectares betteraves . . .	40 fr.	
Engrais superphosphate et chlorure en plus	360 fr.	
Un domestique pour 34 animaux . . .		1.300 fr.
Culture supplémentaire, plantes sarclées.		500 fr.
	2.300 fr.	1.800 fr.

La différence de dépense est de 500 fr. en faveur
de l'assolement d'Anjou. Le produit, d'autre part,
est de 4.100 fr., toujours en faveur du même
assolement. C'est une différence de 4.600 fr. à son
avantage. Cela représente 46 fr. de produit supplémentaire à l'hectare ; et cette différence est
d'autant plus admissible que l'assolement d'Anjou est beaucoup plus varié que l'assolement
triennal, et qu'il est sûrement améliorant avec
les perfectionnements que nous y avons introduits.

D'autre part, en comparant l'assolement de
quatre ans avec celui de trois ans, nous avons
trouvé que celui-ci bien conduit donne 8.000 fr.
de bénéfice net de plus que l'assolement de trois
ans. Les assolements angevins sont donc, au point
de vue des bénéfices, intermédiaires entre l'assolement de quatre ans et celui de trois ans ; mais
ils se rapprochent davantage de l'assolement de
quatre ans.

Mais l'assolement triennal, même fort bien
pratiqué, ne donne point de bénéfices sans importation d'engrais azoté. Il est facile de s'en convaincre. Avec des récoltes de grains de 20 quintaux pour le blé, de 19 pour l'avoine, récoltes qui

sont bien rarement obtenues et jamais dépassées dans l'assolement triennal, lorsqu'on n'importe pas d'engrais chimiques azotés, la recette totale atteint :

Blé, 600 quintaux à 23 fr. (ce prix est à peine celui de la moyenne décennale)	13.800 fr.	
Avoine, 570 q. à 16 fr. . .	8.120 fr.	
Bétail, 66 têtes à 200 fr. (ce produit est supérieur à celui de la moyenne décennale, mais l'établissement des droits va améliorer la situation) . . .	13.200 fr.	ensemble : 36.520 fr.
Paille	1.400 fr.	

Je suppose, ce qui est le cas général, que la culture est faite avec des chevaux, et, dès lors, il ne reste que 66 têtes de bétail productives; les dépenses sont, d'autre part, les suivantes :

Loyer à 70 fr. l'hectare (ce loyer n'est pas rare en Anjou)	7.000 fr.	
Frais généraux à 25 fr. . .	2.500 fr.	
5 domestiques à l'année. . .	5.000 fr.	
2 vachers.	2.000 fr.	
Avoine pour 9 chevaux. . .	3.150 fr.	
Semences	2.000 fr.	ensemble : 26.150 fr.
Moissonnage	2.000 fr.	
Fanage.	500 fr.	
Le battage est fait par les domestiques.		
Engrais superphosphate et chlorure.	1.200 fr.	
Façon des betteraves. . . .	1.000 fr.	

Si l'on déduit 8.500 fr. pour l'amortissement du matériel, l'entretien de la famille et l'intérêt du capital, on voit qu'il ne reste pas 2.000 fr. pour l'imprévu et les bénéfices ; et l'on peut en conclure que les bénéfices de la culture, même très bien conduite en assolement triennal, ont été à peu près nuls depuis dix ans. C'est un fait dont

la Beauce, la Brie, la Champagne et la Normandie témoignent hautement.

Nous voici au terme de ces comparaisons des
résultats financiers des divers assolements. Je
termine par la comparaison d'un assolement angevin avec colza, avec l'assolement de trois ans
avec colza également. Le colza ne peut être productif dans l'assolement de trois ans, qu'à la condition d'être planté après le trèfle dont on aurait
enterré la deuxième coupe à la fin d'août, en
même temps que 4 à 500 kilos de superphosphate. On aurait encore le temps de façonner la
terre pour l'ameublir par des roulages, hersages
et coups d'extirpateur ; mais la minette disparaît
de l'assolement, la deuxième coupe de trèfle est
enterrée, de sorte qu'en définitive c'est comme si
le trèfle tout entier était remplacé par le colza ;
l'on ne pourra ainsi plus entretenir que 55 têtes
de bétail au lieu de 75, ce qui ne permettra plus
que de donner 15.000 kilos de fumier au blé qui
suivra le colza ; c'est trop peu ; il faudra lui donner en plus 100 kilos de nitrate de soude et autant à l'avoine qui suit. L'assolement sera donc
le suivant :

Betteraves, blé, avoine, trèfle, colza, blé, avoine

Cela fait sept récoltes ; on pourrait s'en tenir
là, ce serait le mieux ; mais c'est une rotation de
sept ans qui n'a plus de triennal que la succession des céréales ; pour la rendre vraiment
triennale, il faudrait ajouter une récolte de blé
et une récolte d'avoine. Ce ne serait plus alors
de la culture ; et les deux dernières récoltes
devraient être obtenues exclusivement soit à
l'aide des engrais chimiques soit à l'aide des
engrais verts. A cause de cette circonstance, le

colza ne peut être introduit dans l'assolement triennal qu'en remplacement de l'une des récoltes de céréales, car il n'est pas possible de diminuer l'étendue des plantes fourragères. Dès lors, c'est après la minette que le colza pourrait venir le plus utilement, le blé suivrait et la dernière avoine de la rotation disparaîtrait.

L'introduction du colza dans l'assolement de trois ans fait donc disparaître une récolte avantageuse, l'avoine, qui réussit presque toujours, qui n'exige pas beaucoup de cultures, qui n'épuise pas beaucoup la terre, qui donne enfin beaucoup de paille très bien acceptée par le bétail. Le colza est planté à l'automne, exige beaucoup plus de façons, une terre plus fertile, la préparation d'une pépinière et épuise beaucoup plus la terre, puisqu'il lui enlève trois fois plus d'acide phosphorique et deux fois plus de potasse ; quant à l'azote, 50 à 55 kilos sont enlevés au sol, au lieu que l'avoine n'en consomme que 35 à 40. Toutes choses égales, d'ailleurs, le colza, dans l'assolement de trois ans, doit recevoir en plus que l'avoine, 100 kilos de nitrate de soude, 400 kilos de superphosphate, 50 kilos de chlorure de potassium, c'est-à-dire 75 fr. d'engrais chimique. Sa paille ne peut faire que de la litière; et l'on comprend que, dans la plupart des pays d'assolement triennal en France, sa culture n'ait pu se développer. Elle s'est localisée dans le Nord, la Normandie et quelques contrées de l'Ouest.

Le colza a, tout au contraire, sa place marquée dans les assolements angevins. On peut le cultiver à la place du navet ; il est vrai qu'il tient aussi la place de la pomme de terre. Mais lorsqu'on le repique de pépinière au mois d'octobre, ce qui est sûrement la meilleure méthode, on peut occuper la terre pendant les mois de juin, juillet, août par une récolte fourragère, à moins que l'on ne préfère placer cette récolte fourragère aussitôt après le colza pour occuper la terre pendant les mois de juillet, août, septembre et octobre, qui laissent généralement le temps nécessaire à la végétation d'une récolte entre le blé et le colza.

Les assolements que nous comparons sont donc les suivants :

Assolement triennal : betterave, blé, avoine, minette, colza, blé, trèfle, blé, avoine.

Assolement angevin : pois et sarrasin, blé, trèfle, blé, chou, avoine, betteraves, blé, seigle ou vesceau, colza.

Le sarrasin et le vesceau produiront autant que la jarosse et le navet. On pourra, du reste, les intervertir, remplacer le seigle par la minette pâturée ; ainsi la récolte de pommes de terre disparait seule, c'est-à-dire que l'exploitation n'entretiendra plus que 110 bêtes au lieu de 124 ; mais il faut noter que nous aurons une récolte donnant de la paille, paille médiocre, mais néanmoins utilisable pour la litière, de sorte que la quantité de fumier de chaque bête augmentera et que l'on n'en fera peut-être pas beaucoup moins dans le nouvel assolement que dans l'ancien.

Au point de vue du travail, il n'y a plus de pommes de terre à arracher, mais il y a le colza à planter ; les deux travaux se font à la même époque, mais la plantation du colza coûte beaucoup moins cher. Les travaux des attelages sont aussi un peu plus considérables, il y a dix hectares de plus à labourer en septembre et octobre ; cela

obligera sans doute à reculer un peu les déchaumages, mais n'augmentera pas le nombre des
attelages.

Voici quelles seront les différences des produits :

ASSOLEMENT ANGEVIN		ASSOLEMENT TRIENNAL	
Blé en plus	2.700 fr.		
Avoine..........		280 hect. à 9 fr..	2.520 fr.
Paille...........		40.000 kilos.....	1.400 fr.
Bétail 30 têtes...	6.000 fr.		
Colza 50 quintaux	700 fr.		
	9.400 fr.		3.920 fr.

Je suppose que le colza rendra davantage dans
l'assolement angevin que dans l'assolement
triennal ; et je crois que je n'exagère pas,
puisque nous avons beaucoup plus de fumier
disponible et que le colza succède ici aux
jarosses venues sur blé, au lieu que là il est
est planté après minette, succédant à deux
récoltes de céréales. La différence est donc de
5.400 fr. dans les produits.

Les dépenses restent ce qu'elles sont pour les
frais généraux ; elles sont augmentées pour les
engrais de 650 fr. dans l'assolement de trois ans
et de 400 fr. seulement dans les assolements angevins, où le nitrate est toujours inutile malgré
la diminution du bétail, à cause de l'augmentation de la provision de litière. Les différences sont
donc les suivantes :

	ASSOLEMENT DE TROIS ANS	ASSOLEMENT ANGEVIN
Frais généraux, 2 fr. en plus. .	200 fr.	
Moissonnage et battage 10 hec-tares avoine.	600 fr.	
Semence 10 hectares avoine. .	200 fr.	
Betteraves	40 fr.	
Engrais en plus	600 fr.	
Soins de 30 bêtes en plus . . .		900 fr.
	1.640 fr.	900 fr.

La différence est de 640 fr., soit en tout plus de 6.000 fr. en faveur de ce nouvel assolement angevin.

Il est vrai que le nouvel assolement triennal n'est sûrement pas avantageux et ne peut être pratiqué que là où les avoines ne sont pas beaucoup demandées. C'est pour cette raison, je l'ai dit, que la Brie, dont les terres conviennent pourtant fort bien à la culture du colza, ne s'y livrera certainement pas ; mais nous n'avons pas en Anjou les mêmes raisons de ne pas nous y livrer. Le colza entre tout naturellement dans nos assolements, sans que nous ayons besoin d'y rien changer ; il n'augmente pas notre main-d'œuvre, au contraire ; il se récolte à la fin de juin, à une époque où l'on n'est pas en définitive fort occupé, lorsque l'on a la précaution de faucher les prés de bonne heure. La main-d'œuvre ici est abondante et suffisamment habile ; il augmentera notre provision de litière ; enfin nos terres de la Vendée, du pays de Segré, aussi bien que les terres fortes du Baugeois qui conviennent médiocrement à la culture de la pomme de terre, sont au contraire tout à fait favorables à la réussite du colza. On est habitué chez nous à repiquer ; le colza est donc une culture à introduire ou plutôt à réintroduire dans notre région de l'Ouest toute entière. Et puis lorsque nous l'aurons fait, nous demanderons à nos représentants d'appuyer nos justes revendications pour le relèvement des droits.

CHAPITRE VII

DES PRAIRIES PERMANENTES OU TEMPORAIRES, DE LA LUZERNE ET DES ASSOLEMENTS AVEC PRAIRIES TEMPORAIRES.

Prairies permanentes. — J'ai étudié plus haut les prairies au point de vue de la production et de la consommation d'azote. Il convient de revenir sur ce sujet et sur d'autres, d'étudier à fond la prairie, et de voir s'il n'y aurait pas moyen de la faire entrer dans des assolements économiques, je veux dire à la fois suffisamment productifs et donnant le maximum de bénéfices.

C'était un axiome autrefois, que la prairie n'avait pas besoin d'être entretenue ; elle se suffisait à elle-même, pourvu que le sol fût suffisamment riche. On le croyait du moins, parce qu'on voyait des prairies de vallées exister de temps immémorial, sans apport d'engrais, et continuer de donner des produits abondants. Il est vrai que ces prairies étaient régulièrement inondées ; et lorsque cette submersion n'avait pas lieu, le produit de la prairie diminuait considérablement. C'est que l'eau apporte presque toujours au sol des principes qui lui manquent ; surtout les eaux de nos petites rivières pendant l'hiver. Ces eaux traversent les fumiers en entraînant les purins, et toute cette fécondité va fertiliser les prairies inondées. Ailleurs, les eaux traversent les couches perméables du sol et du sous-sol, elles en enlèvent les sels les plus solubles, la potasse et les nitrates, elles en dissolvent peu à peu les phosphates et le carbonate de chaux, et viennent apporter au sol des prairies des produits qui leur manquent, parce que les récoltes les enlèvent continuellement. Il y a peu de prairies en France qui ne tirent un grand profit de l'inondation. Il y en a cependant des contrées où le sous-sol et le sol des prairies est absolument perméable, où les rivières ne sont alimentées au printemps que par la fonte des neiges, par des eaux très froides qui ne traversent point le sol. Ici les prairies perdent plus qu'elles ne gagnent par les inondations de printemps ; ce ne serait qu'entre les mois d'avril et d'octobre qu'on pourrait les submerger utilement. C'est ce qui se passe dans nos montagnes du Jura, dans la vallée calcaire du Doubs.

C'est surtout de la potasse et de l'azote que les prairies reçoivent par la submersion, très peu de phosphate, davantage de calcaire. Aussi ce qui domine généralement dans les prairies arrosées, c'est le grand foin long ou plat, suivant la qualité des eaux, qualité qui ne s'accroît plus et qui diminuera au contraire de plus en plus, au fur et à mesure que les cultivateurs prendront plus de précautions pour conserver leurs fumiers et empêcher les pertes de purin.

Je n'insiste pas davantage sur la qualité des eaux qui dépend avant tout du régime des ruisseaux qui alimentent les rivières, de la composition du sol des bassins, et dans chaque partie du bassin, du soin des cultivateurs riverains ou non, des industries qui s'exercent tout le long de la rivière, et enfin des eaux ménagères ou des égouts des villes qu'elle reçoit. Il y a là toute une étude très importante qui a été faite, je crois, par M. Ronna.

Mais les eaux dans les prairies produisent autre chose qu'une action chimique ; elles en entre-tiennent, lorsqu'elles sont bien employées, l'hu-midité et l'aération. Voici une prairie dont le sol et le sous-sol sont à peu près perméables, ce qui a lieu dans presque toutes les prairies, les parties argileuses très fines n'ayant pas pu s'y déposer, à cause de la force des courants lors de la formation des vallées. Au fur et à mesure que l'eau monte dans le lit de la rivière, elle monte aussi dans les terres environnantes par la capil-larité ; le niveau de l'eau y est toujours plus élevé que dans la rivière. Leur sol est une sorte de pompe qui prend l'eau dans la rivière pour l'ame-ner à la surface ; et, avant que cet effet ne se pro-duise par suite de l'imprégnation, de l'engorge-ment du sol si l'on veut, les intervalles entre les molécules de terre s'élargissent, les conduits capillaires augmentent de diamètre, la prairie se soulève de la même manière qu'une membrane se gonfle. L'inondation arrive alors et apporte son contingent de fertilité quelquefois de détritus organiques et inorganiques ; il se fait un échange entre les eaux plus denses et plus froides de la surface et celles plus chaudes et appauvries qui ont traversé le sol. Les eaux baissent ensuite ; la rivière rentre dans son lit ; et le reste des eaux s'écoule peu à peu dans la terre et regagne en-suite le courant, laissant un sol soulevé à la place du sol tassé de la prairie. Voilà ce qui se passe dans les prairies à sous-sol perméable, et ce sont les plus nombreuses ; l'inondation les soulève, et par conséquent c'est l'air qui remplace l'eau lorsqu'elle se retire ; l'air est échauffé pendant le jour et remplacé à la nuit par de l'air plus froid ; l'air est appauvri d'oxygène employé à la nitrification du sol ; et son volume et sa pression, continuellement diminués par cette absorption, sont complétés à chaque instant par des apports de l'extérieur ; la terre est aérée au printemps. Et puis la prairie recommence à se tasser ; les pluies, le temps, y contribuent ; le développement de nouvelles racines, qui occupent une partie des vides, vient diminuer les intervalles, nos tubes capillaires se reforment, la terre redevient capable de puiser l'eau à laquelle elle offre un réservoir suffisant. Une prairie inondée est donc, lorsqu'elle est suffisamment perméable, une prairie fraîche et aérée.

Lorsque la prairie est imperméable, au contraire, ce qui arrive nécessairement lorsque le sous-sol, au lieu d'être composé de graviers, n'est composé que de parties fines, susceptibles de s'agglomérer, les eaux s'écoulent mal, le manque d'aération empêche la combustion des matières organiques dans les profondeurs du sol, la prairie devient tourbeuse ; son volume s'accroît, elle s'élève, son sol devient cependant plus léger ; mais comme elle ne reçoit l'eau dans les inondations que par le dessus, elle la garde plus longtemps ; elle est pour ainsi dire toujours imprégnée d'eau ; et c'est le tassement qui succède immédiatement à cette situation. La prairie ne pousse que des herbes acides, des joncs, des renoncules. Tout y contribue au reste : avec un sol gorgé de matières organiques acides, avec des eaux qui en apportent encore, qui apportent aussi des sels de potasse dont ces plantes contiennent des quantités énormes (prèles, 27 kilos par

1.000 kilos, carex, 23.1, joncs, 16.7), il faut bien que les plantes absorbent de force une grande quantité de ces humates de potasse qui ne peuvent faire vivre que des plantes aquatiques, jusqu'à ce que le niveau de la prairie, continuant de s'élever, l'inondation ne la couvre plus, et que les plantes soient obligées de vivre des matières organiques accumulées par les végétations antérieures ; la prairie devient alors improductive, tout en restant acide.

Voilà le résultat, tantôt bon, tantôt mauvais, de la submersion des prairies ; et voilà pourquoi les eaux ne doivent pas y être amenées au hasard. Il faut autant de soins pour les en faire sortir que pour les y amener ; et lorsque l'on n'a pas le moyen d'assainir ainsi physiquement les prairies arrosées, il faut, pour en modifier la flore, recourir à l'engrais chimique.

Avec l'engrais chimique, on peut rétablir l'équilibre entre les éléments des plantes, détruit au profit de l'azote et de la potasse. On peut tour à tour fournir au pré de l'acide phosphorique et de la chaux, et faire reparaître ainsi les bonnes plantes avides de ces deux éléments. Avec la chaux, on fait davantage encore ; on détruit une partie de l'excès de matière organique, on la nitrifie ; on l'oblige à absorber l'oxygène de l'air, et la prairie peut être ainsi rapidement améliorée.

Quoi qu'il en soit, cette production abondante des prairies arrosées, la facilité avec laquelle les graminées réussissent dans nos terres fortes, fraîches, humides quelquefois et très pauvres en calcaire, engagea nos pères non pas à créer, mais à laisser en prairies une grande partie de l'Anjou, du Maine, de la Bretagne, de la Vendée. C'était

une culture fort convenable ; et puis on en faisait
alors ce que l'on en fait encore en Normandie,
des herbages que l'on ne fauche pas, où les animaux vivent l'été, qu'ils fertilisent de leurs
excréments, de sorte que l'épuisement en était
minime ; c'étaient au surplus des herbages plus
ou moins soignés où l'on laissait pousser toutes
sortes de plantes.

Avec un sol généralement humide, d'une culture très difficile, avec un sous-sol imperméable
qui s'opposait sur bien des points à la pénétra-
tion de l'eau, de sorte que le ruissellement à la
surface était toujours considérable, avec des val-
lons toujours frais où l'abondance des eaux permettait d'irriguer une très grande surface de
prés, l'Anjou, la Bretagne, la plus grande partie du Maine et une partie de la Normandie con-
venaient parfaitement à ce genre d'exploitation.
La composition chimique d'un sol presque entièrement dénué de calcaire s'y prêtait au reste
merveilleusement. Enfin le climat très humide,
les pluies fréquentes, les rosées abondantes, les
émanations salines tout le long des côtes favori-
saient singulièrement la végétation de plantes à
racines superficielles comme les graminées.
L'Anjou jouit, il est vrai, d'un climat beaucoup
plus sec, mais aussi possède un sol beaucoup plus
humide que celui de la Normandie. Il n'est donc
pas surprenant que la culture herbagère y ait
eu tant de succès ; mais à cette culture très
rationnelle a succédé la culture fourragère, c'est-
à-dire qu'avec les anciens herbages on a prétendu
obtenir régulièrement une coupe de fourrage, et
ne plus faire pâturer que les regains. La nouvelle
spéculation devenait impossible sans fumier pour
les prairies non arrosées, et l'expérience a prouvé

que la fumure des prairies n'est pas une opération économique.

Le fumier apporte en effet au sol de la matière organique, de l'azote, des phosphates et de la potasse. Lorsque l'on emploie du fumier de cheval, on lui donne beaucoup d'azote mais aussi beaucoup de phosphate, 5 kilos d'azote pour 3 d'acide phosphorique par 1.000 kilos de fumier, et avec cela une matière organique facilement décomposable ; le fumier de vache au contraire apporte trois fois plus d'azote que de phosphate, et avec cela beaucoup de matière organique, produit au surplus d'un épandage difficile, quoique cette opération soit bien importante lorsque le fumier doit être employé en couverture. Or, dans l'Anjou, c'est surtout du fumier de vache que l'on emploie sur les prairies ; on y répand 15.000 kilos de fumier pour obtenir deux récoltes de foin ; c'est une dépense de 140 fr. pour récolter 3 à 4.000 kilos de fourrage supplémentaire ne valant pas plus de 200 fr. On peut, à coup sûr, employer beaucoup mieux le fumier.

Cela se comprend au reste : la prairie n'a pas besoin de la matière organique du fumier, elle en contient déjà trop, surtout si elle est constituée en sol humide, si elle est devenue tourbeuse par suite de l'imperméabilité du sous-sol. Avec le fumier on augmente ce défaut de la prairie, on la rend encore plus acide, on y fait pousser des mousses plutôt que des plantes utiles, parce que l'on fait venir jusqu'à la surface les humates qui existent toujours dans le fond ; la prairie n'a pas non plus besoin d'azote, ou mieux n'a pas besoin d'azote organique, azote utilisable seulement lorsqu'on l'enfouit dans un sol bien aéré. Sans doute la prairie ne contient pas trop d'azote utilisable, en général du moins ; sans doute tout l'azote, et il y en a beaucoup, tout l'azote qu'elle contient, engagé dans des combinaisons organiques très stables, est inutilisable ; sans doute les prairies en contiennent de cette sorte jusqu'à 15, 20, 25 et 40.000 kilos à l'hectare, c'est-à-dire de quatre à dix fois plus que n'en contiennent les bonnes terres arables, mais l'apport d'azote du fumier vient précisément augmenter encore ce stock ; une très petite partie seulement contribue à la végétation de la prairie. Au contraire, les phosphates et la potasse, les phosphates surtout, dans nos terres d'Anjou, seraient fort avantageux à la prairie ; mais ils se trouvent dans le fumier engagés dans des combinaisons organiques, combinaisons qui ne se réduisent que peu à peu et très lentement ; de sorte que ces produits nécessaires ne deviennent que difficilement utilisables. Ainsi, quelle que soit la constitution de la prairie, la manière dont on l'utilise, le fumier lui apporte sûrement une grande quantité de matières dont elle n'a pas besoin et qui lui sont nuisibles, et ne lui donne au contraire qu'une très petite quantité des matières minérales dont l'herbe a besoin pour vivre et prospérer. Il lui apporte tout cela à la surface ; c'est-à-dire qu'il contribue à augmenter ce défaut capital des prairies, dans lesquelles toutes les parties utiles sont concentrées à la surface, de sorte que les plantes ne profitent plus pour leur végétation que d'une très mince couche du sol, 0^m03 quelquefois, 0^m10 au plus ; la prairie monte à la surface par suite du tassement, par suite du manque d'aération qui entretient l'acidité des couches profondes, qui y empêche la nitrification, et lorsque ce n'est pas le tassement qui produit ce résultat comme dans les prairies sèches, c'est l'humidité, l'imprégnation continuelle du sous-sol et du sol qui empêche l'entrée de l'air, de sorte que quelle que soit la constitution d'une prairie, quelle que soit la richesse initiale et même actuelle de son sol, quelle que soit sa flore initiale, et même celle que sa richesse convenablement mise en œuvre lui permettrait de nourrir, une vieille prairie non arrosée est toujours nécessairement, par le fait de la non culture et de l'épuisement des éléments assimilables du sol, une pauvre prairie.

Aussi bien, l'épuisement de la prairie en matières minérales ne se fait pas attendre. M. Joulie en cite dans son livre des prairies deux exemples remarquables : à Moissy - Cramayel (Seine-et-Marne), une prairie défrichée depuis vingt ans est absolument improductive, malgré les soins les mieux entendus et les engrais les plus abondants. Son sol contenait à l'hectare :

Azote	15.160 kilos.
Acide phosphorique	1.344 —
Potasse	5.144 —

Elle était à la fois très pauvre en acide phosphorique et en potasse ; mais elle était cultivée depuis une vingtaine d'années et avait dû recevoir pas mal de potasse et d'acide phosphorique ; au défrichement elle ne devait guère contenir que 1.000 kilos d'acide phosphorique et 4.000 à peine de potasse. C'était à la fois l'acide phosphorique et la potasse qui lui manquaient, et il y avait, au contraire, surabondance d'azote.

A Chantilly, dans une prairie établie sur terrain de craie et devenue tourbeuse comme toutes ces prairies-là, M. Joulie trouvait dans la terre :

Azote.	40.280	kilos à l'hectare
Acide phosphorique. .	3.720	— —
Chaux	1.303.400	— —
Magnésie	29.000	— —
Potasse.	880	— —

Ici la terre est absolument épuisée de potasse ; elle est convenablement riche en acide phosphorique, et beaucoup trop riche en azote ; il lui a fallu plus de 200 années de végétation prairiale pour concentrer autant d'azote. Mais il est permis de conclure de ces deux exemples que la production des prairies épuise rapidement la provision d'éléments minéraux que contient le sol ; que, suivant sa teneur relative en potasse et en acide phosphorique, l'un ou l'autre de ces éléments s'épuise le premier. Ainsi aujourd'hui la moyenne de nos terres de l'Anjou contient 2.500 kilos d'acide phosphorique et 12.000 kilos de potasse ; si l'on supposait que les conditions culturales de la prairie soient telles que sa production puisse se maintenir à 5.000 kilos de fourrage à l'hectare, son sol s'appauvrirait chaque année de 25 kilos d'acide phosphorique et de 100 kilos de potasse ; au bout de soixante ans, elle ne contiendrait plus que 1.000 kilos d'acide phosphorique et 6.000 kilos de potasse ; elle serait devenue, par suite du manque de phosphate, complètement improductive. Mais, en réalité, les choses ne se passent pas ainsi. La prairie nouvellement créée consomme d'abord rapidement les éléments minéraux qu'elle trouve à sa disposition dans le sol, et produit beaucoup ; lorsque les plantes en trouvent moins à leur disposition, lorsque les matériaux conviennent moins à leur végétation, lorsqu'elles ne peuvent plus étendre leurs racines dans un sol trop tassé, elles poussent moins bien d'abord, et puis les plus exigeantes disparaissent et semblent mourir. Les légumineuses, trèfle blanc, trèfle rouge, trèfle hybride, trèfles de toute espèce, disparaissent les premières ; elles font place à d'autres plantes qui consomment moins d'acide phosphorique, moins de potasse et surtout moins de chaux. Dans nos sols de l'Anjou, qui manquent presque toujours de chaux, ce phénomène se manifeste très rapidement, et les légumineuses sont presque partout remplacées par les graminées qui ne consomment presque pas de chaux. C'est là l'une des causes, la principale peut-être, pour laquelle les prairies de graminées ont si bien réussi dans l'Anjou dans le passé, qu'on persiste à les maintenir aujourd'hui, quoiqu'elles soient devenues plus que médiocres. Cependant, le sol de la prairie s'enrichit de tous les détritus azotés des plantes qui ne poussent plus ; au bout de quatre à cinq ans, lorsqu'on ne la fume pas, les graminées n'y végètent plus que médiocrement et cèdent la place à des plantes de qualité tout à fait médiocre, mais beaucoup moins exigeantes en matières minérales, les pâquerettes, les pissenlits, les pourpiers.

Comment éviter ce dépérissement de la prairie ? En donnant aux plantes ce qu'il leur faut pour vivre, en maintenant l'équilibre entre les éléments immédiatement disponibles du sol, et par suite l'équilibre botanique, l'équilibre entre les plantes qui occupent le sol. Dans une prairie qui contient trop de légumineuses, le sol s'enrichit trop en azote et s'appauvrit trop en matières minérales ; dans celle qui contient trop de graminées, l'appauvrissement en matières minérales est moindre, mais l'enrichissement en azote inerte est minime toutes les fois que la prairie est saine ; quant à l'azote assimilable, il s'épuise. Le com-

mencement de l'amélioration pour les prairies
consiste donc dans l'apport d'éléments minéraux,
destinés à remplacer ceux enlevés par les récoltes ;
mais il faut bien tenir compte ici et de la composition botanique de la prairie et de la composition du sol, toutes les fois qu'il s'agit d'une prairie encore productive. Voici un pré créé depuis
une vingtaine d'années, par exemple, qui produit
en moyenne, à l'aide du fumier, 3 à 4.000 kilos
de fourrage sec. Bien entendu, dans une prairie
traitée depuis longtemps de cette manière, les
graminées dominent et de beaucoup ; elles domi-
neront surtout en Anjou, où, par suite du manque
de chaux, les légumineuses ne viennent que difficilement dans les sols tassés ; il est donc nécessaire d'augmenter la production de ces dernières,
et cela ne peut se faire, chez nous, que par un
apport d'acide phosphorique et de chaux. Il est
vrai qu'il y a des terres où c'est la potasse qui
manquerait le plus à la végétation des légumineuses ; mais dans le cas qui nous occupe, le sol,
qui en contient jusqu'à 12 ou 15.000 kilos, n'en a
encore donné que 1.500 kilos au plus, dont la
plus grande partie a été rendue par les fumures.
La moitié de cette quantité de chaux a été enlevée et n'a, pour ainsi dire, point été remplacée,
puisque le fumier est un engrais pauvre en chaux ;
enfin, en acide phosphorique, la terre a perdu
700 kilos et n'en contient plus guère que 2.000
kilos, qui ne peuvent pas permettre à la plante
d'utiliser annuellement plus de 20 kilos. Donc,
pour le moment, pas de potasse ; il en faudra plus
tard peut-être à notre prairie que l'on ne fume
plus, qui va perdre, en quarante ans, au moins
3.000 kilos de potasse ; il faudra bien alors, et
même avant cette époque, 100 kilos de chlorure

de potassium par hectare ; mais aujourd'hui, il
faut que les plantes qui la couvrent prennent à
l'engrais 20 kilos d'acide phosphorique assimilable en plus des 20 kilos que le sol leur fournira,
ce qui exige que l'on donne à la prairie 300 kilos
de superphosphate riche. Et quant à la chaux, il
faut que la prairie en absorbe annuellement
100 kilos au moins, et la terre ne peut rien lui
fournir ; d'autre part, les 300 kilos de superphosphate lui en apportent 50 kilos au plus, c'est
insuffisant, quoique la chaux soit ici à l'état de
phosphate acide et de sulfate de chaux, également
assimilables. Il faut donner chaque année à la
prairie un supplément de chaux, soit sous forme
de plâtre, soit sous forme de chaux éteinte.

Quelle est la forme préférable ? Il est vrai qu'il
y a dans l'Anjou beaucoup de prairies sèches ;
mais si l'on excepte les rives de la Loire, du Loir
et de la Sarthe, où les prairies sont arrosées
l'hiver, les cantons de Longué, de Noyant, de
Durtal et de Seiches, où quelques prairies sont
établies en terres légères, toutes les autres dans
l'Anjou sont établies en terres plutôt humides,
toutes sont par conséquent, à l'heure qu'il est,
plus ou moins compactes, et toujours trop riches
en matières organiques ; quelques-unes en sont
devenues improductives.

Il résulte de là que la chaux doit ici, au moins
pour ces dernières, être employée de préférence ;
et quoique ce corps soit un peu soluble dans l'eau,
il sera avantageux, vu son bon marché, de l'employer à raison de 1.000 kilos à l'hectare chaque
année, jusqu'à ce que l'excès de matière organique étant détruit, la prairie soit amenée à une
production normale. Dans les prairies moins
vieilles et non encore tourbeuses, on pourra n'em-

ployer la chaux que tous les deux ans ou tous les trois ans, et mélanger alors, chacune des autres années, le superphosphate épandu de 200 kilos de plâtre. On comprend de suite l'avantage de cet apport de chaux ; non seulement on donne ainsi au sol un élément qui lui manque, mais on l'apporte sous une forme soluble, sous une forme active. La chaux détruit la matière organique qui vient en contact avec elle ; elle la nitrifie, elle en fait un produit capable de servir de nourriture aux plantes ; elle détruit en même temps l'acidité de la surface du sol et modifie avantageusement la flore de la prairie. On a dépensé 45 fr. d'engrais, tout compris ; et il est admissible que dans les prairies les mieux entretenues, on obtiendra, par suite de la végétation nouvelle des légumineuses, de la végétation plus active des graminées et de la destruction des mauvaises plantes, un accroissement de produit de 1.500 kilos de fourrage valant 100 fr., un accroissement de valeur du reste de 20 fr. par 1.000 kilos, soit 70 fr. ; enfin la qualité et la quantité du pâturage seront considérablement augmentées, les animaux mangeront volontiers dans la prairie qui sera toujours verte et ne contiendra plus de vieille herbe. Ce sera encore un accroissement de près de 100 fr., en tout 270 fr. Le produit de la prairie doublera ; d'à peu près bonne, elle deviendra très bonne et productive de bénéfice.

Quant à notre prairie tourbeuse, à peu près improductive, ce sera pour elle une bien autre amélioration que cette fumure annuelle. L'acidité disparaissant, l'excès d'humidité de la surface étant absorbé par la chaux, la matière organique des couches supérieures disparaissant, le sol reprend ses propriétés, la prairie devient plus précoce ; elle s'élève tout de suite à des rendements raisonnables ; elle ne donnait plus que 2.000 kilos de foin valant en tout 90 fr., un pâturage valant 50 fr., en tout 140 fr. ; on y dépense annuellement 50 fr., et dès la première année on fauche 4.000 kilos de fourrage valant 60 fr., on a un pâturage valant 120 fr. ; en tout 360 fr. de produit au lieu de 150 fr.; et le produit continue de s'accroître chaque année.

Cette action merveilleuse de la chaux sur les prairies humides justifie l'emploi des scories à la place des superphosphates. Les superphosphates, en effet, sont des produits toujours acides, au lieu que les scories sont des résidus toujours basiques. Elles contiennent de la chaux libre, 10 à 12 0/0 sur les 40 ou 50 0/0 qu'elles renferment, de sorte qu'il en reste 40 0/0 environ, unis à 18 0/0 d'acide phosphorique et à une quantité convenable de silice et d'acide carbonique. Les scories apportent donc à la terre une forte proportion de chaux, beaucoup plus forte que celle des superphosphates, qui n'arrive presque jamais à 20 0/0. Il convient pourtant de remarquer que la chaux des superphosphates est presque entièrement utilisable, de sorte que sur 18 kilos, les 2/3, soit 12 0/0, peuvent être absorbés, au lieu que, dans les scories, 6 0/0 seulement à l'état de chaux et le 1/3 seulement de la chaux à l'état de phosphate, soit 8 0/0, en tout 14 0/0, sont utilisables dans les prairies ordinaires. Ainsi, au point de vue de l'utilisation immédiate, les scories, malgré leur teneur presque triple en chaux, ne sont pas supérieures aux superphosphates, mais si nous considérons une prairie humide, tourbeuse, acide, les choses changent ; le coefficient d'utilisation de l'acide phosphorique et de la chaux qui lui est unie, est plus considérable, parce que l'acidité intervient ici d'une manière très heureuse, pour accélérer la dissolution des phosphates qui en forment la base; de sorte que les scories ont ici comme engrais phosphaté la même valeur que les super-phosphates, ou peut-être une valeur supérieure ; et ce n'est plus alors 14 kilos sur 100 de scories, c'est 20 kilos de chaux sur 100 de scories qui sont utilisés. Et du reste, même sur les prairies ordinaires, si l'on tient compte de la continuité de l'action, les scories ne tardent pas, au point de vue de la chaux comme au point de vue de l'acide phosphorique qu'elles contiennent, à reprendre la supériorité. Il reste en effet 6 kilos de chaux à utiliser pour 100 kilos de superphos-phate ; mais il reste 35 kilos par 100 kilos de scories ; et si la moitié est utilisable l'année sui-vante, soit 17 kilos, on voit que la supériorité revient aux scories ; mais elle leur revient sur-tout, si l'on tient compte des prix d'achat : 300 kilos de superphosphate valent en effet 24 fr. et, pour ce prix, on peut avoir 425 kilos de scories 16/20, c'est-à-dire 28 kilos de chaux libre, 35 kilos de chaux combinée immédiatement utili-sable dans les plus mauvaises conditions, soit 63 kilos contre 36 kilos, et pour l'acide phospho-rique 28 kilos contre 27, sans compter que l'ac-tion des superphosphates est à peu près épuisée la première année.

Il est vrai que dans les années très sèches, comme 1891, les scories employées au printemps sur les prairies n'ont pas agi ; mais les super-phosphates employés au même moment n'ont pas été beaucoup plus actifs. Cela tient à ce que ce n'est pas après l'hiver, c'est avant l'hiver

qu'il convient d'employer les phosphates quels
qu'ils soient sur les prairies, à moins que l'on
n'ait à craindre l'inondation. Au reste, il est
facile dans les prairies saines d'employer ration-
nellement les scories et les superphosphates.
Qu'on emploie tous les deux ans 500 kilos de
scories et 100 kilos de superphosphate à l'automne en les semant à part, et l'on peut être
assuré d'avoir, au point de vue de la chaux, plus
d'action qu'avec les superphosphates seuls et, au
point de vue de l'acide phosphorique, autant au
moins avec moins de dépense. Quant aux prairies humides ou acides, elles doivent toujours
être traitées aux scories.

La chaux ne doit pas être appliquée en même
temps que les phosphates. Il faut généralement
employer ceux-ci les premiers ; la chaux peut
être employée de bonne heure au printemps pendant le mois de février, son action desséchante
et assainissante est alors à la fois plus énergique
et plus nécessaire. Mais ce n'est point assez
encore.

Les améliorations chimiques, les amendements et les engrais ne suffisent pas en effet aux
prairies ; il leur faut la culture comme aux
autres terres, la culture, c'est-à-dire la mise en
contact avec l'air des couches profondes du sol,
afin que les actions nitrifiantes puissent aussi s'y
produire. La culture a encore l'avantage d'amener de suite l'engrais à la portée des racines, de
l'enterrer et de leur permettre d'en profiter sans
attendre la pluie. La culture des prairies, voilà
une notion toute nouvelle ; comment, disent volontiers les paysans, vous voulez cultiver les prairies ? mais vous allez arracher l'herbe ; vous
voulez les herser ? mais que va-t-il rester dans

nos prés ; où aurons-nous du foin l'année prochaine ? De pareilles objections prouvent que les cultivateurs de l'Anjou sont loin de connaître tous également bien les besoins de la prairie. En voici une couverte de mousse qui y forme une couche de 4 ou 5 centimètres d'épaisseur, quelquefois plus. Il est manifeste que cette plante, qui ne pénètre pas dans le sol par ses racines, absorbe pourtant à son profit beaucoup des éléments qui deviennent solubles ; elle empêche le contact du sol avec l'air, c'est-à-dire les actions nitrifiantes qui se passent toujours à la surface. Comment détruire la mousse à l'aide des engrais, notamment du sulfate de fer et du superphosphate, aidés du hersage qui l'arrache. Le hersage peut encore faire plus lorsqu'il est bien exécuté avec un bon outil, bien lourd, à dents bien pointues et bien· indépendantes l'une de l'autre, comme celles de la « Herse Couleuvre ». Le sol est alors travaillé partout, pas très profondément sans doute, à 0^m01 au plus, c'est déjà quelque chose, pour donner de l'air à une terre qui en est si avide, parce qu'elle en a tant besoin. Et quant aux dégâts, vraiment l'on veut rire : en faisant l'opération aux mois de novembre, de décembre, de janvier et de février même, quel dommage peut-on faire à l'herbe qui n'est pas encore en végétation ? Est-ce que le sol des prairies n'est pas un enchevêtrement de racines, quelques-unes mortes, un grand nombre inactives ; est-ce qu'il n'y a pas là bien trop de racines pour l'herbe qui doit pousser l'année suivante ? On n'en arrache pas, on en blesse quelques-unes, mais enfin l'opération que l'on fait n'est pas comparable à coup sûr à celle que l'on fait généralement subir au blé, et au printemps, lorsque la végétation est déjà recommencée ; elle n'est pas comparable à celle que les vignerons font subir à leurs vignes, lorsqu'ils les labourent profondément en mars ou avril, coupant les racines et laissant les mottes entières sans les ameublir. Par le hersage des prairies on ne détruit que des parties inutiles, on étend les taupinières, on ouvre le sol, on le fait nitrifier et l'on donne à la fois aux bonnes plantes la nourriture et l'air dont elles ont besoin ; enfin, on donne aux engrais de la terre, on les fait pénétrer dans le sol au lieu de les laisser à la surface, et l'on double leur action, car les engrais laissés à la surface n'agissent que fort peu en général.

Le hersage des prairies est donc très utile ; mais, il faut bien le dire, c'est encore une culture fort insuffisante. Je suis persuadé pour ma part, que l'extirpateur ferait une besogne beaucoup meilleure. Il n'a qu'un inconvénient, c'est de renverser des mottes, de mettre l'herbe sur l'herbe, de créer à la surface du pré des irrégularités qui diminuent la production de la prairie et gênent le fauchage ; il fait cela quelle que soit la largeur de ses pieds, parce que le sillon creusé par chacun d'eux n'est pas exactement de leur largeur ; l'herbe se déchire et s'arrache irrégulièrement ; les mottes sont séparées l'une de l'autre suivant leurs lignes de moindre résistance ; d'autres faits mécaniques interviennent encore avec l'irrégularité du tirage pour compliquer le travail, de sorte qu'il est absolument impossible de prévoir l'effet produit immédiatement. Mais on peut sûrement prévoir l'effet à venir, qui se traduit toujours par une grande amélioration et que je crois pouvoir exprimer par la proposition suivante :

Lorsque par un temps favorable et à une époque convenable, c'est-à-dire au mois de novembre, lorsque le sol est bien humecté, on extirpe en long et en travers une prairie médiocre après y avoir semé de l'engrais ; lorsqu'on la herse ensuite de manière à l'aplanir complètement et à en réduire les mottes, on obtient dès l'année suivante un rendement double de fourrage avec une meilleure qualité d'herbe, quoique par cette opération on ait détruit les trois quarts au moins des plantes que la prairie contenait.

Je ne pose pas en principe que l'on doive cultiver aussi fortement les prairies pour les améliorer, mais je tenais à dire que le résultat obtenu me paraît absolument certain. Et c'est ce besoin de culture qui a engagé bon nombre de nos principaux constructeurs à fabriquer des instruments spéciaux pour la culture des prairies. Les plus convenables se composent d'une série de coutres qui pénètrent à une profondeur inégale, les uns à 0^m10 par exemple, les autres à 0^m07 seulement ; ils sont espacés de 0^m10 à 0^m12 et découpent le sol des prairies sans le soulever en bandes de 0^m10 à 0^m12 de largeur ; l'opération exige pour 5 ou 6 coutres la force de 3 chevaux. Un instrument composé de 12 coutres et travaillant sur 1^m50 de largeur exigerait 6 chevaux ou 6 bœufs et un cheval. Un homme conduirait cet équipage qui travaillerait chaque jour 2 hect. 1/2 de prairies avec une dépense d'une vingtaine de francs au plus, soit 8 francs par hectare. C'est une dépense insignifiante pour une plus-value très importante, et je suis persuadé que les cultivateurs de l'Anjou et d'ailleurs se trouveraient bien de l'acquisition en commun d'un pareil instrument.

Voilà les moyens qui permettent d'améliorer les prairies médiocres. Les prairies tout à fait mauvaises, celles qui sont tout à fait improductives, ou qui ne produisent plus que du foin de mauvaise qualité, doivent être traitées de la même manière ; mais il convient de faire davantage. Et d'abord, au point de vue des éléments utilisables du sol : les prairies tout à fait vieilles sont généralement aussi épuisées de potasse que d'acide phosphorique. M. Joulie en cite une dans son livre qui ne contenait plus que 1.000 kilos à l'hectare. Nos prairies d'Anjou, tout établies qu'elles sont en sol riche en potasse, ont toujours besoin, au bout de cinquante ans de production, d'être alimentées de potasse, de sorte que les trois éléments minéraux leur manquent à la fois ; il ne faut pas craindre ici de leur donner chaque année 75 à 80 kilos de potasse, soit 150 kilos de chlorure de potassium ; il convient aussi d'augmenter la quantité de chaux employée et, si le sol de la prairie est à peu près sain, de cultiver énergiquement et régulièrement tous les trois ans au moins la prairie ; sa végétation sera la meilleure règle.

J'ai parlé plus haut des engrais azotés, des engrais organiques, du fumier surtout, pour dire que le fumier ne convient pas à la prairie, parce qu'on ne peut l'y employer qu'en couverture et qu'il apporte à la prairie un élément dont elle n'a pas besoin ; il eût été mieux de dire qu'il lui en apporte trop ; car la prairie consomme évidemment de l'azote, toutes les fois que sa flore est mal composée. Les légumineuses seules se passent d'azote et en sont même productrices ; mais ce n'est pas, comme on le croyait, par leurs feuilles qu'elles l'absorbent, c'est par leurs racines, à l'aide de ces nodosités qui nourrissent les microbes nitrifères, de sorte que les légumineuses, pour cette autre raison, ne peuvent prospérer que dans les prairies jeunes ou aérées, c'est-à-dire *cultivées ou arrosées*, et que, dans les autres, elles ne donnent toujours qu'une pauvre végétation ; et, de plus, leur présence indique toujours l'aptitude du sol à se nitrifier, c'est-à-dire à produire beaucoup d'herbe et de bonne herbe si la prairie est maintenue, d'abondantes récoltes si elle est défrichée.

Il résulte, de ces observations, qu'une prairie médiocre, quoique fort riche en azote, peut pourtant avoir besoin de cet élément qui n'existe dans le sol qu'à un état inutilisable. C'est pour cela que toujours un apport d'azote, sous forme de nitrate, augmente le produit de la prairie sans diminuer sa qualité, toutes les fois qu'il est accompagné d'engrais minéral. L'azote doit lui être apporté tout le temps que les légumineuses n'ont pas pris un développement suffisant pour pouvoir, par leurs résidus, par leurs excrétions azotées, par leurs radicelles devenues inutiles et arrachées par la culture, nourrir une quantité suffisante de graminées.

Mais il y a d'autres engrais, les engrais organiques, les guanos, par exemple; ce sont des engrais coûteux et qui n'apportent en définitive à la prairie, sous une forme un peu moins assimilable, que les éléments des nitrates et des engrais phosphatés, point de potasse ; ils sont donc sûrement insuffisants pour les vieilles prairies, bons seulement pour les jeunes. Le sang, les déchets animaux présentent le même inconvénient. Les vidanges de fosses d'aisances sont, au contraire, des engrais complets qui conviendraient fort bien à la prairie, si l'on y employait les parties solides et les parties liquides. Ils présentent le grand avantage de donner une grande partie de leurs éléments fertilisants à l'état de dissolution ; malheureusement cette dissolution contient surtout des sels de potasse et des nitrates, de sorte qu'elle fait prédominer les graminées sur les légumineuses, surtout la première année, où les éléments des urines agissent seuls. Par la suite, à l'aide de la culture surtout, les phosphates et la chaux peuvent agir; mais il est certain, qu'à cause de cette circonstance, il convient de restreindre l'emploi des vidanges de fosses d'aisances ou d'employer auparavant, sur les prairies qui doivent les recevoir, des superphosphates ou des scories.

Voici deux exemples bien frappants de cette action différente des vidanges et des engrais minéraux. Tout près d'Angers, au séminaire de Mongazon, l'économe emploie sur ses prairies les vidanges des fosses d'aisances ; la prairie contiguë à l'établissement en reçoit beaucoup plus que les autres ; l'herbe y est plus forte et plus touffue qu'ailleurs, mais elle ne contient aussi que des graminées à peu près exclusivement. Les autres contiennent davantage de légumineuses, surtout dans les parties faibles qui sont évidemment les moins arrosées. Au contraire, j'ai vu, sur la commune de Villemoisan, une prairie non arrosée qui avait reçu 1.200 kilos de superphosphate 10/12, une prairie de dix ou douze ans, du reste, où l'herbe était très abondante et atteignait, au 27 avril, une hauteur de 0^m20 à 0^m25, qui se composait pour les 3/4 de légumineuses, minette surtout, le reste en graminées ; voilà l'action différente des engrais minéraux et des engrais organiques.

Mais il faut bien, pour les prairies surtout, distinguer avec soin les deux sortes d'engrais organiques, les engrais animaux et les engrais végétaux. J'ai remarqué, en parlant des engrais, que ces derniers ne sont pas susceptibles toujours de se nitrifier de la même manière que les premiers. Ils demandent avant tout un milieu nitrifiant, parce qu'ils n'apportent pas, en général, de microbes nitrificateurs. C'est pour cela que les détritus végétaux, si abondants dans les vieilles prairies, n'ont fourni en définitive au sol que de l'azote inerte ; il est donc inutile, il serait nuisible de fournir aux mêmes prairies de l'azote végétal. Cela se comprend : la prairie nouvellement créée jouit des mêmes propriétés que les terres labourées ; c'est encore pendant deux ou trois ans un sol arable ; mais au fur et à mesure qu'il se tasse, que la végétation s'empare de sa surface, les microbes nitrificateurs ne trouvent plus à entretenir leur vie ; ils disparaissent, ils meurent ; et le sol de la prairie devient alors inerte. Que l'on donne à ce sol de l'engrais végétal, des curures de fosses, engrais particulièrement froid, partiellement décomposé dans l'eau, il ne produira évidemment aucun effet. Que l'on fauche même, si l'on veut, des regains de pré, que l'on les laisse pourrir sur place, il ne faut pas croire que ce soit une amélioration pour la prairie ; la putréfaction est toujours incomplète, et l'herbe est détruite en dessous partiellement au moins ; et celle d'à-côté n'est pas sensiblement améliorée par cet engrais végétal, de sorte qu'il n'est point avantageux de perdre les regains pour en faire de l'engrais (1) ;

----

(1) Toutes les matières végétales ne peuvent être utilisées qu'après avoir été mélangées de chaux et convenablement brassées ; la nitrification peut alors se produire surtout lors-

et le regain, comme le foin, doit toujours être enlevé ou pâturé. On a toujours au moins l'avantage de ne pas laisser de vieille herbe dans le pré ; les bestiaux la rebutent toujours et rebutent en même temps la jeune qui pousse au milieu de la vieille. C'est ainsi que, même lorsqu'un pré est complètement rasé, on voit toujours les animaux s'y tenir en place, sans courir, et brouter avec appétit ; au lieu qu'ils ne pâturent plus une herbe trop longue ou trop dure, et qu'ils ne font que courir dans un pré où l'on a laissé mûrir une coupe, sans la faucher. Les animaux ne veulent alors y manger que lorsqu'il y a trop de rosée partout ailleurs, ou lorsqu'il n'y a plus du tout d'herbe nulle part, mais c'est là toujours en définitive une pâture médiocre.

Le fauchage, mais surtout le pâturage, améliorent donc en définitive considérablement la qualité de l'herbe. Le pâturage, en effet, laisse sur la prairie beaucoup d'éléments fertilisants par les excréments des animaux ; et l'on peut affirmer que le pâturage continu est par lui-même améliorant, toutes les fois que la situation particulière de la prairie y permet une nitrification complète. Les excréments des animaux ne ressemblent point en effet aux résidus végétaux ; ils apportent à la terre les microbes nitrificateurs nécessaires à la décomposition de ces derniers, de sorte que les urines donnent à la terre des éléments immédiatement utilisables, puisqu'ils sont dissous, et que les excréments solides se décomposent et se résolvent très rapidement, laissant pousser à

---

qu'on ajoute au mélange un peu de fumier. Mais l'engrais de tombe, qui n'apporte en définitive à la prairie que de l'azote et de la chaux, ne peut convenir qu'aux prairies nouvelles ; il faut autre chose aux anciennes.

la place où ils sont tombés des touffes d'herbes particulièrement azotées et dont les bestiaux ne veulent plus, parce qu'ils ne les trouvent pas assez nourrissantes. C'est pour cela qu'il ne convient pas de livrer toujours une prairie au pâturage ; il faut qu'elle soit fauchée au moins une fois tous les dix-huit mois, afin que les herbes trop azotées soient mélangées avec d'autres plus fines et plus nourrissantes formant un foin que les animaux acceptent volontiers, et qu'après l'appauvrissement des places trop riches en azote, la prairie recommence à produire une herbe à peu près égale et également appétée par les animaux.

Je suppose une prairie susceptible de produire 4.000 kilos de fourrage à la première coupe, et la valeur de 2.000 kilos en regain pâturé. Si la prairie se composait pour moitié de légumineuses, elle produirait ainsi seulement 3.000 kilos de graminées qui demanderaient au sol un peu plus de la moitié de leur azote, soit une vingtaine de kilos. Le pâturage de 2.000 kilos de regain mélangé contenant au moins 36 kilos, en rendrait à la prairie 25 kilos au moins, dans le cas du pâturage continu, davantage même, si la prairie ne nourrissait que des animaux à l'engrais ; d'autre part, le fanage laisse des détritus végétaux ; les légumineuses laissent dans la terre des excrétions azotées et des radicelles portant des microbes nitrificateurs, tout cela susceptible de se nitrifier ; de sorte qu'une prairie pâturée depuis la fenaison, qui resterait toujours pour la nitrification dans les mêmes conditions physiques, recevrait toujours chaque année au moins 35 kilos d'azote, et en supposant moitié de perte par la nitrification, 18 kilos. Ainsi elle ne s'appauvrirait pas en azote ; sa fertilité se maintiendrait et pourrait même augmenter, si l'apport de matières minérales par les engrais importés était suffisant. C'est là ce qui se passait autrefois en Anjou ; les premières coupes étaient fréquemment pâturées, les prairies étaient plus nouvelles et le sol moins épuisé ; c'est pour cela que les prairies avaient la réputation imméritée de ne pas épuiser le sol.

On n'en peut plus dire autant aujourd'hui : mais il y a encore beaucoup de prairies de montagnes dans le Centre, dans le Jura, dans les Vosges que le pâturage continu, et même le pâturage de jour seulement améliore. Ici la végétation contribue pour sa bonne part, sur un sol presque sans épaisseur, à la décomposition des roches ; le soleil et la pluie agissent plus énergiquement, les actions atmosphériques et météorologiques sont plus complètes, de sorte que la plante trouve continuellement, au fur et à mesure de ses besoins, des matières minérales de nouvelle décomposition. En même temps, les excréments rapportent continuellement au sol les engrais minéraux des anciennes décompositions ; de sorte que le sol s'enrichit en éléments minéraux disponibles. Aussi, lorsque ces prairies sont bien entretenues, lorsque les excréments y sont étendus, lorsque l'on s'oppose à l'extension des bois, elles peuvent durer indéfiniment ; et l'on peut rentrer le bétail à couvert pendant la nuit et employer sur les terres arables les engrais produits, de sorte que les exploitations de montagne sont en définitive les plus riches et les plus économiques du pays.

Partout ailleurs, quand une prairie vieillit, lorsqu'elle a été négligée quelque temps, on ne parvient pas toujours, même au moyen de l'engrais, à la remettre en bonne production ; et, du reste, il n'y a pas d'intérêt à laisser en prairie permanente un terre cultivable. Il est bon que la culture rende au sol les propriétés nitrifiantes d'une terre arable ; il faut donc, dans ce cas, recourir au défrichement un peu plus tôt, un peu plus tard. Les Suisses, gens expérimentés pour tout ce qui concerne le pâturage, ont pris définitivement le parti de renouveler leurs prairies, au moins celles de vallées et de terres profondes et humides ; et je pense que nous devons les imiter, mais c'est là, il faut bien le dire, un point très délicat, et l'on objecte à juste titre que le défrichement des anciennes prairies et la création de nouvelles ne donnent pas en général immédiatement de bons résultats.

Sans doute, nos prairies ne sont pas entretenues à la manière des prairies suisses. Elles ne sont ni baignées par des cours d'eau descendant des montagnes, ni établies sur des moraines de glacier, ni arrosées avec les purins de nos étables ; elles sont fréquemment établies en terre compacte, rendue plus compacte encore par le piétinement des animaux ; bref, lorsqu'on défriche chez nous de vieilles prairies, ce sont de véritables landes, c'est un sol inerte que l'on met en culture. Il faut les traiter comme un sol neuf, au point de vue de l'azote et des éléments minéraux disponibles, c'est-à-dire comme un sol ne contenant point d'éléments disponibles pour les récoltes ; mais il faut remarquer aussi que la production fourragère a épuisé leur richesse. Tout est donc à faire à la fois. La première opération est de labourer le sol. Dans les luzernes, dans les prairies qui n'ont duré que quelques années, sept ou huit ans au plus, c'est un labour profond que l'on donne ; mais dans le sol complètement inerte d'une vieille prairie, il serait préférable sans doute de ne donner qu'un labour léger après avoir répandu à la surface une quantité de chaux suffisante pour saturer les acides organiques que le sol contient à une profondeur de 0ᵐ15. Cette opération est faite aussitôt que possible à l'automne ; le labour est hersé énergiquement, roulé, extirpé, hersé et roulé encore en novembre et décembre ; et l'on répand à la dernière opération 1.000 kilos de scories de déphosphoration ; au mois de février, on donne un labour d'une profondeur double, 0ᵐ25 environ, sur lequel on répand 500 kilos de scories et 1 000 kilos de chaux encore, suivant l'acidité qu'un essai préalable aura décelée dans le sol ; l'on ajoute quelques jours après, toujours avant le hersage, 2.000 kilos de vidanges ; on peut alors ensemencer le champ en avoine. Discutons maintenant les opérations que je viens de décrire.

Première opération : chaulage de manière à saturer l'acidité de la prairie à sa surface. La quantité de chaux sera évidemment variable (1).

Supposons que l'on en emploie 3.000 kilos. La surface de la terre cesse d'être acide ; la terre

---

(1) Un essai très simple avec la liqueur normale basique de Gay-Lussac peut donner une idée de la quantité nécessaire : on traite 100 grammes de terre sèche par 10ᶜᶜ de liqueur normale étendue de 90ᶜᶜ d'eau. On laisse digérer en remuant la masse, et l'on titre ensuite la soude non saturée à l'aide de la liqueur acidimétrique. Supposons que l'essai sur les 30ᶜᶜ que l'on pourra recueillir nous montre qu'il faut 2ᶜᶜ de liqueur acide normale pour saturer la base qu'ils contiennent. Pour saturer les 100ᶜᶜ de liqueur de lavage, il faudrait $\frac{2 \times 100}{30} = 6^{cc}6$. Donc l'acide de la terre a saturé 3ᶜᶜ4, c'est-à-dire à peu près 0ᵍ1 de soude, ou, ce qui est la même chose, aurait saturé un peu moins de 0ᵍ1 de chaux. Les 2.000.000 de kilos de terre, sur une épaisseur de 0ᵐ12 à 0ᵐ15, auraient donc saturé moins de 2.000 kilos de chaux. En employant 2.000 kilos de chaux vive, on sera donc sûrement en dessous de la limite, on pourra aller jusqu'à 3.000 kilos.

devient nitrifiable, à la condition que l'on lui donne des microbes nitrificateurs ; mais il n'y a point d'intérêt de le faire avant l'hiver, et après l'hiver, la couche supérieure est enterrée. Pourtant il faut remarquer que cette façon n'enfouit pas tout ; le tiers à peu près de cette partie remuée et apte à nitrifier reste à la surface. Les scories et la chaux, qui lui ont été donnés à l'automne, contribueront donc sûrement à la végétation de la récolte suivante. Et l'opération sera sûrement bonne, si les façons superficielles données au premier labour ont suffisamment ameubli et divisé le sol, pour que le deuxième labour puisse être bien donné. Celui-ci reçoit encore 1.000 à 1.500 kilos de chaux, avec 500 de scories, toujours suivant l'acidité. Et il est dès lors à prévoir que la couche superficielle n'offrira plus, par son acidité, de résistance aux microbes nitrificateurs. C'est le moment d'employer alors des engrais animaux, mais il est impossible d'employer du fumier pour l'avoine, qui est la culture la plus convenable ; on emploie 1.500 kilos de poudrette avec 50 kilos de nitrate et 100 kilos de chlorure de potassium, si l'on craint d'avoir affaire à une terre trop appauvrie en potasse ; et je pense qu'avec ces précautions on est à peu près assuré d'avoir une récolte raisonnable d'avoine. Voilà la première méthode.

Voici la seconde qui est presque aussi sûre. La première exige que le défrichement ait lieu par un temps frais, au plus tard au commencement d'octobre, ce qui est souvent difficile. Dans la seconde on peut labourer plus tard, jusqu'à la fin de janvier, et on donne de suite un labour profond ; on sème à la surface 2.000 kilos de chaux et 1.000 kilos de scories, tout aussitôt que l'on recouvre par un hersage grossier. A fin février, on donne encore 1.000 kilos de poudrette, 1.000 kilos de chaux éteinte, et les autres engrais comme précédemment, et on sème l'avoine. On peut craindre un peu plus ici l'échaudage ; mais on réussit presque toujours.

Lorsque le labour n'a pas pu être donné assez à temps pour que l'on puisse semer de l'avoine, il faut bien se résoudre à employer la terre à la production des récoltes de vertes ; ce sont celles qui conviennent le mieux : colza, navets, sarrasin ou peut-être choux. Il convient alors de ne donner en février qu'un labour léger traité comme précédemment avec de la chaux et des scories. On donne en avril ou mai un deuxième labour à la même profondeur, et on y enfouit 20.000 kilos de fumier de cheval, autant que possible. On façonne le sol de manière à activer la nitrification, et l'on donne en juin un fort labour de 0^m20 à 0^m25 qui est traité, comme pour l'avoine, avec 1.000 kilos de chaux, 500 de scories et 100 de chlorure de potassium, mais sans vidange. On peut alors semer les navets ou planter les choux.

On suit fréquemment, en Anjou comme ailleurs, une méthode défectueuse pour le défrichement des prairies. On réserve ces sortes de terres à la production du blé, et l'on se prépare toujours un échec, même lorsqu'on sème dans une terre complètement ameublie, enrichie de phosphates et de potasse et apte à nitrifier. Les défrichements de vieilles prairies ne conviennent point du tout à la production du blé : la terre y est toujours trop légère, trop vaine, trop sèche ; le blé y est presque toujours échaudé. Il faut y semer des récoltes moins sensibles aux irrégularités atmosphériques, les récoltes vertes, et comme céréales, l'avoine ou le seigle. Il est entendu, au reste, qu'il n'est pas toujours nécessaire de prendre autant de précautions, les prairies temporaires donnent de bonnes avoines sur un seul labour sans chaux. Il faut, en un mot, graduer les soins et la dépense suivant la vieillesse de la prairie.

Ainsi il n'est pas indifférent d'adopter après défrichement une rotation ou une autre. Si la première année a été une année d'avoine, on peut charrier sur la terre 20.000 kilos de fumier de cheval, ajouter en février 500 kilos de scories et 100 de chlorure de potassium, planter en pommes de terre et ne pas leur épargner les façons, non pas pour nettoyer le sol, mais pour achever de l'ameublir et favoriser la nitrification, et planter, autant que possible, des pommes de terre précoces auxquelles le seigle succédera avec 1.000 kilos de chaux. Le sol portera snsuite une récolte verte bien fumée et bien travaillée, betteraves par exemple, que l'on remplacera par des choux si on ne réussit pas, ce qui serait la preuve que le blé ne réussirait pas non plus. L'avoine succédera alors aux choux, et ce n'est que deux ans plus tard que l'on sèmera en blé.

Lorsque les navets ont occupé la terre la première année, l'avoine vient en deuxième récolte, puis la pomme de terre, le seigle, etc., traités comme nous l'avons indiqué plus haut.

En définitive, il faut avant tout, dans le défrichement d'une prairie, se préoccuper de lui donner les éléments chimiques qui lui manquent ; la terre est stérile jusqu'à ce moment-là ; il faut enfin se défendre contre les insectes nuisibles, limaces, vers blancs. En général, l'année du défrichement en est indemne ; mais pendant les deux années suivantes, les cultures ont souvent à souffrir, et c'est alors surtout qu'il convient d'employer les superphosphates et le sulfate de fer, de cultiver, de labourer et de façonner la terre par un temps suffisamment humide, pour qu'elle reprenne une consistance convenable. On comprend maintenant pourquoi nos cultivateurs de l'Anjou hésitent à défricher une vieille prairie ; c'est dans tous les cas une opération aléatoire qui donne fréquemments de fort mauvais résultats ; et l'on pense généralement qu'il vaut mieux améliorer une prairie que de la défricher.

Prairies temporaires. — Mais lorsqu'il s'agit de prairies temporaires, les difficultés ne sont plus les mêmes ; nous savons par exemple que la luzerne enrichit le sol, que ses racines profondes vont chercher au loin les principes nécessaires à sa vie, qu'elles remontent ainsi à la surface la potasse et le phosphate qu'elles y trouvent, et que le fourrage qu'elle produit sert ensuite à engraisser d'autres terres par le fumier, quoique le sol lui-même qui porte la luzerne demeure enrichi en potasse et en azote. Mais cette végétation de la luzerne n'est vigoureuse que dans les terres perméables. Toutes celles qui sont humides ou compactes ne laissent point végéter la luzerne ; cela se comprend, puisqu'elles manquent à la fois, dans les profondeurs, d'air et de microbes nitrificateurs. La luzerne doit donc être ici abandonnée et remplacée par le trèfle et les graminées. Mais cela n'a d'importance qu'au point de vue de l'engrais qu'il faudra fournir à la prairie. Au point de vue de la remise en culture, la situation d'une luzernière et d'une prairie de même âge sont à peu près les mêmes.

Ici nous n'avons pas affaire à une terre inerte, ni à une terre épuisée ; et nous sommes assurés de faire réussir une récolte d'avoine sur la première année du défrichement. Elle réussira plus ou moins bien sans doute suivant la fertilité du sol. Après une luzerne rompue la quatrième ou la cinquième année, avant qu'elle ne soit complètement usée, nous aurons toujours une avoine très forte, exposée à la verse. Si la luzerne, plus ou moins usée est devenue une prairie de mauvaise qualité, laissée pendant deux ou trois ans en cet état, la provision d'azote et de potasse a été partiellement employée à cette production d'herbe médiocre qui est la plupart du temps rebutée par le bétail ; et, la terre étant ainsi appauvrie d'autant, on n'y récolte plus alors qu'une avoine ordinaire. Il n'y a donc pas le moindre intérêt à maintenir une luzernière dépérissante ; le produit qu'elle donne est insignifiant, souvent inférieur au quart de celui que peut donner une bonne luzerne ; et la terre est appauvrie.

S'agit-il d'une prairie de graminées ayant duré 4 ou 5 ans, établie sur une terre fertile, cette prairie n'a pu se maintenir qu'à la condition d'être entretenue, soit avec l'engrais, soit avec le fumier. Il est difficile d'admettre qu'elle puisse sans cela se maintenir plus de 2 ans en bon état de production ; la troisième année, elle ne peut servir que de pâture, de sorte que, dans un cas comme dans l'autre, cette terre appauvrie par la production de deux récoltes très épuisantes d'azote ne pourra donner qu'une avoine médiocre. Elle laissera la terre dans un état beaucoup moins bon qu'elle n'était avant l'établissement de la prairie.

Enfin, j'ai expliqué plus haut que les prairies de légumineuses et de graminées mélangées, n'appauvrissent pas le sol en azote, lorsque l'on ne les fait pas durer plus de quatre ans et que l'on en fait pâturer les regains, ou mieux, lorsqu'on les livre entièrement au pâturage pendant la troisième année. Il suffit donc de leur rendre ensuite par l'engrais les éléments minéraux enlevés par la production du foin ; et ainsi, on peut compter dès la première année du défrichement sur une récolte d'avoine au moins égale à celle que l'on aurait obtenue si l'on avait cultivé la terre au lieu de la laisser en prairie.

Cela ne dispense pas de prendre dans le défrichement d'une prairie temporaire quelques-unes des précautions que nous avons indiquées plus haut, avec quelques modifications que je décrirai plus loin comme complément du traitement de la prairie.

Que si la prairie temporaire n'enrichit pas le sol, dans tous les cas, quels sont donc, en définitive, ses avantages?

Ceux de la luzerne sont bien évidents. Dans toutes les terres qui conviennent à cette précieuse plante, la luzerne donne sans engrais, au moins sans autre engrais qu'une abondante fumure initiale pendant trois ou quatre années consécutives, d'importantes récoltes de fourrage dont elle va chercher les éléments minéraux dans les profondeurs du sol. La luzerne laisse la terre plus riche en azote, plus riche en potasse, à peu près aussi riche en acide phosphorique. Voilà des avantages sérieux, la luzerne est une plante à la fois améliorante et économique ; en la cultivant on amasse de l'azote pour la production d'abondantes récoltes de céréales, et l'on épargne des frais de culture importants, en même temps que l'on réduit ses frais généraux : 8 à 10.000 kilos de fourrage sec à l'hectare valant 550 à 600 fr., c'est-à-dire autant qu'une récolte de blé de 25 quintaux, puisqu'il faut bien ici compter la paille pour le fumier ; et cette production obtenue avec une économie de 200 f. au moins sur les frais de la culture du blé. On voit, et c'est là l'avis unanime de tous les cultivateurs, qu'il n'y a point de récolte aussi avantageuse que la luzerne partout où elle peut réussir.

C'était l'avis du pasteur Vincent qui se défendait dans une lettre à Mathieu de Dombasle, de ne pas adopter les assolements alternes dans la plaine de Vistre, près de Nîmes : « Nous commençons, dit-il, par une luzerne, que nous semons au printemps avec 54 charretées de fumier par hectare. Pendant les quatre années suivantes, nous avons en 5 coupes 360 quintaux de luzerne sèche, que nous vendons 2 fr. le quintal, ou bien nous vendons la récolte sur pied à raison de 550 fr. par hectare et par an. Au bout de quatre ans nous défrichons, puis nous semons trois froments successifs, puis une avoine.

« Après l'avoine et en perdant une année, nous semons en mars un sainfoin qui nous donne trois récoltes sans fumier, et nous rend pour chacune 180 quintaux par hectare, plus 40 quintaux de regain, soit 400 fr. en argent. Après le sainfoin, nous mettons trois blés et une avoine, et nous recommençons notre assolement par la luzerne. Total, en dix-sept années et avec un seul mais fort fumier : deux années seulement de perdues... » (Lettre à M. de Dombasle, *Annales de Roville*, 5ᵉ année.)

Je doute qu'un pareil assolement puisse se soutenir longtemps, puisque la moitié du fourrage est vendu, et par conséquent la moitié de la potasse exportée, soit d'après les tables de Wolf 270 kilos par hectare et par an pour la luzerne, et 190 pour le sainfoin. C'est donc une perte totale, par exportation seulement, en dix-sept années, de 1.840 kilos de potasse par hectare. Si les terres du pasteur Vincent n'en contenaient que 10.000 kilos à l'hectare, comme la moyenne des terres, l'assolement en dix-sept années en retirerait au total 4.500 kilos, dont moins de 600 kilos leur seraient rendus par le fumier. Il est vrai qu'il y a certainement un stock de potasse dans le sous-sol, mais il est certain aussi qu'il faudra tôt ou tard le renouveler.

Il y a dans notre région de l'Ouest, dans le Poitou, dans la plaine de la Vendée, en Touraine, dans le Saumurois et la vallée de la Loire, dans une partie du Baugeois et du Maine, des terres convenables à la culture de la luzerne ; mais il faut bien le dire, la plus grande partie de nos terrains primitifs et de nos terrains de transition de l'Anjou, de la Mayenne et de la Bretagne, manquent presque complètement de calcaire et sont rebelles à la culture de la luzerne, du moins lorsqu'on la sème isolément. On s'aperçoit alors que la cuscute l'attaque avec énergie et la fait périr rapidement, qu'au bout d'un an les racines ont atteint les couches profondes compactes et humides du sol, qu'elle dépérit et qu'elle disparaît. Le sainfoin ne réussit pas non plus en général dans les arrondissements de

Cholet et d'Angers, et la plus grande partie de celui de Segré ; mais on le cultive dans le Beaugeois avec quelque succès. Bref, il y aurait peut-être un moyen de faire réussir la luzerne dans bien des terres en Anjou, ce serait partout où on veut la semer de défoncer le sol avec une fouilleuse jusqu'à 0m50 de profondeur, de choisir les terres les plus sèches et celle où les pentes sont le plus prononcées, et enfin de chauler énergiquement la récolte qui précède avec 3 ou 4.000 kilos de chaux à l'hectare, ce qui n'empêcherait pas de donner à la plante chaque année, pendant sa végétation, 2 ou 300 kilos de chaux éteinte, moitié à l'automne et moitié dès le mois de mars, et un peu plus tard, à fin avril, 200 kilos de plâtre. Mais il n'y a pas d'intérêt évidemment à semer en Anjou de la luzerne pure, puisqu'elle réussit mal ; et il y a tout intérêt au contraire de l'associer à des plantes comme les graminées dont la réussite est à peu près certaine, et qui sont destinées à dissimuler les insuccès de la luzerne et à y obvier.

. Le mélange des graminées avec la luzerne, de celles qui sont convenables bien entendu, c'est-à-dire à la fois précoces, de longue durée et de tige élevée, est évidemment très économique. C'est d'abord un fait d'expérience que la cuscute ne réussit pas dans les luzernes mélangées de graminées. J'avais lu, il y a une dizaine d'années, que le dactyle pelotonné empêche le développement de la cuscute dans la luzerne ; et j'ai fait l'expérience que cette propriété est commune à toutes les graminées et à leur mélange, de sorte que, le mélange des graminées et de la luzerne en augmentant sa résistance, augmente évidemment sa durée (1). Ce mélange économise aussi très sensiblement la chaux, puisque ces plantes n'en contiennent presque pas ; et, comme leur réussite est certaine en Anjou, leur mélange avec la luzerne est une opération dont le succès est à peu près certain. Mais il y a encore un avantage autrement important. La luzerne enrichit le sol de potasse et surtout d'azote : en général cet azote demeure inutilisé et est perdu pour le sol. Au bout de 3 ou 4 ans, lorsque la luzerne commence à disparaître, des graminées quelconques, c'est-à-dire médiocres, occupent la terre, graminées très précoces en général, mûres bien avant que la luzerne ne soit en fleurs ; et l'on ne récolte en définitive à la première coupe qu'un foin de mauvaise qualité quoique suffisamment abondant, au lieu que la deuxième coupe est à peu près nulle. Le mélange de luzerne et de graminées fait disparaître cet inconvénient : que l'on sème, par exemple, dans nos terres d'Anjou les neuf dixièmes de ce qu'il faut de luzerne pour garnir convenablement le sol, soit 25 kilos à l'hectare, et que l'on y mette en plus 1/4 de ce qu'il faudrait employer pour semer une bonne prairie de graminées, soit 12 kilos de graminées mélangées ; les espaces vides ici sont immédiatement occupés, les graminées ne se développent que peu la première année ; mais aussitôt que la végétation de la luzerne faiblit, et cela arrive fréquemment ici dès la seconde année, on voit les graminées remplir les vides ; elles trouvent

---

(1) Cette propriété des graminées s'explique : un brin de luzerne est attaqué par le parasite, il meurt ; mais la maladie s'arrête parce que la cuscute n'attaque pas les graminées qui l'entourent.

de quoi vivre avec l'azote et la potasse ramenées à la surface par la luzerne, sans qu'on ait besoin de leur donner d'engrais supplémentaire, et composent déjà, cette année-là, près de la moitié de la masse du fourrage, soit environ 4.000 kilos, car elles repoussent après la première coupe dans ces terres riches ; et les 4.000 kilos qu'elles produisent enlèvent au sol 22 kilos seulement d'azote. Le fanage de l'herbe et le pâturage du regain après la deuxième coupe en laissent sûrement le double pendant la première et la deuxième année de la végétation de la luzerne. La troisième année il ne restera plus en général que le 1/3 de la luzerne et le produit baissera un peu ; les graminées fourniront encore 5.500 kilos consommant moins de 30 kilos d'azote que les résidus du fanage lui fourniront encore facilement, sans que la provision initiale du sol soit sensiblement entamée.

Il serait temps, à ce moment-là, de défricher la luzerne : à coup sûr, elle ne peut plus améliorer le sol, ni même le maintenir dans sa situation initiale ; mais si, la quatrième année, la prairie qui succède à la luzerne est épuisante, elle ne cesse point pour cela d'être économique, économique par l'abondance de ses produits, économique par le peu de frais de culture qu'elle nécessite. Sans aucun soin supplémentaire, et même cette année-là et l'année précédente, sans dépense de plâtre, elle produira encore 8.000 kilos de fourrage, soit 7.000 kilos de graminées enlevant près de 40 kilos d'azote au sol. Ces 40 kilos seront pris pour la plus grande partie sur la provision initiale du sol, et l'on pourrait même, avec quelques précautions, éviter complètement cette perte. J'ai dit, en effet, que le végétation de la luzerne n'appauvrit pas le sol en potasse ; nos sols en sont du reste fort riches ; il en résulte que le trèfle peut réussir et ·réussit en effet après la luzerne, à la condition que l'on lui donne des phosphates sous forme de scories. Si donc, au printemps de la troisième année, on donne à la luzerne 500 kilos de scories et qu'après l'avoir hersée énergiquement on y sème un peu de trèfle, il y a apparence qu'on en fera naître assez pour fournir, avec la luzerne qui reste, la moitié de la récolte de la quatrième année. Les graminées ne fourniront plus alors que 5.000 kilos au plus, consommant moins de 30 kilos d'azote que les pâturages et le fanage formeront facilement, de sorte qu'au défrichement la terre n'aura point perdu d'éléments fertilisants et se trouvera enrichie de tous ceux qu'apporteront les racines des plantes qui y ont végété.

Le défrichement se fera ici très simplement avec un petit chaulage de 1.000 à 1.500 kilos, la deuxième année seulement.

Quant à la composition de la prairie en luzerne, elle est fort simple :

Luzerne	25 kilos
Fromental	3 —
Dactyle.	3 —
Ray-gras italien	3 —
— anglais	3 —

C'est un mélange qui coûte une cinquantaine de francs, 15 francs de plus que la luzerne seule. C'est une dépense insignifiante pour un résultat très important, car ce n'est pas seulement par le fourrage abondant qu'elle donne qu'une pareille luzerne est avantageuse, mais par le pâturage plantureux qu'elle fournit. Seule elle ne donne qu'un pâturage médiocre, dont les bestiaux perdent une grande partie; lorsqu'elle est mélangée de graminées, au contraire, elle fournit une pâture très recherchée par le bétail à l'arrière-saison, pendant les mois de septembre, d'octobre et même de novembre; ce pâturage équivaut toujours au moins à 1.200 kilos de fourrage sec à l'hectare; mais il est singulièrement plus profitable et plus économique, ce qui est bien à considérer à un moment où la culture ne peut vivre que d'économies.

Prairies Goetz. — Un agronome alsacien a eu l'idée de substituer à la luzerne une prairie de graminées, qu'il traite d'une manière toute spéciale et dont il raconte des choses merveilleuses. La prairie de graminées est la base du système de M. Goetz; et il s'agit tout d'abord de déterminer dans chaque sol, à l'aide d'une bande de terre analytique, la composition botanique à lui donner. On peut sûrement douter que cette idée de la bande analytique soit bonne. Quoiqu'il y ait, en effet, un très grand nombre d'espèces parmi les graminées, il est certain qu'il y en a de vigoureuses et de faibles, et que celles-ci ne conviennent point, à coup sûr, à la création de la prairie; beaucoup d'autres sont tardives, viennent volontiers dans les terres humides ou marécageuses et ne conviennent pas non plus. Or, les espèces précoces et à haute tige qui conviennent de beaucoup le mieux sont aussi les plus gourmandes; elles contiennent à la fois plus d'azote et plus de principes minéraux, de sorte que leur valeur comme fourrage peut être considérée comme proportionnelle à leur avidité comme plante. Elles ont en plus, chacune, des exigences peu variées, de sorte qu'il n'est pas admissible que le sol puisse démêler avec cette exactitude les plantes qui lui conviennent au point de vue chimique et celles qui ne lui conviennent pas ; il indiquera seulement par sa végétation s'il préfère les plantes précoces ou les plantes plus tardives, et encore cela dépendra bien souvent de l'année.

C'est ainsi que, d'après les analyses de M. Joulie, l'avoine jaunàtre, le fromental, le brome de Schräder, la fléole, le dactyle, les ray-grass, les fétuques et la houlque laineuse conviendront seules pour la création des prairies. Or, toutes ces plantes sont précoces sauf les fétuques ; toutes conviennent généralement aux sols moyens, aucune n'exige un sol calcaire ; enfin la plus pauvre en azote, la fléole, contient 7.72, et la plus riche, la fétuque, 18.86, ce qui veut dire qu'à poids égal la fétuque sera deux fois et demie plus épuisante que la fléole en azote, au lieu qu'elle consomme deux fois plus de matières minérales.

On comprend du reste que la prairie Goetz, ainsi composée d'espèces épuisantes en azote et en matières minérales, ne peut se soutenir sans être complètement alimentée. C'est ainsi que M. Joulie a fait l'analyse d'un foin de prairie Goetz obtenu chez M. Beine dans un sable des environs de Nemours. Il y a trouvé :

Azote	131k	10
Acide phosphorique	69	30
Chaux	52	60
Magnésie	16	90
Potasse	277	60

dans 10.000 kilos de fourrage, c'est-à-dire plus de matières minérales que n'en contiennent d'habitude les prairies de légumineuses. Ce foin contient aussi un quart d'azote en plus que le foin normal ; et l'on peut prévoir que pour ali-

menter une pareille prairie, il faudra lui donner de grandes quantités d'engrais. Les plus convenables sont toujours les engrais chimiques, et il faudrait ici 300 kilos de nitrate de soude, 500 kilos de chlorure de potassium, 500 kilos de superphosphate valant en tout 240 francs. C'est une dépense de 240 francs de plus que pour la luzerne, et pour obtenir un fourrage de moins bonne qualité, à coup sûr.

Mais M. Goetz pensait qu'il valait mieux ne pas entretenir sa prairie avec des engrais chimiques. Il affirmait qu'en lui donnant annuellement 35.000 kilos de fumier à l'hectare, on était certain d'en obtenir de 12 à 15.000 kilos de fourrage sec. 35.000 kilos de fumier à l'hectare en fumier mixte, c'est une fumure qui coûte annuellement 300 francs environ ; il n'y a donc pas d'économie à l'employer de préférence aux engrais chimiques, d'autant moins qu'elle ne convient pas aussi bien. Elle apporte en effet trop d'azote, 140 kilos à l'hectare en tout, deux fois ce qu'il faut en tenant compte des pertes, au lieu qu'elle ne donne que 52 kilos d'acide phosphorique et 175 kilos de potasse, c'est-à-dire sensiblement moins que la prairie n'en consomme. Il en résulte que si la prairie Goetz est conduite uniquement avec du fumier de ferme, on ne pourra pas éviter l'appauvrissement du sol en principes minéraux. Les premiers agriculteurs, qui ont expérimenté la prairie Goetz, ont trouvé qu'elle répondait bien aux promesses de l'inventeur, que l'on y faisait annuellement des récoltes de 12 à 15.000 kilos de foin à l'hectare ; mais M. Goetz prétendait qu'une pareille prairie peut durer indéfiniment, c'était là son erreur, erreur qu'une expérience même prolongée pendant dix ans sur des terres saines et suffisamment calcaires n'aurait pas permis de découvrir.

En réalité, la prairie Goetz n'était qu'une prairie temporaire. Son inventeur défendait de la faire pâturer, ce qui était un contre-sens, ordonnait d'y charrier annuellement à l'automne 35.000 kilos de fumier, ce qui en était un autre, puisque cela employait sur les prairies tous les fumiers de l'exploitation ; et enfin ceux qui l'ont expérimentée nous annoncent des rendements de 12.000 kilos de foin sec à l'hectare, ce qui est beaucoup, mais ne représente pas en définitive comme valeur nutritive plus de 10.000 kilos de luzerne, de sorte que la luzerne demeure bien préférable à la prairie Goetz dans toutes les terres qui lui conviennent très bien, que dans les autres les luzernes mélangées sont de beaucoup préférables, et que, dans les terres trop humides qui deviendraient rapidement acides par l'application des fumiers Goetz, il y a sûrement des prairies qui conviennent beaucoup mieux que les prairies Goetz, et qui sont beaucoup plus économiques.

C'est de cette troisième catégorie de prairies, les prairies mixtes traitées comme prairies temporaires, que je veux parler maintenant. On peut dire qu'elles conviennent merveilleusement dans tous nos terrains cristallins ou anciens de l'ouest de la France, et qu'elles s'adaptent merveilleusement au sol généralement frais, au climat généralement humide.

Voici les avantages culturaux et économiques qu'elles présentent. Elles permettent d'abord de réduire la culture. Je sais bien que cela a moins d'importance dans l'Anjou et dans la Bretagne, pays où la population est encore attachée au sol, que partout ailleurs. Mais enfin la culture annuelle de toutes les terres est coûteuse ; il y en a qui, pour une raison ou pour une autre, par suite de l'intempérie des saisons, sont malpropres et exigent un supplément de culture. La prairie temporaire, qui ne se cultive qu'à l'automne, permet de consacrer aux autres terres toutes les ressources de l'exploitation, de les améliorer, de les amener à un haut degré de fertilité et à une production rémunératrice, sans que le cultivateur soit obligé à des dépenses supplémentaires, lorsqu'il a eu la précaution de soustraire à la culture une partie de son exploitation. D'autre part, lorsque les prairies sont convenablement soignées, elles donnent toujours un rendement assuré ; elles garantissent le cultivateur contre les surprises et les accidents des autres récoltes ; elles végètent toute l'année et, par conséquent, si le printemps est sec et que la première coupe soit peu abondante, la prairie peut profiter des pluies de l'été et donne une coupe ou un pâturage plus abondant. Et ce résultat est obtenu presque sans dépense d'engrais : la prairie produit du fumier presque sans frais. Une fois bien établie, la prairie échappe, partiellement au moins, aux vicissitudes de la production agricole, au lieu que le reste des terres y est soumis : le blé gèle ou est déchaussé, les semis de printemps peuvent, comme ceux d'automne, être détruits par les vers blancs ; la sécheresse empêche la levée ou la végétation des récoltes ; la prairie est un fond qui reste toujours à l'exploitation, qui assure l'été comme l'hiver la nourriture d'une bonne partie du bétail, de sorte qu'avec des demi-récoltes vertes et l'importation de résidus industriels le bétail peut traverser sans encombre les mauvaises années. Est-ce tout ? Voici enfin un dernier avantage cultural. La prairie nettoie la terre : le chardon, le chiendent, les plantes annuelles, voilà les plantes les plus redoutables pour les récoltes. La prairie détruit le chiendent. C'est une erreur de croire que la propreté absolue du sol est nécessaire pour l'établissement de la prairie. Il est manifeste que le chiendent ne peut pas lui nuire, puisque c'est une plante analogue à celles qui la composent et qu'il donne un fourrage de très bonne qualité. Mais le chiendent demande de la culture ; il disparaît par la non-culture dans une terre tassée et trop sèche ; l'été, il s'use aussi par sa propre végétation, de sorte qu'une terre qui a porté une prairie devient moins apte à le nourrir. Le chardon disparaît par le fauchage ; il suffit, pour l'empêcher de reparaître, de faire faucher les restes du pâturage. Les plantes annuelles, enfin, deviennent moins capables de lever; leurs graines enfermées dans le sol, privées du contact de l'air, soumises quelquefois à des alternatives d'humidité et de sécheresse, lèvent moins vite après le défrichement de la prairie et laissent la place aux bonnes plantes, et d'autant plus que le sol s'est plus enrichi en azote qui favorise la végétation des céréales au détriment de celle des plantes adventices généralement moins exigeantes.

Au point de vue purement économique, la prairie temporaire est très suffisamment productive; bien entretenue elle peut donner pendant trois ans une moyenne de 7.000 kilos de foin sec à l'hectare, compris le pâturage, et si l'on prolonge la durée à quatre ans elle donnera encore 6.500 kilos; c'est un produit de plus de 400 francs, près de 450 francs, obtenu presque sans frais, puisque les frais de culture sont nuls et les frais de fumure sont presque nuls aussi. La prairie a un dernier avantage : elle permet de nourrir le bétail au pâturage pendant une partie de l'année. Or, il ne faut pas croire que cela soit un mince avantage. Sans doute le bétail qui passe la journée au pâturage y laisse la moitié de son fumier ; mais cela est sans importance, puisque les excréments profitent à la prairie dont ils augmentent la production ; mais l'herbe pâturée a une autre valeur nutritive que l'herbe fauchée, elle n'a pas non plus la même composition botanique. Le pâturage fait pousser les herbes courtes, il fait reparaître les légumineuses auxquelles les excréments fournissent à la fois des principes minéraux et des microbes producteurs de nodosités, de sorte que par lui l'herbe devient de nature plus riche et plus nutritive. En même temps, elle est consommée plus jeune, c'est-à-dire plus riche en azote, plus riche en phosphates. Peut-être que le pâturage n'augmente pas la production de la prairie, parce que l'herbe qui repousse sans cesse produit sûrement moins que l'herbe que l'on laisse pousser ; mais il ne la diminue pas non plus, parce qu'il fournit continuellement à la jeune herbe les principes dont elle a besoin ; et, lorsque l'on a soin de ne pas mettre les animaux en pâture dans des prairies gorgées d'eau, de ne pas trop laisser ronger l'herbe et de la laisser repousser un mois ou trois semaines au moins avant d'y remettre les animaux, lorsque la prairie ne porte que de gros animaux et non pas des moutons qui coupent l'herbe au collet, l'empêchent de pousser et n'aiment du reste que l'herbe courte, on peut affirmer que le pâturage des regains au moins ne diminue pas sensiblement le poids de l'herbe produite, quoiqu'il en augmente considérablement la richesse. Le pâturage a donc l'avantage d'être profitable au bétail et économique de main-d'œuvre, c'est beaucoup à notre époque.

Voilà pour les prairies établies en bonnes terres ; mais considérons les terres médiocres, celles qui ne sont pas capables, même par une culture intelligente, de donner aujourd'hui plus de 10 ou 12 hectolitres de blé, et il y en a en France de cette catégorie, il y en a même en Anjou, notamment dans le Baugeois. Combien la création de prairies n'est-elle pas nécessaire à leur exploitation et à leur amélioration ? C'est un fait d'expérience qu'une récolte de moins de 18 à 20 hectolitres de blé à l'hectare ne peut pas donner de bénéfice à l'exploitant du sol :

Les frais de culture, qui atteignent au moins.	100 fr.
Le loyer.	50 fr.
Les frais généraux	20 fr.
Le moissonnage et le battage.	70 fr.
Les avances à la terre	10 fr.
La semence	40 fr.
En tout, au moins	290 fr.

par hectare, absorbent tout, et c'est un autre fait d'expérience que si l'on veut réduire ces frais on réduit proportionnellement la récolte.

Il résulte évidemment de là que le cultivateur n'a pas d'intérêt à cultiver ces terres peu productives ; et, si elles sont éloignées, si les charrois de fumier y sont coûteux, si elles manquent à la fois de culture et de fumure, c'est-à-dire si les actions nitrifiantes y sont lentes, parce que les microbes nitrificateurs y sont rares, elles sont véritablement une charge pour l'exploitation ; et il faut

prendre résolument le parti de ne plus les cultiver, mais de les améliorer afin de pouvoir les
remettre en culture, pour en tirer ensuite des
profits.

Faites deux parts de votre exploitation, nous
disait M. Moll ; conservez en culture les terres
voisines de la ferme, les meilleures, les plus
faciles à cultiver, celles dont vous êtes à peu près
sûr de retirer du bénéfice. Quant aux autres,
elles sont pour le moment une charge, n'hésitez
pas à les laisser en pâture, elles nourriront chaque
année, par hectare, un mouton, deux moutons,
trois moutons, quatre moutons, cinq moutons au
plus, qu'importe ? Ce sera autant de gagné,
puisque ce sera un produit de 25 à 125 fr. qui ne
vous coûtera rien ou presque rien, et avec le
supplément de fumier que votre troupeau ainsi
nourri vous fera à la bergerie, vous aurez de quoi
augmenter les quantités annuelles de fumier que
vous donnerez à toutes vos terres. Au lieu de
cultiver uniformément tout votre domaine avec
aussi peu de fumier que possible, de le soumettre
entièrement à la culture extensive, vous ne trai-
terez plus par cette méthode que la partie pauvre
et éloignée, mais aussi vous ne la cultiverez plus ;
vous ne prendrez que ce qu'elle vous donnera ; et
le reste sera alors cultivé intensivement, vous
donnera de riches moissons ; vous verrez en définitive vos frais de culture se réduire et les produits augmenter, vous ferez des bénéfices raisonnables.

Voilà ce que nous disait M. Moll. Sans doute
ces avis ne s'appliquent pas toujours à l'Anjou ni
à la Mayenne, pays de moyenne culture en général, où toutes les terres sont distribuées autour
des habitations et les touchent pour ainsi dire ;

mais ils s'appliquent à la plaine vendéenne, au Poitou, à la Sarthe et à la Bretagne, comme ils s'appliquent à la plus grande partie de la France. Et dans l'Anjou même comme ailleurs, il est est toujours vrai qu'il faut réduire les frais de culture sur les terres pauvres, et qu'une manière de les réduire est l'établissement des prairies temporaires ; il est toujours vrai que les prairies sont la base d'une production régulière en fourrages ; il est plus vrai qu'ailleurs que les prairies qui ont fait autrefois notre richesse sont ruinées et qu'il faut les remplacer, qu'enfin notre sol humide dénué de calcaire convient merveilleusement à la prairie temporaire, qui est donc ici à la fois une nécessité culturale et économique.

Mais voilà la grosse objection : Vous nous dites : faites des prairies temporaires, des prairies de trois ou quatre ans au plus que vous défricherez ensuite; mais, dans les conditions ordinaires, une prairie d'un an et de deux ans est une mauvaise prairie. La prairie ne produit sérieusement que la troisième et la quatrième année, et c'est à ce moment qu'il faut la défricher pour cultiver ensuite une terre de fertilité ou au moins d'aptitude culturale diminuée.

Sans doute, si l'on sème la prairie d'une manière quelconque, cela peut être : oui, il y a beaucoup de prairies qui sont mauvaises la première année de leur création, médiocres la seconde, à peine bonnes la troisième, mais ce sont les prairies mal faites ; celles qui sont établies judicieusement sont bonnes dès la première année ; elles sont même meilleures la première année que toute autre.

Cette circonstance avait engagé l'un des agriculteurs les plus distingués de la France, M. Millon, ancien député, directeur de l'école pratique d'agriculture des Merchines, dans la Meuse, à créer des pâtures qui ne devaient durer qu'un an. Avec une dépense de 90 à 120 fr. de graines, ces pâtures où les graminées dominaient dès la première année n'étaient pas économiques, puisque les frais de culture qu'elles épargnaient étaient pour la plus grande partie remplacés par des frais de semence et de clôture qui en grévaient considérablement le produit. Mais l'adoption de ce système par un cultivateur aussi distingué que M. Millon prouve évidemment que l'on peut, avec des soins convenables, faire des prairies excellentes dès la première année. M. Millon pensait que la prairie ainsi établie donnait cette année-là tout ce qu'elle pouvait donner d'amélioration au sol, et que, dès lors, il n'y avait pas d'intérêt de la maintenir davantage.

Lorsque l'on maintient la prairie quatre ans, il n'y a plus d'intérêt d'y faire dominer les graminées dès la première année. Ce sont, au contraire, les légumineuses qui doivent y dominer, légumineuses dont la réussite est toujours certaine, puisque c'est ici, en Anjou, de la minette, du trèfle rouge et du trèfle hybride, du trèfle blanc qu'il convient de semer, et que ces plantes conviennent parfaitement à notre climat et à tous nos sols, même les plus compacts, pourvu qu'ils aient été préalablement chaulés à raison de 20 à 25 hectolitres à l'hectare. Cette opération a pour but de donner aux divers trèfles une partie de l'élément calcaire qui leur est absolument indispensable pour réussir ; le reste leur est fourni au printemps, soit par un chaulage superficiel, soit par un plâtrage.

On ajoute à ce mélange des graminées de diverses espèces, du ray-grass surtout, et la prairie est constituée. Les Anglais, qui sont nos maîtres dans la culture des prairies, font les choses encore plus économiquement, s'il est possible. Ils sèment des trèfles mélangés de ray-grass avec :

```
Trèfle . . . . . . . . . .    10 à 11 kilos.
Ray-grass . . . . . . .      20 à 25 kilos.
Fléole . . . . . . . . . .     1 à 2 kilos.
```

Ils obtiennent, en ne dépensant pas plus de 30 à 32 fr. par hectare, des prairies qui durent trois ans, et qui donnent la première année une très bonne récolte en deux coupes où le trèfle domine de beaucoup, la deuxième année une récolte toute aussi importante de foin mélangé où les graminées commencent à dominer, et enfin la troisième année un très bon pâturage.

Pour nous qui voulons faire durer nos prairies quatre ans ou même cinq ans, et en obtenir un fourrage plus appétissant et plus facile à faner, nous aurons intérêt à y introduire des espèces nouvelles pour remplacer une partie du trèfle violet qui donne un fourrage plus grossier et moins vendable. Nous les composerons, suivant les sols, avec :

```
Trèfle violet . . .  8 kilos,  ou   Trèfle violet . . .  6 kilos.
Hybride . . . . . .  3    —     —   Minette . . . . . .  5    —
Fromental . . . .   2    —     —   Hybride . . . . . .  1    —
Dactyle . . . . .   5    —,    —   Blanc . . . . . . .  1    —
Houlque laineuse.   3    —     —   Fromental . . . .   5    —
Fétuque . . . . .   4    —     —   Dactyle . . . . . .  5    —
Ray-grass anglais   6    —     —   Ray-grass italien.   5    —
Fléole . . . . . .  1    —     —      —      anglais.   5    —
                                   Fléole . . . . . . .  1    —
```

Le premier mélange coûte 45 fr. environ par hectare et convient aux terres fraîches. Lorsqu'elles sont humides et fortes, on peut diminuer le fromental et le dactyle, plantes précoces, introduire dans le mélange le pàturin et augmenter la proportion des autres graminées. Le deuxième mélange coûte moins de 40 fr. et convient aux terres moyennes, plutôt sableuses, avec sous-sol humide comme il y en a tant dans l'Anjou, dans les terres du Baugeois, on pourra augmenter un peu la proportion du trèfle blanc ; dans les terres calcaires et suffisamment perméables, on pourra introduire dans le mélange la luzerne et le sainfoin.

L'un et l'autre mélange donneront sûrement de bons résultats et une production très abondante de fourrage. Dans des terres capables de donner 20 hectolitres de blé convenablement chaulées et préparées, on obtiendra toujours davantage de fourrage d'une prairie de première année que d'un trèfle ; la différence sera à peu près de toute la récolte de trèfle hybride et de graminées. Si un bon trèfle peu produire ici 6 à 7.000 kilos de fourrage sec à l'hectare, un bonne prairie en produira 8 à 9.000, cela est absolument certain.

Bien des faits, et la pratique constante de l'Anjou, pratique mauvaise, sans doute, prouvent que le trèfle violet peut donner une bonne végétation la deuxième année ; il est vrai que la terre se salit alors, mais pas dans la prairie, puisque la végétation de l'herbe vient compléter la récolte et en remplir les vides. Le trèfle de deuxième année ne donne plus qu'une petite récolte, 2.000 kilos à l'hectare ; mais les graminées et le trèfle hybride donnent alors une pleine récolte dans une terre fertilisée et améliorée ; et l'on obtient cette année-là, en deux coupes, tout autant de foin que la première année, c'est-à-dire encore 8 à 9.000 kilos de fourrage mélangé d'excellente qualité, un peu moins riche en azote, mais plus facile à sécher et plus profitable aux chevaux. On obtient en plus, les deux années, un bon regain représentant au moins 1.000 kilos de fourrage.

Nous voici à la troisième année. Ici, la végétation des légumineuses est toujours pauvre. Il est vrai que, pendant la première année de végétation, la terre s'est enrichie en azote ; mais la végétation puissante des graminées pendant la deuxième année en a utilisé une quantité considérable, 25 kilos au moins ; et la terre ne s'était point enrichie autant par la seule végétation des légumineuses ; les plantes ont donc vécu sur la provision antérieure du sol ou sur les 20 kilos d'azote laissés disponible par les deux années de pâturage, sur les deux sources probablement, de sorte que la terre s'est certainement appauvrie ; les plantes ont aussi moins de vigueur, par suite de la végétation même et du tassement du sol, de sorte que si la prairie est abandonnée à elle-même, elle donnera certainement la troisième année un produit beaucoup moindre que les années précédentes, 3.000 kilos à peine à la première coupe, avec 2.000 kilos de regain qu'il faudra nécessairement faire pâturer, car il ne serait pas économique de le faucher : la terre serait par là considérablement appauvrie, puisque la végétation de l'herbe aurait absorbé, par suite de la disparition complète des légumineuses, près de 45 kilos d'azote entièrement pris sur la réserve du sol.

Dès lors, voici le bilan de cette troisième année :

5.000 kilos de fourrage de qualité médiocre à 60 fr.. 300 fr.

Dépenses d'engrais enlevés au sol :

Azote.	45 kilos	70 fr.
Acide phosphorique.	20 kilos	12 fr.
Potasse.	40 kilos	20 fr.
		102 fr.

Reste seulement 198 fr. pour payer le loyer, les frais généraux, le fauchage, le fanage et l'emmagasinage de deux coupes. On voit que si le bénéfice existait, il serait fort minime ; et, dès lors, il n'est pas économique de faucher la prairie la troisième année si on l'abandonne à elle-même. C'est là un fait que connaissent tous les agriculteurs qui ont créé des prairies. Il est vrai que la dépense d'engrais n'est qu'une dépense fictive qui ne se traduit que par l'appauvrissement du sol ; mais qu'importe si cet appauvrissement abaisse de 150 fr. la récolte suivante ? Et cela n'est sûrement pas exagéré.

Il est donc nécessaire ou de soigner la prairie ou de changer le mode d'exploitation. Dans le premier cas, il suffit de lui donner 300 kilos de superphosphate ou 500 kilos de scories, et de les incorporer au sol par un hersage énergique en novembre. Cette opération, qui coûte moins de 30 fr. par hectare, fait reparaître immédiatement les légumineuses ; la prairie, qui était devenue incapable d'en nourrir, en produit au moins 2.000 kil. ; la première coupe, au lieu de donner 3.000 kil. de fourrage, en fournit 4.500 kil. qui valent 70 fr. les 1.000 kil., soit 315 fr.

Les regains qui sont pâturés produisent la valeur de 2.500 à 3.000 kilos de fourrage contenant 50 kilos d'azote, dont le sol reçoit 30 kilos, sur lesquels les 2/3 sont utilisés de suite par la végétation, de sorte que, avec les excrétions des plantes légumineuses et les résidus que la fenaison laisse sur le sol, les graminées troüvent à peu près ce qu'il leur faut d'azote sans avoir besoin de recourir à la réserve du sol. Dès lors, le produit brut de la prairie est de 500 fr. au moins, et même davantage, si l'on tient compte de l'utilisation plus complète des produits par le pâturage, 200 fr. de produit en plus, quoique la dépense soit réduite de 60 fr., au total 260 fr. de plus-value, c'est-à-dire de bénéfice réel. Voilà le résultat de l'emploi des engrais phosphatés combiné avec le pâturage.

Lorsque la prairie est livrée entièrement au pâturage, les excréments qu'elle reçoit en entretiennent la richesse en matières minérales et en azote et ne tardent pas à faire reparaître les légumineuses, de sorte que le résultat est à peu près le même au point de vue de la consommation d'azote. La prairie pâturée produira la valeur de 6.000 kilos de fourrage, 4.500 de graminées et 1.500 de légumineuses qui laisseront sur le sol 40 kilos d'azote disponible, c'est-à-dire tout ce qu'il faut pour nourrir les graminées.

Voici donc que la prairie est arrivée, si je puis m'exprimer ainsi, à sa période de régime constant, régime qui peut durer quelques années, quatre ou cinq ans, à la condition que l'on l'exploite par une de ces deux méthodes que je viens de décrire ; et les variations de production seront le fait des variations des saisons, du plus ou moins de chaleur et d'humidité, jusqu'à ce que, le sol étant trop tassé et las de toujours produire les mêmes plantes, la prairie devienne définitivement moins productive et exige davantage d'engrais pour être maintenue au même état.

Il n'y a donc pas intérêt à maintenir les prairies temporaires plus de quatre ou cinq ans ; et comme les deux premières années sont sûrement les plus productives, il est préférable de les renouveler à ce moment afin d'avoir toujours autant de jeunes prairies que de vieilles. Une seule considération doit à ce point de vue, ce me semble, diriger le cultivateur judicieux : la vieille prairie, qu'on lui donne des engrais ou non, doit être employée comme pâturage. C'est là son emploi le plus économique, il est bien facile de s'en convaincre ; et le cultivateur judicieux devra toujours avoir assez de prairies jeunes et vieilles pour nourrir son bétail au pâturage depuis le commencement des herbes jusqu'à la fin.

Ici, quelques détails sont nécessaires. Une prairie de trois ou quatre ans, comme celle que j'ai considérée tout à l'heure, capable de produire 6 ou 7.000 kilos de fourrage sec à l'hectare, peut entretenir en moyenne dans l'élevage trois têtes de gros bétail à l'hectare, vaches, bœufs de travail et jeunes bêtes, pâturant dix heures par jour dans deux prairies à la fois, l'une passablement rasée, où on les conduit le matin, et l'autre nouvelle, où on les conduit le soir. Or, la durée du pâturage est variable en France, très sensiblement plus longue à l'ouest qu'à l'est. En Anjou, on peut toujours le faire commencer dès le commencement d'avril et le faire durer jusqu'à fin novembre ; mais il subit généralement une interruption de deux mois, en juillet et août, pendant lesquels il faut nourrir partiellement les animaux à l'étable, tout en leur abandonnant de nouvelles pâtures. La prairie ne peut donc nourrir le bétail que

180 jours par an. D'autre part, l'herbe est toujours plus abondante au commencement de la saison, depuis le 1er mai jusqu'à fin juin, que dans le reste de l'année, de sorte que l'on peut fort bien à ce moment surcharger la prairie et y nourrir quatre bêtes par hectare au lieu de trois, et même cinq bêtes par hectare si l'on leur donne à l'étable un complément de nourriture. Ainsi, sur une ferme de 30 hectares où l'on nourrirait trente animaux, il faudrait 6 hectares de vieilles prairies, soit en tout 12 hectares de prairies devant durer quatre ans, ou 10 hectares lorsqu'on les fait durer cinq ans.

Le produit des prairies de notre ferme est, dès lors, facile à déterminer, soit en bloc, soit en détail. En bloc, tout d'abord, le pâturage commence au 10 avril ; mais il faut, pour qu'il suffise jusqu'au commencement de mai, faire pâturer non seulement toutes les vieilles prairies, mais encore toutes celles de seconde année. A partir du commencement de mai jusqu'à fin juin, on ne fait plus pâturer que les vieilles prairies, et on donne à l'étable 10 kilos de fourrage vert par tête pris dans les jeunes prairies de première année, première coupe.

On consomme ainsi 2 hectares de première coupe, parce que la partie fauchée jusqu'à la floraison du trèfle n'est pas forte.

A partir du 1er juillet, on fauche les deuxièmes coupes de prairie de première année jusqu'à la fin d'août, et on livre en même temps au pâturage les 3 hectares de prairie de deuxième année, dont on ne fauche que la première coupe.

Enfin, à partir du 1er septembre jusqu'à fin octobre, les animaux vivent largement sur les 9 hectares de prairies livrées au pâturage, et sur les 6 hectares de jeunes prairies et de prairie d'un an, en tout 15 hectares de pâturage.

Pendant le mois de novembre, les animaux ne trouvent plus dans les prairies que la moitié à peine de leur ration ; et il est prudent de ne faire pâturer à ce moment, surtout par les temps humides, que les vieilles prairies, de sorte que les prairies suffisent à nourrir les animaux pendant 200 jours complètement et pendant 30 jours à moitié, soit en tout 215 jours, un peu moins des 2/3 de l'année. Si nous fixons à 200 fr. le produit moyen annuel de chaque animal, et même à 180 fr. seulement, en tenant compte de 10 0/0 de pertes, ce qui est supérieur à la moyenne qui n'est que de 5 0/0 dans les exploitations bien tenues, on voit que le produit total des prairies est de 3.600 fr. Et l'on récolte en plus un hectare de prairie de première année et 3 hectares de seconde année, première coupe seulement, en tout 20.000 kilos de fourrage de première qualité valant 1.400 fr. Le produit total des prairies est donc de 5.000 fr., sans compter le fumier produit par le bétail pour l'amélioration des autres terres ; c'est une moyenne de 415 fr. par hectare et par an obtenue presque sans frais.

Il est vrai que les produits sont loin d'être égaux chaque année, et c'est ici que l'estimation de détail va nous être utile :

1re année : 8.000 à 9.000 k. fourrages	17.000 à 70 f. = 1.190 f.	
2e année : 8.000 à 9.000 k. fourrages		
3e année :	365 jours pâturages, 3 animaux :	540 f.
4e année :		
	Total pour 4 hectares :	1.730 f.
	Ou pour 12 hectares : 5.200 fr.	

Il y a ici une différence de 200 fr. qui représente la main-d'œuvre supplémentaire pour faire le foin ; mais l'on voit que les deux dernières années rapportent seulement chacune un produit brut de 270 fr., fort inférieur à celui des deux premières années, produit que l'on pourrait sans doute augmenter sensiblement à l'aide d'un apport d'engrais, mais qui est en définitive déjà grevé en Anjou du loyer et des frais généraux, environ 90 fr. par hectare, en Anjou, des frais de garde environ 40 fr., soit 130 fr. Ce produit laisse donc encore un bénéfice probable de 140 fr. et un bénéfice certain de plus de 100 fr. En voilà assez, je crois, pour établir solidement l'avantage des prairies temporaires bien faites : la prairie temporaire donne à la fois sécurité, économie, bénéfice. Combien y a-t-il de cultures dont on puisse dire la même chose ?

Voilà pour les bonnes terres ou au moins les terres ordinaires. Quant aux terres médiocres, aux terres éloignées de l'exploitation, celles qui, au lieu de valoir 70 à 80 fr. de loyer et impôt ne valent pas 20 fr., ne peuvent pas supporter plus de 5 fr. de frais généraux, soit en tout moins de 25 fr., il est clair que c'est plus qu'une imprudence de vouloir continuer à les exploiter ; il faut les laisser en prairies, non pas en prairies à faucher, mais en pâturage.

Ici, une année de sacrifice, c'est-à-dire une année de culture, car il faut bien donner à la terre cette excitation initiale qui lui permette de produire. Ce sera un pâturage, il ne faut pas que ce soit une lande, il faut y couper la bruyère, la mélanger de chaux et de terre, en faire une tombe ; et puis au printemps, après avoir assaini la terre, si elle est humide, par des raies qui ne gênent pas la culture, donner un bon labour, l'ameublir au moins à la surface, puis le traverser en petits sillons après y avoir répandu toute la terre de la tombe et avoir complété la dose de chaux jusqu'à 3.000 kilos à l'hectare.

On répand alors 1.000 kilos de scories, on herse énergiquement afin d'ameublir à fond, ce qui est presque toujours facile, et l'on sème alors le mélange suivant :

Trèfle rouge	4 kilos
Minette	6 kilos
Trèfle blanc	1 kilo
Fléole	2 kilos
Houlque laineuse	10 kilos
Mélangée de ray-grass anglais.	10 kilos

C'est un mélange qui ne coûte que	29 fr.	à l'hectare.
Les 1.000 kilos de scories coûtent. .	55 fr.	—
Les 3.000 kilos de chaux.	40 fr.	—
La culture et l'assainissement . . .	50 fr.	—
Au total..	174 fr.	

Mais, lorsque l'opération a pu être faite de bonne heure au printemps, lorsque la terre est roulée avant le semis, hersée après et roulée encore, la réussite est certaine, et l'on peut dès le mois d'août soumettre la prairie au pâturage, bien entendu par le temps sec et jamais pendant l'hiver. Il conviendra même de herser la prairie avant cette époque pour faire disparaître les pas des animaux avant que l'eau n'y séjourne pas, ce qui pourrait faire geler les plantes.

Lorsqu'il s'agit d'une terre sèche et meuble, on peut opérer plus simplement ; il n'y a pas besoin de chaux en général, il n'est pas utile au moins de chauler à forte dose. 1.000 kilos suffisent avec 500 kilos de scories, un seul labour bien hersé suffit pour ameublir la terre. On le donne à l'automne, on le herse, et, au besoin, on l'extirpe après l'hiver, en février, pour semer au commencement de mars le mélange suivant :

Minette. . . . . 10 kil.
Trèfle . . . . 2 kil.
Trèfle blanc. . . . . 1 kil.
Ray-grass anglais et italien. . . . 15 kil.
Houlque laineuse. . . . . 7 kil.
Fléole . . . . 1 kil.

Ce mélange coûte :   28 fr.
Les façons . . . . .   30 fr.
Les scories . . . . .   30 fr.
La chaux s'il en faut.   12 fr.
En tout. . . . .   100 fr.

Il est vrai que la prairie ici ne pousse qu'au printemps et à l'arrière-saison ; la prairie de landes humides pousse en juin et juillet et un peu en septembre ; mais le pâturage les améliore considérablement chaque année, pourvu qu'on leur donne les éléments minéraux qui leur manquent ; chez nous, en Anjou, chaux et acide phosphorique tous les 2 ou 3 ans au moins.

Avec ces précautions, on aura un pâturage qui nourrira toujours, pendant 180 jours au moins, une tête de gros bétail et qui produira ainsi 90 fr. brut à l'hectare.

Il coûte d'autre part :

Loyer et frais généraux. . . . . 22 fr.
Frais de garde du bétail. . . . . 13 fr.
Supposons qu'il dure 10 ans et comptons 20 fr.
l'an pour frais de premier établissement.
Total. . . . . 55 fr.

de dépense annuelle, dont 33 fr. seulement sont évidemment en relation avec la production, de sorte qu'il reste encore un bénéfice de 35 fr., et que quand bien même le pâturage ne pourrait nourrir que moitié moins de bétail, soit une tête pendant 90 jours, il ne donnerait pas de perte.

Or, cet entretien d'une bête pendant 90 jours ne représente pas 2.000 kilos d'herbe verte, soit

700 kilos de foin sec. Je suis persuadé qu'il n'y a aucune terre convenablement traitée, qu'elle soit trop sèche ou trop fraîche, si l'on veut, qui ne puisse produire, en s'améliorant chaque année, au moins le double de bonne herbe. Et l'on peut ici, puisqu'il s'agit seulement de pâturage, faire durer la prairie 20 ans au lieu de 10, en lui donnant tous les 4 ans une bonne culture, et chaque année 100 kilos d'engrais phosphaté, ce qui répartit sur 20 ans les frais de premier établissement et augmente certainement le produit.

Assolements avec prairies temporaires. — Maintenant que nous avons reconnu les avantages de la prairie temporaire mixte et pâturée, il convient d'étudier les assolements avec prairies temporaires et de les comparer avec notre assolement type de 4 ans.

C'est toujours l'avoine qui doit succéder à la prairie ; aucune plante n'est aussi avantageuse ; c'est une céréale qui succède à une plante fourragère, ce qui est régulier ; la prairie est défrichée à la fin de l'automne, et il n'y a point d'interruption dans la production. Enfin l'avoine réussit bien sur un seul labour, pourvu qu'il soit profond, régulier, bien hersé, qui exige que les bandes versées par la charrue n'aient pas plus de 0^{m}35 de largeur. Je suppose, bien entendu, une prairie entretenue de la manière que j'ai décrite plus haut ; l'avoine semée dans ces conditions à fin février rendra toujours 20 quintaux à l'hectare.

Généralement la pomme de terre lui succède avec une fumure abondante, lorsque le sol lui convient, lorsque le sol lui convient moins, dans les terres fortes, la vesce d'hiver suivie de betteraves repiquées ; on peut alors donner demi-fumure à la vesce, et semer sur un labour léger et bien ameubli ; et aussitôt après la récolte, la betterave reçoit également demi-fumure enterrée au premier labour bien ameubli également. Quelle que soit la méthode adoptée, on ne peut continuer par le froment que si la plante qui l'a précédé a été énergiquement cultivée non seulement pour nettoyer le sol, mais surtout pour le faire reprendre, pour rendre les mottes, et en quelque sorte les grains de terre, aptes à se souder ensemble pour servir de support au blé, ce qui est une condition du succès. Il faut aussi que la récolte précédente n'ait pas souffert des insectes.

Le blé qui succède à la betterave ou à la pomme de terre ainsi traitées est donc un blé réussi ; et l'on peut ensuite mener la terre comme on le veut, soit avec les assolements angevins, soit avec les assolements alternes.

Or, dans la ferme de 30 hectares que j'ai examinée, j'ai montré qu'avec 12 hectares de prairies on pouvait, en général, nourrir 30 bêtes d'élevage pendant 215 jours. L'on rentre, en plus, 20.000 kilos de foin qui peuvent être utilisés pour la nourriture de 2 chevaux qui en consomment 7.000 kilos ; le reste, 13.000 kilos, permet de donner à chaque animal trois kilos de fourrage sec pendant l'hiver. Le complément de la ration pour chaque animal sera de 25 kilos de betteraves, soit 800 kilos par jour environ ou 120.000 kilos pour tout l'hiver. Cela représente en Anjou la récolte de près de 4 hectares de racines ou de choux ; et, d'autre part, il faut, pour la maison et la nourriture des porcs, au moins un hectare de pommes de terre ; enfin il sera prudent de compléter la ration d'été avec un hectare de vesceau, peut-être deux, qui précéderaient des navets ou du colza. La nourriture du bétail exigera donc, en plus des prairies, 6 hectares de nourriture verte de toute sorte, en tout 18 hectares. Il reste donc 12 hectares à occuper par des grains ou des produits vendables, céréales ou colza. On pourra donc adopter l'un des trois assolements suivants ou les combiner :

I. 4 années de prairie, Avoine, Pommes de terre, Blé, Avoine, Betteraves, Blé.

II. 4 années de prairie, Avoine, Vesceau, Navets-Colza, Pommes de terre, Blé, Betteraves, Blé.

III. 4 années de prairie, Avoine, Choux, Betteraves, Blé, Pommes de terre, Blé.

Dans le premier assolement, les deux céréales, blé, avoine, qui se suivent, seront séparées par un trèfle enterré en vert ; suivant les besoins, l'avoine pourra être remplacée par l'orge. Il serait alors mieux, tout en enterrant le trèfle au printemps, vers le 15 avril, de placer la récolte d'orge après le deuxième blé et d'y semer la prairie. On pourrait y charrier l'hiver un peu de fumier.

Les coutumes de l'Anjou prescrivent de laisser en blé 1/3 des terres arables et 1/9 en avoine, en tout 4/9 de la ferme en céréales. On voit que dans le premier assolement nous obtenons un peu moins de céréales, 4/10 au lieu de 4/9 ; mais il n'est pas téméraire d'affirmer que l'accroissement de la production remplacera largement ce qui manque, car on arrivera facilement à un produit de 30 hectolitres à l'hectare au lieu de 20 que l'on obtient habituellement. Quant aux deux autres, ils sont évidemment plus productifs que le premier.

Si l'on considère enfin qu'avec plus de bétail, 32 ou 33 bêtes pour 30 hectares, on fait davantage de fumier et que l'on n'a à fumer annuellement que 6 ou 9 hectares, au lieu qu'il en faut fumer une douzaine dans les assolements de l'Anjou, si l'on se rappelle que toute la main-d'œuvre et les attelages disponibles sont employés sur 18 hectares au lieu d'être répartis sur 24 hectares, on conclura sûrement que l'accroissement du produit en fourrages et en céréales couvrira plus que la diminution de la surface consacrée à ces récoltes, et que le fermier aura par conséquent le profit des 3 hectares d'avoine, de colza ou de pommes de terre qu'il pourra vendre suivant l'assolement qu'il aura choisi.

Mais il y a plus ; et nous allons nous convaincre que les assolements avec prairies temporaires sont plus économiques que l'assolement de quatre ans. Nous allons le faire, au moins autant que cela est possible, en comparant dans les deux assolements les produits et les dépenses qui ne sont pas les mêmes.

Je considère donc deux fermes de 100 hectares ; l'une, exploitée d'après l'assolement de quatre ans, comprend :

Luzerne	10 hect.
Betteraves à sucre	12 hect. 50
— fourragères	10 hect.
Blé.	22 hect. 50
Trèfle	22 hect. 50
Avoine.	22 hect. 50

L'autre, livrée à la prairie temporaire, est divisée en dix soles, trois de prairies, une de trèfle, deux de blé, deux d'avoine, une de betteraves fourragères, une de betteraves à sucre ; la rotation est la suivante :

3 années de prairie au lieu de 4, Avoine, Betteraves fourragères, Blé, Trèfle, Avoine, Betteraves à sucre, Blé.

Bien entendu, c'est le système du pâturage qui domine et, pour que la prairie suffise à nourrir à peu près tout le bétail, on la livre au pâturage dès la deuxième année ; elle nourrit alors 5 animaux par hectare au lieu de 3, de sorte qu'avec le pâturage d'arrière-saison, les prairies suffisent à la nourriture de 100 bêtes pendant la moitié de l'année ; c'est-à-dire que l'on peut admettre sans erreur que le bétail vit entièrement au pâturage pendant cinq mois de l'année, d'où une économie de main-d'œuvre. Du reste, au point de vue de la quantité de bétail entretenu, nous avons, dans le premier cas, 12 hectares 1/2 de trèfle en plus et 10 hectares de luzerne, et les pulpes de 2 1/2 de betteraves. Dans le second cas, nos 20 hectares de prairies de première et de deuxième années remplacent la luzerne et 10 hectares de trèfle ; la prairie de troisième année vaut un peu plus que les 2 hectares 1/2 de trèfle et les 2 1/2 de pulpes. En somme, la ferme nourrira dans les deux cas à peu près la même quantité de bétail ; mais il serait raisonnable d'admettre que le bétail nourri au pâturage produira davantage, soit 10 fr. de plus par tête et par an.

Voici donc la différence des produits dans les deux exploitations :

	ASSOLEMENT DE QUATRE ANS	PRAIRIES TEMPORAIRES
Bétail en plus		1.000 fr.
Betteraves 2 hect. 1/2 en plus, 75.000 kilos à 25 fr.	1.875 fr.	
Avoine 2 hect. 1/2 en plus à 50 hectol., 125 hectol. à 9 fr.	1.125	
Blé 2 hect. 50 à 30 hectol , 75 hectol. à 18 fr.	1.350	
	4.350 fr.	1.000 fr.

La différence est de 3.350 fr. en faveur de l'assolement de quatre ans. On remarquera que j'ai supposé dans les deux cas les mêmes rendements, ce qui est à peu près exact, car, si l'on fait sensiblement moins de fumier dans l'assolement avec prairies, il y a aussi 2 hectares 1/2 en moins à fumer, soit 1/8 ; et comme les animaux ne passent pas en pâture plus de six heures par jour, soit 1/4 du temps pendant la moitié de l'année, ils ne perdent en définitive que 1/8 de leur fumier total, et pendant la saison où le fumier qui ne peut pas être employé subit sûrement le plus de déchet.

D'autre part, la prairie temporaire avec les deux années de pâturage et la végétation des légumineuses qui en résulte, laisse la terre aussi riche que le trèfle, plus riche peut-être, car il faut remarquer qu'elle est pâturée dès la deuxième année, et que, sur les 150 kilos d'azote que son produit contient cette année-là, le pâturage en laisse 1/4 au sol, soit 40 kilos dont 25 utilisables. La prairie n'en consomme sûrement pas davantage. Dès lors toutes les récoltes se trouvent, dans les deux cas, à peu près dans les mêmes conditions au point de vue de l'engrais, et doivent produire les mêmes quantités.

Quant aux dépenses, elles sont très sensiblement moindres dans l'assolement avec prairies. Voici les différences :

Semence, 2 h. 5 avoine à 2 hectol. 1/2, 6 h. 25 à 11 fr.	70 fr.	»
Semence, 2 h. 5 blé à 2 hectol.,5 hectol. à 22 fr..	110	»
— 2 h. 5 betteraves à 15 fr.	37	50
Pulpes rachetées sur 2 h. 5, 25.000 kilos à 5 fr. .	125	»
Moissonnage 5 h. et emmagasinage, 70 fr. . . .	350	»
Sarclage des betteraves et arrachage, 2 h. 50 à 100 fr.	250	»
Frais généraux sur 7 h. 1/2 en culture en plus, à 25 fr.	190	»
Fanage de 10 h. luzerne	600	»
Main-d'œuvre en moins pour les animaux. . . .	700	»

Main-d'œuvre en moins et attelages pour la cul-
ture . . . . 1.000   »

Total . . . . . 3.425 fr. »

Discutons d'abord ces chiffres : point de difficulté jusqu'aux frais généraux puisqu'il s'agit
de dépenses de semences, de nourriture ou de
main-d'œuvre réellement faites. Je compte les
frais généraux sur 7 h. 1/2 en plus ; ce n'est
sans doute pas assez, car il est juste de ne point
compter de frais généraux sur la partie abandonnée au pâturage ; mais il est raisonnable d'en
compter sur la partie des fourrages à faucher et
à rentrer : la différence en plus pour l'assolement
de quatre ans serait donc en réalité de 20 h. à
20 fr., soit 400 fr. au lieu de 190 fr.

Les animaux peuvent pâturer cinq mois de
plus que dans l'assolement de quatre ans et, pendant ce temps, ils occupent un homme de moins
que les animaux nourris à l'étable. Ils sont aussi
un mois de moins au régime d'hiver pendant
lequel il faut un homme de plus pour les soigner à l'étable, en tout 180 journées d'homme au
moment des plus forts travaux ; ce n'est pas
trop de 700 fr. pour une demi-année d'été.

De plus, la nourriture d'un mois à l'étable
exige le fanage d'une dizaine d'hectares de première coupe en plus.

Enfin la culture de 7 h. 1/2 de terres, soit 1/8
en plus, exige un cheval de plus pendant l'année
et un homme pendant 180 jours, c'est encore
une somme de 1.000 fr. Dès lors, on voit que les
excédents de recettes et de dépenses se compensent à peu près. La différence est trop minime
pour déterminer dans un sens ou dans l'autre le
choix d'un agriculteur judicieux ; elle peut même
fort bien ne pas exister ; l'établissement théo-

rique d'un compte de culture est un point trop
délicat pour qu'il ne soit pas téméraire d'affirmer
que l'avantage se trouvera certainement d'un
côté ou de l'autre. Mais un point qui n'est pas
douteux, c'est que l'assolement de quatre ans
exige une dépense supplémentaire annuelle d'environ 4.000 fr., et un capital fixe d'environ
6.000 fr. ; c'est un total de 10.000 fr. de capital
d'exploitation que les assolements avec prairies
n'exigent pas. Ajoutons les chances de verse, de
grêle et autres accidents que la prairie ne craint
pas; et nous pourrons affirmer que ces considérations suffisent dans la généralité des cas pour
décider les cultivateurs en faveur des assolements
avec prairies temporaires.

Si, de ce domaine cultivé avec tous les soins
possibles, nous passons maintenant à un domaine
moins bien entretenu, ruiné peut-être, la déter-
mination ne peut plus être douteuse ; là où la
culture des céréales ne peut amener que la ruine,
la prairie temporaire sera le salut. Sans vouloir
insister plus que de raison sur ce point qui est
acquis, j'observe seulement qu'il y a accord aujourd'hui entre les praticiens sur la perte qui
résulte de la culture des terres qui ne peuvent
donner de 250 à 300 fr. de produit brut à l'hectare, c'est-à-dire au moins 17 hectolitres de blé.
Or, à l'aide de la prairie temporaire, qui donne
toujours un produit net, la plus grande partie
des terres étant soustraite à la culture, le rendement des autres, qui reçoivent tous les fumiers
de la ferme, et sont façonnées avec plus de soin,
se trouve considérablement augmenté. Sur un
domaine de cette sorte, ce qu'il y a de mieux à
faire, c'est d'avoir, si l'on peut, de bonnes prai-

ries ; et si l'on ne peut, d'assez bonnes ou même de mauvaises, plutôt que de tout cultiver.

Mais il faut choisir judicieusement le bétail, qui consommera la récolte de ces prairies. Que l'on élève ou que l'on engraisse, une première question se pose : faut-il choisir le gros bétail ou le mouton ? Lorsque la prairie est mal établie, lorsque le sol en est maigre et que les produits en sont faibles ; si, en outre, elle est située loin du centre de l'exploitation, il n'y a qu'un moyen de l'exploiter avec profit : c'est de la faire pâturer par un troupeau de moutons. Mais si la prairie est celle que j'ai décrite plus haut, établie sur un sol riche pouvant produire, les deux premières années, 6 à 8.000 kilos de fourrage, ce serait une faute d'en faire consommer les produits par les moutons. Toutes choses égales d'ailleurs, le mouton donne moins de bénéfices que le gros bétail, dans l'élevage surtout. Avec un troupeau de 200 brebis mères, soit 300 bêtes adultes et 190 agneaux, on aura difficilement à vendre, en tenant compte des pertes, 185 bêtes par an, soit 95 agneaux mâles et 90 brebis de quatre à cinq ans ; et tout cela ne produira guère, aux cours actuels, que 6.000 et quelques cents francs avec la laine. Un pareil troupeau consommera autant, en poids, qu'une troupe de 25 vaches et de 25 génisses de différents âges ; et si les vaches et les moutons vivent dans des pâturages de même fertilité, il faudra pour les derniers un tiers de superficie en plus, parce qu'ils rasent davantage et qu'ils retardent ainsi la croissance de l'herbe. Il est vrai qu'ils peuvent vivre dehors dans les mêmes pâturages en novembre, et jusqu'à la fin de février : c'est-à-dire, en moyenne, pendant 60 jours pendant lesquels les vaches ne peuvent pâturer ; mais l'économie de fourrage, qu'ils peuvent faire ainsi, est loin de compenser les sacrifices qu'il faut faire au printemps pour les nourrir. Si l'on tient compte, en outre, que pour en tirer parti il faut donner encore aux bêtes, que l'on livre à la boucherie, de 3 à 5 fr. de tourteau ou de grain, soit, pour 180 bêtes, 700 fr., on voit qu'il ne reste en définitive, comme produit brut du troupeau de 500 têtes, que 5.500 fr., avec une dépense supérieure de un tiers en été, et inférieure de un quart en hiver, c'est-à-dire, en définitive, sensiblement supérieure à celle de nos 50 têtes de gros bétail. Si l'on considère enfin que le mouton exige surtout une nourriture beaucoup plus riche, et qu'il trouve difficilement sur des prairies établies en terrain frais, on reconnaîtra, sans doute, que la tenue du gros bétail semble devoir être plus avantageuse ; mais il est positif que le produit brut de notre troupeau de 50 grosses bêtes sera très supérieur à celui des moutons.

Nos 25 vaches, lorsqu'on aura soin d'en éliminer celles qui seront médiocres après leur premier ou leur deuxième vélage, nourriront leur veau pour l'élevage pendant 3 mois, à raison de 6 litres par jour le premier mois, et de 4 litres le reste du temps, et donneront encore en moyenne 4 litres de lait par jour, soit 1.460 litres de lait par an à 0,11 c., prix payé en moyenne dans la Meuse. Cela fait 160 fr., ou pour 25 vaches ..   4.000 fr.

Il sera vendu 25 veaux de lait, 8 de génisse et 17 de vache adulte, de 6 semaines, à 70 fr.   1.750 fr.

8 veaux seront élevés, et permettront la vente de 8 bêtes adultes, de 4 à 500 kilos, valant en moyenne aujourd'hui à frais lait 330 fr.   2.640 fr.

Le total, 8.400 fr., est supérieur de près de

3.000 fr. au produit des moutons ; et il semble que ce soit un minimum qui augmenterait, si l'on entretenait la même proportion de bêtes adultes dans le gros bétail que dans les moutons, soit 30 bêtes. Le produit, par tête, pourrait alors être estimé en moyenne à 200 fr. Du reste, ce ne sont plus là des spéculations, l'expérience a prononcé ; les troupeaux de moutons disparaissent rapidement en France, parce qu'ils laissent presque partout le cultivateur en perte.

L'engraissement, soit qu'il s'agisse de moutons, soit qu'il s'agisse de gros bétail, exige de la part du cultivateur, qui veut s'y livrer, des aptitudes spéciales : il faut qu'il connaisse parfaitement le bétail, qu'il sache reconnaître le bon du médiocre et n'offrir qu'un prix convenable, c'est-à-dire faible ; il faut surtout qu'il sache se garder des entraînements irréfléchis ; il faut qu'il connaisse à fond le rationnement du bétail, et qu'il sache graduer les rations pour tirer profit de la nourriture qu'il donne ; et cette connaissance est plus difficile que dans l'élevage, parce qu'elle est plus incertaine. Avec tout cela, l'engraisseur ne parera pas toujours à l'aléa qu'entraîne nécessairement ce genre de spéculation, et il faudra que la différence, entre le prix du bétail gras et celui du bétail maigre, soit considérable pour qu'elle puisse être fructueuse. Au surplus, l'engraissement ne pourra jamais être qu'une spéculation restreinte ; l'élevage sera toujours une spéculation générale.

Ainsi, c'est à l'élevage complété au besoin par l'engraissement que le cultivateur judicieux doit donner la préférence, et c'est à l'élevage du gros bétail qu'il doit s'arrêter. Il y a à ce choix une deuxième raison, exclusivement culturale celle-là : c'est que le pâturage du mouton ne peut pas s'adapter également à toutes les prairies ; le mouton aime l'herbe courte, et, lorsqu'il n'en trouve pas, il en fait. En attendant, il profite moins et nuit à la prairie, il court de tous côtés au lieu de pâturer en place, il salit ou abîme l'herbe ; de là un déchet important. Si on l'oblige à rester en place en le gardant, il fait pousser de l'herbe à son goût en rongeant la prairie jusqu'à terre en coupant l'herbe au collet en nuisant à sa végétation ; il la raccourcit, il empêche les racines de s'étendre, il fait disparaître les grandes herbes, il tasse le sol ; et la prairie ainsi traitée ne peut plus pousser que des herbes courtes. Qu'une prairie pâturée par les moutons soit fauchée l'année suivante, on y récoltera, il est vrai, du foin fin et lourd, du foin de première qualité ; mais le foin restera court et, malgré le pâturage de l'année précédente, la quantité récoltée sera faible.

Les moutons ne doivent donc être introduits sur les prairies, au moins sur les bonnes, qu'avec une grande prudence, au moment où ils ne peuvent plus nuire à l'herbe, c'est-à-dire à l'arrière-saison, en octobre, novembre et décembre. Mais aussitôt que le temps redevient favorable, après les gelées de l'hiver, le pâturage doit être terminé. Et il n'y a plus alors que deux catégories de prairies que l'on puisse leur réserver, les prairies de dernière année et les prairies éloignées. En leur en réservant assez, en laissant toujours repousser l'herbe avant de les y remettre, on rend possible le pâturage sans que la prairie ait à en souffrir.

DEUXIÈME PARTIE

L'ART DES ASSOLEMENTS

Nous allons étudier plus spécialement dans cette deuxième partie l'art des assolements, c'est-à-dire que nous chercherons les moyens d'adapter l'assolement au sol, au climat, aux circonstances économiques diverses : toutes conditions variables pour les différentes contrées, souvent même dans des domaines très voisins.

Or, ces divers ordres de considérations sont loin d'avoir la même importance pour fixer le choix du cultivateur, car, de même que, dans l'histoire naturelle, les animaux et les plantes ont été classés en familles naturelles en tenant compte de l'importance relative des caractères qui leur sont spéciaux ou communs, en un mot de ce que Jussieu a excellemment appelé la subordination des caractères, de même, pour fixer l'assolement, la considération du climat n'a pas la même importance que celle du sol, et celle-ci en a beaucoup plus que les circonstances économiques.

S'il est vrai que chaque plante ne végète bien que sous un climat qui lui convienne, si les plantes de la zone torride sont fort différentes de celles de nos climats tempérés, et à plus forte raison des végétaux rabougris de la zone glaciale, la considération du climat devrait être la plus importante pour fixer l'assolement ; mais, comme je me propose spécialement d'étudier les assolements de la partie tempérée de l'Europe et plus spécialement de la France où les différences du climat sont beaucoup moins grandes que celles du sol, cette dernière considération prend beaucoup plus d'importance, et c'est d'elle surtout que dépend le choix de l'assolement.

La végétation varie avec le sol : les plantes qui poussent naturellement sur l'argile ne se retrouvent plus sur la craie ; le sable a sa végétation spéciale ; les terrains humides nourrissent des plantes acides qui disparaissent par le drainage et le chaulage ; les plantes à racines traçantes ne végètent pas dans les terrains brûlants, où les plantes à racines pivotantes réussissent mieux. A côté de ces qualités de nature, pour ainsi parler, la situation du sol a aussi son importance : qu'il soit sur un plateau, sur un versant, dans une vallée ou dans une plaine, ses productions seront nécessairement différentes.

Le climat de la France, si l'on en excepte le bassin du Rhône depuis Lyon, comporte à peu près la même végétation, quoique les phases en soient différentes au nord et au midi. La considération en est donc moins importante que celle du sol.

Quant aux conditions économiques, il y en a de générales pour le pays ; de ce nombre sont les droits de douane ; mais la rareté de la main-d'œuvre, l'importance du capital d'exploitation, la valeur morale et l'habileté matérielle des ouvriers, la facilité des débouchés, le taux de la vente de la terre, la cherté de la main-d'œuvre sont autant de conditions variables qui ont une influence considérable mais non pas dirimante sur l'assolement.

J'étudierai donc successivement les modifications de l'assolement suivant les sols, les climats, et les conditions économiques, et je ferai voir comme conclusion que la prairie temporaire convenablement modifiée se prête à toutes ces variations.

CHAPITRE PREMIER

DES ASSOLEMENTS QUI CONVIENNENT
AUX DIFFÉRENTS SOLS

Quatre points sont à considérer dans l'examen du sol : la fertilité, les qualités physiques, la situation et la division. Le plus important est la fertilité : on peut réussir avec un assolement quelconque sur un sol fertile; peu d'assolements au contraire conviennent à un sol pauvre, mais persister à y maintenir l'assolement de trois ans, c'est commettre la dernière faute et courir à une ruine certaine. C'était le système d'autrefois où tout homme qui avait deux chevaux, une charrue et sa semence, croyait pouvoir s'établir cultivateur. C'est encore le système pratiqué aujourd'hui sur bien des points du territoire français, et c'est une des causes auxquelles il faut attribuer l'infériorité de notre agriculture.

La fertilité dépend à la fois de la composition chimique du sol et de sa nature physique. Et cette fertilité même est variable pour les diverses récoltes. Un sol fertile est celui dans lequel l'azote, l'acide phosphorique, la potasse, la chaux, la magnésie, le fer et l'acide sulfurique se trouvent en quantité suffisante, mais il est certain que les quatre premiers éléments l'emportent de beaucoup en importance, et M. Joulie, qui est un maître en cette matière, fixe ainsi la composition d'une bonne terre arable :

```
A l'hectare : Azote. . . . . . . . .     4.000 kilos
     —        Acide phosphorique.    4.000  —
     —        Potasse. . . . . . . .  10.000  —
     —        Chaux . . . . . . . .  280.000  —
     —        Magnésie . . . . . . .   2.000  —
```

Les analyses nombreuses de terres qui ont été faites ont prouvé que presque toutes les terres arables contiennent moins de 6.000 kilos d'azote. Seules les vieilles prairies, les terres tourbeuses, les terres acides en contiennent davantage ; mais cet azote est inerte, incapable de se nitrifier ; c'est un stock qu'il faudra tâcher d'utiliser par la suite, mais qui, pour le moment, est nuisible. Une terre qui contient 4.000 kilos d'azote est suffisamment pourvue, et il suffit de donner à chaque récolte la quantité dont elle a besoin ou même un peu moins.

Il y a des terres en France qui contiennent beaucoup moins d'azote, ce sont généralement les terres sèches perméables, surtout lorsqu'elles sont calcaires. Quelques-unes contiennent des pierres assez dures, calcaires : ce sont à la fois les plus sèches, les plus perméables et les moins riches en matières organiques et en azote. Il y en a qui en contiennent moins de 1.000 kilos à l'hectare. Ce sont, on le voit, des terres très pauvres, et il est bien certain qu'il ne suffirait pas de donner à de pareilles terres la quantité d'azote dont les récoltes ont besoin pour végéter. S'il s'agit, en effet, d'une terre très perméable et très pierreuse, peu capable de retenir les eaux pluviales, les engrais azotés qui sont très solubles seront rapidement entraînés dans les profondeurs du sol ; s'il s'agit d'un sol plus frais, moyen ou même compact, il y aura lutte entre les plantes et le sol, celles-ci avides d'engrais qu'elles veulent prendre, celui-là retenant plus ou moins fortement les engrais azotés jusqu'à ce qu'il en soit partiellement saturé.

Il résulte de là que les plantes très avides d'engrais azotés ne conviennent pas aux sols pauvres en azote, quels qu'ils soient du reste physiquement. On ne peut espérer pouvoir les y cultiver fructueusement qu'après les avoir améliorés. Ainsi, dans ces terres point de céréales, point de blé ni d'orge surtout, point de légumineuses, qui, sans consommer d'azote, ne prospèrent pourtant que dans un sol riche. Ici c'est la prairie qui convient lorsque le sol est suffisamment frais, partout ailleurs on devra l'associer au sainfoin.

La quantité de 4.000 kilos d'acide phosphorique à l'hectare est loin d'être atteinte dans la plus grande partie de notre sol français ; mais cette quantité, de même que celle d'azote, est celle nécessaire à un sol pour la production courante de récoltes de 30 hectolitres de blé. Si le sol en contient moins, 3.000 kilos par exemple, on ne peut plus atteindre ce produit qu'en donnant à la terre une partie de l'acide phophorique que la récolte exige, les deux tiers au moins, pour le blé et l'orge, car les superphosphates, même les mieux fabriqués, ne sont jamais utilisés par les récoltes pour plus de la moitié. Si la teneur en acide phosphorique devient inférieure à 2.000 kilos, on voit qu'il faut donner à la terre plus d'acide phosphorique que la récolte n'en absorbe pour être sûr qu'elle en trouvera assez ; et enfin lorsque le sol n'en contient que 1.000 kilos, il faut en donner beaucoup plus pour être

sûr d'en donner assez. J'ai supposé, en effet, que
la moitié de l'acide phosphorique du superphosphate était utilisé par la récolte, mais ce n'est là
qu'une hypothèse, le fumier intervient aussi par
son apport d'acide phosphorique, de sorte qu'il
est très difficile de séparer ce qui provient du
fumier, ce qui provient du sol et ce qui provient
de l'engrais. Dans une terre presque assez riche
en acide phosphorique, cette distinction n'a pas,
au reste, grande importance ; mais lorsque la
terre est pauvre, on comprend que cela devient
très important si l'on veut être sûr de donner aux
récoltes assez d'acide phosphorique pour être sûr
de les obtenir pleines.

Je ne m'attarderai pas du reste à considérer
les différents degrés de fertilité des sols, à les
combiner avec la variété des qualités physiques
de la situation et de la division pour indiquer
dans chaque cas particulier l'assolement qui
convient ; ce serait une énumération fastidieuse
qui m'exposerait à des redites : je veux exposer
seulement comment la considération du sol doit
diriger le choix de l'assolement.

Qualités physiques. — Au point de vue physique, les sols sont perméables, moyens ou imperméables. Les sols perméables sont pierreux, gra-
veleux ou sablonneux, à une profondeur plus ou
moins grande : ces sols laissent complètement
passer l'air et l'eau ; les fumiers y sont activement décomposés, et leurs éléments utiles rapidement entraînés dans les couches profondes,
les nitrates d'abord, la potasse ensuite, au fur et
à mesure que les matières organiques se nitrifient, les phosphates en dernier lieu. Ce sont
donc généralement des sols très pauvres en potasse, riches en phosphates, et pauvres en azote.

Les terres pierreuses de l'arrondissement de Bar, qui laissent filtrer les eaux jusqu'à une profondeur moyenne de 100 mètres, contiennent en moyenne 6 à 7.000 kilos d'acide phosphorique à l'hectare jusqu'à une profondeur de 0^m20 centimètres, la proportion de potasse est au contraire fortement inférieure à 2.000 kilos, c'est-à-dire très faible. Au point de vue chimique, les terres perméables à une grande profondeur ne sont pas aptes à la végétation des légumineuses et de la luzerne, qui seules pourraient permettre de les cultiver avec profit, puisque leur état physique s'oppose absolument à leur transformation en prairies mélangées de graminées. Mais ces terres ont d'autre part l'avantage d'exiger des labours moins fréquents, puisqu'elles sont à la fois meubles et propres, et en n'y employant que des fumiers longs aidés d'engrais potassiques, un cultivateur industrieux pourra y faire prospérer la luzerne qui devra y revenir très fréquemment avec l'assolement : pommes de terre, blé, 3 années de luzerne, avoine. Pour la première rotation, la terre étant trop pauvre, le sainfoin remplacera avantageusement la luzerne. Le même assolement réussira mieux encore, et sans doute avec une moindre importation de potasse, lorsque la couche imperméable se trouvera à une profondeur de 2^m dans le sol. L'assolement que je viens d'indiquer est de six ans; il peut donc parfaitement remplacer dans les territoires morcelés où le sol est perméable, l'ancien assolement de trois ans; c'est un progrès qui pourrait être appliqué avec profit sur la moitié au moins du territoire de la Meuse.

Les sols moyens sont ceux qui sont assez perméables pour que l'air et l'eau y accomplissent leur travail de décomposition au profit des plantes qui les couvrent. Les sols qui contiennent de 3 à 10 0/0 d'argile, 2 à 10 de calcaire et le reste de sable fin jusqu'à une profondeur de 2 mètres sont dans ce cas ; mais il y en a d'autres encore : des sols plus compacts mais qui sont drainés ou dont le sous-sol est perméable en font partie. Ce sont généralement les terres les plus faciles à cultiver et celles qui donnent le plus de profit. La plus grande partie de nos riches vallées, les plaines du nord et de l'ouest de la France sont comprises dans cette catégorie. Ici le cultivateur est maître de son assolement ; la fertilité plus grande, le moindre relief du terrain, la contenance plus grande des parcelles, tout favorise son exploitation. Aussi, à l'exception de la Basse-Normandie, où la régularité du climat et son humidité constante en même temps que la facilité des relations avec l'Angleterre rendent la tenue du gros bétail très profitable, toute cette partie du sol français était réservée à la culture. La betterave à sucre et le blé dans le Nord avec l'assolement alterne, le colza et les céréales en Normandie et en Beauce avec l'assolement triennal, occupaient successivement le sol. Les désastres dûs au libre-échange ont fortement ébranlé ce système de culture, et il est douteux qu'il puisse leur résister. Quoi qu'il en soit, si l'emploi des engrais artificiels, l'accroissement des rendements ne donnent pas satisfaction aux cultivateurs de ces contrées, les assolements avec prairies temporaires, soit à base de trèfle, soit à base de luzerne avec une durée moyenne de 4 ans, leur permettront de traverser la crise. L'économie de main-d'œuvre et de frais généraux qu'ils feront dès la première année leur permettra d'acquérir le supplément de bétail qui leur sera nécessaire dans ce nouveau mode d'exploitation.

Les sols imperméables sont les sols compacts contenant plus de 20 0/0 d'argile, et le reste de sable fin, à moins que le sous-sol situé à une profondeur de moins de 0^m20 centimètres ne soit absolument perméable ; ce sont encore les terres moyennes ou même les sables avec sous-sol imperméable. Ces sables conservent parfaitement leur fraîcheur, surtout lorsqu'ils n'ont été ni marnés ni chaulés ; les réactions chimiques de la décomposition du fumier s'y accomplissent lentement, et lorsqu'ils ne sont pas cultivés avec le plus grand soin et façonnés très fréquemment par un temps favorable, ils deviennent généralement acides. Il en résulte que, difficile comme dans le cas de l'argile, ou facile comme dans le cas du sable, la culture y est toujours coûteuse, en ne donnant souvent que des produits minimes. Le blé réussit mal dans les terrains acides, la luzerne n'y prend que lorsque la culture a enlevé l'excès d'acidité, c'est-à-dire avec beaucoup de frais et souvent après bien des essais infructueux ; mais ce sont de beaucoup les plus favorables à la réussite des prairies, les sols moyens et légers avec sous-sol imperméable surtout. Comme il est très facile de les ameublir complètement et d'en réduire la surface en poussière, la levée de la prairie est assurée et toujours régulière ; et comme le tassement y est toujours faible, la prairie même pâturée peut durer un temps plus considérable qu'ailleurs. L'expérience que j'ai faite à cet égard depuis cinq ans dans ma ferme de Jovillers où le sol est en général sableux et le sous-sol peu perméable, bien qu'il y ait aussi des sols plus compacts, ne me laisse aucun doute à cet égard : l'assolement betterave, blé, trois ou quatre années de prairie et deux de céréales, est celui qui m'a réussi le mieux.

Dans les terres semblables mais chaulées, et beaucoup plus fertiles de la Brie, c'est à peine si l'on connaît la prairie temporaire ; mais en revanche la luzerne est cultivée en grand pour fournir à la consommation de la capitale, bien qu'à ma connaissance peu de cultivateurs l'aient introduite dans l'assolement et qu'au contraire les terres qui la portent en soient généralement retirées.

Avec un capital considérable, beaucoup de persévérance, des drainages et des marnages, les cultivateurs de la Brie ont pu réussir dans la culture de la luzerne ; mais c'est un fait que les terres compactes et argileuses des plateaux de l'est de la France ne s'y prêtent point du tout. Avec la persévérance et la science qui le caractérisaient, M. de Dombale en a essayé à Roville dans les terres fortes des plateaux. Il a semé 25 kilos à l'hectare ; mais la luzerne, après avoir bien levé, a disparu, et la conclusion du savant agronome a été que le trèfle seul convenait sur les terres argileuses. Sur ces terres particulièrement, l'introduction de l'assolement de quatre ans serait un progrès important, tant au point de vue de l'économie de culture que de l'accroissement des produits du sol. L'exemple de la prospérité agricole de l'Ecosse avec des terres de cette sorte et sous un climat singulièrement plus humide que le nôtre, a suffisamment prouvé du reste la supériorité de cet assolement, bien que les Ecossais aient été obligés d'y maintenir la jachère tous les 8 ans.

Si l'on remarque que les terres argileuses qui proviennent souvent de la décomposition des granits sont presque toujours riches en potasse, on reconnaîtra que le trèfle pourra y persister après la première récolte. Il sera donc très avantageux de lui associer des graminées ; mais ce serait une faute de faire pâturer cette prairie si on veut la faire durer plus de deux ans, ce n'est que la dernière année qu'elle doit être laissée au pâturage. On réussira donc certainement en assolant ces terres de la manière suivante : betterave, maïs ou pomme de terre, blé, trèfle et deux années de prairie, avoine ; c'est encore un assolement de six ans très applicable aux terres morcelées.

Situation. — On ne tient pas toujours assez compte des situations dans le choix des assolements ; toutes les terres d'un domaine sont souvent assolées de la même manière, bien qu'elles diffèrent de situation : les unes situées sur les hauteurs sont exposées aux vents desséchants ; les autres dans les fonds sont à couvert, elles reçoivent en outre les eaux fertilisantes du reste du domaine ; les pentes sont quelquefois ravinées par les pluies torrentielles ; les versants situés au midi sont plus chauds, les plantes y sont plus précoce qu'au nord ; le versant de l'est est beaucoup plus sec que celui de l'ouest, et à cause de cela moins exposé à souffrir des givres qui font aux récoltes beaucoup plus de mal que les gelées sèches.

De même, l'ensemble de notre territoire comprend des plateaux d'une élévation moyenne de 200 mètres au-dessus du niveau de la mer, des plaines au nord et à l'est tout autour de ce plateau central et occidental de la France qui comprend la Normandie presque entière, le Maine, l'Anjou, l'Orléanais, une partie de la Bourgogne et toute l'Ile-de-France. Là, on ne rencontre de pentes considérables que celle qui bordent les grandes vallées ; mais dans le reste du territoire les accidents ont plus de relief, le terrain ne fait plus partie d'un plateau, c'est une suite de plateaux entremêlés de plaines et séparés par des ravins ou des vallées plus ou moins importantes avec des pentes quelquefois abruptes. Or, il est clair que sur les pentes la culture n'est pas aussi facile qu'en terrain horizontal : si le sol est divisé suivant la ligne de plus grande pente, ce qui est le cas dans la vallée de la Seine depuis Paris jusqu'à Mantes, où les parcelles sont très petites, la culture devient pour ainsi dire impossible à cause de la traction qu'elle exige ; si la plus grande dimension des parcelles est de direction horizontale, la culture exige des laboureurs plus d'habileté et plus de fatigues, et la récolte reste exposée aux accidents qui proviennent soit de la sécheresse, soit des pluies torrentielles.

Ajoutez que la composition physique et chimique du sol n'y est pas la même que sur les plateaux. Ici une grande partie de l'eau de pluie n'entre pas dans le sol pour en enlever les principes fertilisants, mais le sol lui-même est quelquefois entraîné dans la vallée ; il n'en reste que les parties les plus grossières, les parties fines allant se déposer dans les vallées. La matière organique est sans doute enlevée de cette manière ; car, dans la Meuse, par exemple, les côtes qui bordent la vallée de la Meuse et la

Woèvre à l'est, n'en contiennent guère que 5.000 kilos à l'hectare avec moins de 2.000 kilos d'azote, ce qui prouve que la nitrification s'y opère très rapidement, tandis que les terres du plateau entre les deux versants contiennent 52.000 kilos de matière organique à l'hectare avec 7.000 kilos d'azote, la Woèvre 80.000 kilos avec 12.000 kilos d'azote, et la vallée de la Meuse 45.000 avec 15.000 kilos d'azote. Aussi, malgré la nitrification active qui s'y opère, les versants des côtes ne sont pas en général propres à la culture des plantes avides d'azote qui ne sauraient jamais y donner de grands produits.

C'est une raison de les occuper par la vigne sur les versants orientaux et méridionaux et même occidentaux, lorsque le climat lui convient ; les versants du nord seront utilement occupés par des plantations de bois. Mais pour les fermiers qui ne sauraient supporter de pareilles dépenses, assurés qu'ils sont de ne pas rentrer dans leurs frais, il y aurait certainement grand bénéfice à transformer les pentes trop difficiles à cultiver en pâtures ou prairies permanentes, où l'on ne ferait qu'une coupe. On pourrait, suivant les cas, les ensemencer en trèfle avec graminées ou en luzerne, et comme la nitrification s'opère bien sur les pentes, la prairie même serait dans d'excellentes conditions pour durer longtemps, pourvu que le sol s'y prêtât, en même temps que le ravinement favorisé par la culture deviendrait impossible par l'engazonnement.

Les portions des vallées ou même des ravins soumises à des inondations périodiques, celles qui sont dans le voisinage des sources, doivent être transformées en prairies, de même que les terres ombragées ou situées dans le voisinage des bois ou au pied des pentes, surtout lorsque le sol s'y prête. Toutes ces terres en effet ne sont point du tout propres à la culture des céréales, et surtout du blé qui y est sujet l'hiver à toute sorte d'accidents, sans compter qu'elles sont fort difficiles à entretenir propres, et que la maturité s'y fait mal. On peut du reste renouveler de temps en temps la prairie, tous les six ans par exemple. On récolterait avoine, betterave et orge, dans laquelle la prairie serait ressemée. Ici il faut nécessairement exclure la luzerne qui a horreur de l'humidité, des givres, des brouillards, et surtout des inondations ; c'est un fait connu des cultivateurs qu'elle dure plus longtemps sur les hauteurs que dans les fonds.

Division. — Je n'entends pas ici seulement parler du morcellement qui est général en France bien qu'à des degrés divers, de sorte qu'il y a quelques pays de grande culture et de culture moyenne, tandis que dans la plupart des provinces, la grande, la moyenne et la petite culture sont mélangées ; je n'entends pas indiquer non plus seulement que les parcelles sont différentes d'étendue, puisqu'en Lorraine il y a des vignes de deux ares et des parcelles cultivées de moins de cinq.

On comprend cependant que ce morcellement doit avoir une grande influence sur l'assolement. C'est ainsi qu'en Lorraine, la plus grande partie des parcelles n'ayant aucun accès sur les chemins, les cultivateurs sont obligés de suivre le même assolement ; ainsi le veut l'usage des lieux ; mais ce n'est pas y déroger que de laisser en luzerne ou en prairie, une partie de ses terres. Dès lors, les assolements pomme de terre ou betterave, blé, trois années de luzerne ou de prairie, avoine sont applicables. Mais il reste toujours la difficulté d'employer les prairies à tel usage qui leur convient et notamment de les faire pâturer ; on est généralement obligé de faucher la première coupe, au lieu qu'à partir de la moisson le pâturage devient possible ; et il n'y a pas de doute que plusieurs propriétaires pourraient s'entendre pour faire garder leur bétail en commun.

Dans la Normandie et dans l'Ile-de-France les parcelles sont plus considérables et aboutissent généralement sur des chemins ; de là plus de liberté pour le cultivateur ; aussi dans ces pays l'usage est-il que chacun dessole ou dessaisonne suivant son bon plaisir.

Mais il y a un point encore plus important à considérer dans la division du sol, c'est l'éloignement des parcelles du centre de l'exploitation. Dans beaucoup de communes de la Meuse, il y a des terres situées à quatre kilomètres du village qui est situé dans une vallée.

Dans ces terres, il faut trois chevaux pour mener dans une journée 6 à 8.000 kilos de fumier, et la conduite du fumier n'est possible que par le beau temps ou par la gelée ; elle coûte donc au moins 3 fr. par 1.000 kilos, au lieu que dans les terres voisines, elle coûte moins de 1 fr. Or, dans l'assolement de trois ans, des terres pouvant produire 18 hectolitres de blé exigent 20.000 kilos de fumier à l'hectare, et si l'on voulait occuper la jachère, il en faudrait au moins 30.000.

C'est une dépense supplémentaire de	60 fr.
Autant pour le transport des betteraves . . .	60
Pour les 7 labours pendant la durée de l'assolement.	40
Pour le charroi des céréales.	20
Total.	180 fr.

de dépenses supplémentaires, dont plus de 100 fr. à imputer à la récolte de betteraves. Or c'est une somme bien supérieure généralement au bénéfice que cette récolte peut donner ; et les terres éloignées d'un domaine ou d'un territoire ne peuvent par conséquent porter cette récolte. Les céréales, qui ne laissent partout ailleurs qu'un bénéfice insignifiant, donneront certainement de la perte lorsqu'on cultivera le blé sur une jachère complète, surtout si l'on considère que les terres éloignées sont généralement négligées de fumier et de culture.

Il n'y a même pas exception pour un domaine bien entretenu, et quand même le propriétaire s'efforcerait d'y répartir également ses fumiers et ses soins, il resterait toujours que les terres éloignées ne peuvent donner par la culture que de la perte. C'est ce que pensait M. Moll qui condamnait perpétuellement au pâturage les terres situées à plus de deux kilomètres de la ferme. Mais dans les circonstances actuelles, il me semble que cette distance est déjà trop grande, surtout lorsqu'il y a dans le voisinage une grande étendue de terres plus faciles à exploiter économiquement. Dès lors toutes les terres un peu éloignées et situées à plus de 1.500 mètres de la ferme doivent être laissées en prairies. Cela n'empêchera pas de les établir avec le plus grand soin, de manière que pendant deux ou trois ans on puisse y faire une bonne coupe. Pendant ce temps les regains seront pâturés d'abord par les vaches, puis par les moutons, et pendant quelques années encore le pâturage se continuera. La prairie sera défrichée au bout de six à huit ans. On y fera une récolte d'avoine à laquelle succèdera une récolte d'orge fumée autant que possible, dans laquelle on ressemera la prairie.

Ainsi, après avoir mûrement examiné le domaine qu'il doit exploiter, tout agriculteur soucieux de ses intérêts doit en faire deux parts. Les terres voisines de la ferme, celles qui sont faciles à cultiver ou accessibles, celles qui sont fertiles devront recevoir tous les fumiers et l'on aura alors le choix de les soumettre à un assolement avec prairies temporaires ou à l'assolement de quatre ans. Toutes les autres terres seront soustraites à la culture pour être consacrées à la production des fourrages si elles peuvent en porter, et dans le cas contraire au pâturage.

CHAPITRE II

Chaque plante ne réussit bien que sous un climat
particulier, et bien que la zone ou chacune d'elles
prospère soit assez étendue, il y en a parmi celles
que nous cultivons qui réussissent mieux au
nord; d'autres préfèrent les chaleurs du midi;
quelques unes aiment les sécheresses de l'est,
d'autres ne se plaisent que dans l'humidité des
climats marins.

Des plantes de l'assolement de quatre ans que
nous avons examiné en détail, la betterave et
le trèfle, l'orge et l'avoine, se plaisent mieux au
nord qu'au midi. Le trèfle aime la fraîcheur du
sol, si intimement liée parfois avec l'humidité du
climat. L'orge et l'avoine, plantes estivales semées
en mars et en avril dans le nord, prospèrent bien
dans les climats frais où l'humidité ne manque
pas à leur végétation. On les sème un mois plus
tôt dans le midi, cela ne les empêche pas de
souffrir souvent de la sécheresse; une maturité
hâtive diminue quelquefois la récolte de moitié
et ne laisse plus au grain que l'écorce. De Gaspa-
rin a constaté que souvent la levée de la betterave
est mauvaise quand la plante ne souffre pas dans
le reste de sa végétation.

J'ai indiqué que c'était là une des causes pour lesquelles l'assolement de quatre ans n'avait pas été pratiqué dans le midi. Ce pays est plutôt celui de la luzerne que du trèfle, et l'assolement de quatre ans, pour y être applicable, devrait être composé d'autres plantes. Il réussirait cependant dans le voisinage du golfe de Gascogne si les landes qui s'étendent fort loin dans les terres, puisqu'elles composent la plus grande partie du département de ce nom, n'exigeaient des plantations spéciales.

Le reste du bassin de la Garonne est composé en grande partie de terres argileuses, et grâce à la ceinture de montagnes épaisses et assez élevées qui l'entourent, à l'altitude plus grande des terres et à la direction des vents dominants, le climat y est moins chaud et plus humide que dans le bassin du Rhône, et la culture s'y rapprocherait de celle du nord ; le blé y réussit parfaitement, la betterave pourrait être avantageusement remplacée par le maïs cultivé comme fourrage ou pour grain ; il est probable aussi que le colza y réussirait parfaitement bien, la féverole y donne de bons produits, mais il faut la semer avant l'hiver ; enfin, à cause de la nature argileuse du sol qui ne contient qu'une très faible quantité de calcaire, le trèfle conviendrait sans doute mieux que la luzerne, bien que devant y donner des produits moins considérables ; il est probable que les assolements suivants réussiraient :

Maïs pour fourrage ou grain, blé, trèfle, blé ou avoine.
Colza, blé, trèfle, blé ou avoine.
Féveroles, blé, trèfle, blé ou avoine.

La prairie temporaire y réussirait sans doute aussi en éliminant toutes les espèces de graminées tardives et réduisant sa durée à trois ans, la dernière année seulement et le regain de la seconde consacrés au pàturage. A une altitude inférieure à 500 mètres, la vigne prospérerait sur les versants des côtes bien exposées ; une partie importante de cette région est consacrée à sa culture ; le climat y est du reste parfaitement convenable, plus peut-être que le sol. Enfin la ceinture du bassin ne convient qu'à la création d'herbages à quelques exceptions près. L'élevage y est prospère avec les races de Salers, d'Aubrac et limousine.

Peu de pays possèdent un climat aussi varié que le bassin du Rhône sur les parties tant suisse que française : au pied des Cévennes et des montagnes Noires d'un côté, au pied des Alpes et en Provence de l'autre, l'olivier, la vigne et le mûrier donnent leurs plus abondants produits, pendant que la Camargue, voisine de la Méditerranée, nourrit un nombreux bétail presque sauvage. En remontant dans la vallée du Rhône jusqu'à Lyon, le mûrier et la vigne continuent de prospérer, au lieu que dans les vallées des Alpes et des Cévennes le climat plus rigoureux ne permet plus, avec de très grandes différences il est vrai, que la culture des céréales. C'est ainsi que dans le sol léger de la plaine de Vistre et sous le climat chaud des environs de Nîmes, les cultivateurs réussissent avec l'assolement luzerne 4 ans, 3 blés et une avoine, sainfoin 4 ans, 4 blés et une avoine, jachère fumée et luzerne ; mais si la réussite a continué depuis la lettre de M. le pasteur Vincent à M. de Dombasle, cela tient sans doute à ce que le sol est extraordinairement riche en potasse, car il serait étrange qu'un cultivateur

pût exporter continuellement ses fourrages sans
être obligé de rendre à la terre ce qu'il lui enlève.

Dans les vallées des Alpes, dans la Savoie et
dans la Suisse romande, surtout dans le canton
du Valais, le blé ne mûrit pas partout, la population est réduite à cultiver le seigle et surtout le
sarrasin dont la végétation est si rapide. L'orge
y réussit aussi pour la même cause, ainsi que la
pomme de terre, mais dans ces pays si accidentés
la plus grande partie des terres est laissée en
pâturages qui donnent, pendant deux à trois mois,
suivant l'exposition et l'altitude, une nourriture
très abondante et très recherchée à tout le bétail
de la contrée. La Suisse la première, surtout
dans le bassin du Rhin, a donné l'exemple de
cette manière d'exploiter le sol qui l'oblige à
entretenir l'été un très nombreux bétail. Ce
bétail, qui est toujours également soigné et nourri,
exige après le pâturage des montagnes une nourriture abondante l'hiver à l'étable ; au printemps
et en automne, le pâturage sous un climat plus
doux que celui de la montagne. C'est sans doute
pour cette raison que toutes les terres cultivables
de la Suisse ont été transformées en prairies sur
lesquelles les Suisses mènent tous leurs purins,
car ils ne font presque pas d'autres fumiers.
L'habitude de couper l'herbe très jeune leur permet de faire deux ou trois coupes très abondantes,
après chacune desquelles la prairie est arrosée
avec les eaux de la montagne et les purins, et le
dernier regain est livré au pâturage ; seules les
terres non arrosables sont consacrées à la culture
des céréales à peu près exclusivement, car les
racines n'entrent pas encore d'une manière suivie
dans la ration du bétail. Sans doute il serait préférable de donner aux racines une place dans

l'assolement ; peut-être même y aurait-il quelque avantage à réduire un peu l'étendue des prairies en les renouvelant de temps en temps ; mais il faut convenir que les Suisses ont tiré un parti excellent de leur sol qui est partout moyen et surtout perméable, et à cause de cela permet la conservation presque indéfinie des prairies, et qu'ils se livrent à la spéculation qui convient le mieux à leur climat très variable, et généralement humide.

Pourquoi la Suisse française — je n'entends pas ici parler de celle qui parle le français, mais de celle qui est en France, sur les versants des Alpes et en Savoie, dans les vallées du Jura et autour des ballons des Vosges, mais surtout dans le Plateau central de la France, en Auvergne, dans le Gévaudan, dans le Forez, dans la Marche et dans le Limousin, et jusque dans le Morvan — imite-t-elle si imparfaitement le mode de culture si productif de la Suisse ? car il n'y a pas de doute qu'avec un climat généralement plus doux, un sol moins accidenté bien que facilement arrosable, elle aurait dû réussir tout aussi bien que les Suisses.

Le nord de la France, et j'entends par là tout ce qui est au nord de la ligne Bordeaux-Lyon, le nord de la France jouit d'un climat tempéré bien qu'encore variable avec les différentes contrées, puisque la maturité des blés diffère de plus d'un mois. Les climats les plus chauds voient mûrir les blés au commencement de juillet ; sous le climat de Paris, qui comprend autour de cette ville, sauf du côté de la Brie, un cercle de quinze lieues de rayon, la maturité a lieu vers le milieu de juillet ; en Champagne quatre ou cinq jours plus tard ; dans la Lorraine, dans la Franche-

Comté, dans le Nord, dans la plus grande partie de la Normandie, les blés mûrissent du 25 au 31 juillet ; les climats marins, surtout lorsque l'altitude est grande, sont les plus tardifs, en même temps qu'ils sont les plus humides ; et bien que dans le nord de la France on cultive les céréales, le Cotentin, le Lieuvin, la vallée d'Auge ont trouvé plus avantageux de se livrer à la spéculation du bétail, tandis que la plaine de Caen fait du blé.

Si nous voulions absolument diviser plus méthodiquement les sols du nord de la France d'après leurs climats respectifs, nous dirions que les climats marins et le département du Nord conviennent spécialement à l'assolement de quatre ans ou aux assolements avec prairies temporaires.

Sous le climat spécial de Paris tous les assolements conviennent, aussi bien ceux avec luzerne que l'assolement de quatre ans, ou les assolements avec prairies temporaires.

Dans l'est de la France, les sécheresses durent quelquefois assez longtemps pour que la végétation du trèfle en souffre dans les sols secs ; dans les autres, au contraire, comme dans la Woëvre et dans les argiles du pied des Vosges, la luzerne ne réussirait sans doute pas ; il faudrait donc ici suivre l'assolement de quatre ans avec la betterave ou la pomme de terre comme tête d'assolement, à cause des gelées tardives et précoces qui font le plus grand tort au maïs.

L'Irlande est non seulement entourée de tous côtés par la mer, mais baignée en plus par le courant chaud du golfe du Mexique, de même que le nord de l'Ecosse et la Norvège ; aussi depuis le mois d'octobre jusqu'à la fin de mai, cette île est-elle couverte de brouillards. La période que nos révolutionnaires ont appelée Brumaire et à laquelle ils ont assigné la durée d'un mois occupe plus de la moitié de l'année en Irlande, mais en revanche la neige et les frimas sont inconnus ; Germinal dure toute l'année et c'est à peine si Messidor existe. C'est un pays appelé par ses habitants *Erin*, c'est-a-dire vert. Avec un pareil climat on peut s'étonner que ce peuple laborieux, mais toujours pressuré, se livre autant à la culture, alors que l'exploitation par les prairies lui procurerait tant d'aisance, sous un climat où l'humidité rend la culture si difficile et la moisson si précaire. Mais l'Anglais est là, l'Irlandais n'est le maitre ni de son sol, ni de sa culture ; c'est une sorte de bœuf et ce n'est pas pour eux que les bœufs trainent la charrue.

L'Angleterre, avec un climat un peu moins favorable que l'Irlande, mais encore très humide, très brumeux et très égal, exploite son sol fertilisé depuis longtemps à l'aide des assolements avec prairies temporaires ; aucun ne conviendrait aussi bien au climat, aucun ne serait aussi productif. Les Anglais cultivent comme récolte sarclée les turneps semés en juillet ; la betterave qui végète moins vite n'est pas aussi favorable, parce qu'il faudrait la semer au plus tard à la fin de mai, et que les cultivateurs anglais sous leur climat humide ne trouveraient pas un temps assez favorable pour nettoyer complètement leurs terres. Le blé succède aux turneps, on le sème de décembre à février pour le récolter en août et septembre ; la prairie vient ensuite, semée de la manière que j'ai décrite plus haut : la première année c'est un trèfle dont le rendement atteint 10.000 kilos à l'hectare, et la terre est ensuite laissée deux ou trois ans en pâturage pour recevoir enfin de l'avoine d'hiver. La pratique générale de cet assolement s'est développée dans les cinquante dernières années ; mais il y avait longtemps, avant cette époque, qu'un assolement parfaitement en rapport avec le climat et le sol, l'assolement de quatre ans, était universellement pratiqué. Aujourd'hui la transformation de la culture anglaise est presque achevée ; ce pays qui dans le commencement de ce siècle trouvait difficilement à s'approvisionner de blé, en reçoit aujourd'hui de tous les pays du monde ; il ne s'occupe plus guère que de la production de la viande dont la consommation est plus considérable que partout ailleurs, au point que son énorme production y suffit à peine.

Avec un climat plus sec, plus froid et même rigoureux en hiver, et beaucoup plus chaud en été, c'est-à-dire beaucoup plus favorable à la maturation des récoltes, l'Autriche et l'Allemagne du nord s'adonnent à la production de la betterave à sucre et des grains, spéculation nouvelle au moins en ce qui concerne la betterave à sucre, mais qui, grâce à un mode de culture spécial, leur a réussi d'une manière remarquable dans ces dernières années, au point que leurs importations ont pu ruiner presque la culture sucrière du nord de la France. Leur procédé consiste essentiellement à donner à la betterave tout l'acide phosphorique dont elle a besoin pour que la maturation se fasse régulièrement et complètement, et à ne lui donner en azote et en potasse qu'une quantité réduite, mais parfaitement assimilable ; on arrive à ce résultat en fumant abondamment la récolte qui précède la betterave et en donnant à la terre en hiver 40 à 50 kilos d'acide phosphorique soluble sous forme de superphosphate. Or il est certain qu'avec l'assolement alterne du nord de la France, betterave-blé, il serait très difficile ou même impossible de mener le fumier après l'enlèvement des betteraves avant de semer le blé ; la terre ne se trouverait pas non plus dans un état satisfaisant, elle serait ou soulevée par le fumier ou tassée par la pluie, et la nitrification ne s'opérerait pas bien. En Autriche et en Allemagne où les gelées sont beaucoup plus précoces et plus rigoureuses qu'en France, il semble encore plus difficile que le fumier soit mené avant la semaille des blés ; aussi il est probable que le blé d'automne est remplacé par le blé de printemps, l'orge ou même l'avoine.

CHAPITRE III

DES CONDITIONS ÉCONOMIQUES DONT IL FAUT TENIR
COMPTE DANS LE CHOIX DE L'ASSOLEMENT

Les conditions économiques, et j'entends par
là toutes celles qui ne tiennent ni au sol ni au
climat, sont loin d'avoir toutes la même importance pour le choix de l'assolement.

Les plus importantes de toutes sont les qualités
du maître et son capital d'exploitation. Sur une
petite culture il faut un capital relativement plus
grand, parce que le capital-matériel est beaucoup
plus considérable : c'est ainsi que, pour exploiter
100 hectares, il ne faut pas deux fois plus de
matériel que pour en exploiter 25. Il est certain
qu'en France l'exploitant propriétaire a souvent
un capital raisonnable et que, dans tous les cas,
il pourrait, grâce à sa qualité de propriétaire, se
le procurer par un emprunt avantageux ; mais il
est certain aussi que le fermier, surtout le petit
fermier, manque la plupart du temps des ressources nécessaires pour réussir dans son exploitation. Un propriétaire entreprenant et instruit
aurait dès lors intérêt, si les mœurs du pays ne
s'y opposaient pas, à exploiter par métayer : il
serait alors le maître de l'assolement et du régime
de l'exploitation, avantages inappréciables surtout pour l'avenir de son domaine.

Quoi qu'il en soit, celui qui exploite en qualité de fermier ne peut mener à bien son entreprise s'il ne possède, au commencement, au moins deux cent cinquante francs par hectare pour une ferme de cent hectares. Avec une ferme de moins de 40 hectares, il faudrait sans doute 350 fr. par hectare.

Mathieu de Dombasle pense que l'adoption d'un assolement alterne exige un capital plus considérable ; c'est là sans doute un point incontestable si l'assolement adopté comprend des racines ou des pommes de terre et si la sole de trèfle n'est pas augmentée ; mais dans le cas de l'assolement de quatre ans, qu'il est toujours possible d'adopter, au moins provisoirement, sur un domaine négligé jusque-là, il est bien certain que le capital exigé n'est pas sensiblement plus considérable. L'assolement de quatre ans permet en effet d'économiser deux chevaux et un domestique : soit 1.000 fr. pour l'homme, 650 fr. pour l'avoine, 300 fr. pour les semences et autant pour la récolte. C'est un total de 2.100 fr. qui, avec le prix de vente de deux chevaux, permettra d'acheter une dizaine de grosses bêtes, c'est-à-dire ce qu'il faut pour consommer le fourrage supplémentaire produit sur un domaine de 100 hectares de fertilité médiocre.

Mais le cultivateur qui adopterait résolûment l'assolement avec prairies temporaires n'aurait même pas besoin d'un capital aussi considérable. Or cet assolement est avantageux, même quand on ne pourrait créer tout d'abord que des prairies médiocres, étant admis que ces prairies donneront toujours, pâturées, un petit bénéfice, au lieu qu'une terre qui ne rapporte pas 18 hectolitres à l'hectare donne toujours une perte. Dès lors si l'assolement adopté est : betterave ou jachère, blé, trèfle, quatre années de prairie, avoine qui ne laisse que 50 hectares à cultiver, un capital de 15.000 fr. suffit largement pour cette culture y compris le bétail ordinairement nécessaire ; et il faut à peu près 6 à 7.000 fr. pour acquérir le bétail destiné à consommer l'herbe des prairies ; c'est donc un total de 22.000 fr. au lieu de 25.000.

Mais l'adoption de cet assolement a encore un autre avantage : dans l'assolement de trois ans, 1/3 du capital est employé en acquisition de matériel y compris les chevaux, 1/3 en fonds de roulement, 1/3 seulement en bétail ; dans l'assolement de quatre ans, la moitié du capital est en bétail ; enfin dans l'assolement avec prairies temporaires, 4/7 sont employés en bétail. Or ce n'est pas là un avantage minime, car le matériel est déprécié de 1/5 dans chacune des deux premières années de l'exploitation et ensuite de 1/10 à 1/20 par an suivant les soins qu'on lui donne. Le fonds de roulement subit toujours aussi une diminution au bout d'un bail, au lieu qu'il arrive le plus généralement que le bétail se vend bien ; dans tous les cas il représente pour le propriétaire et les tiers la meilleure garantie de leurs créances ; celui qui ne dispose que d'un petit capital ne doit donc pas hésiter à adopter l'assolement avec prairies temporaires.

Celui qui dispose d'un capital plus considérable a le choix d'un assolement alterne quelconque ; mais on ne peut entreprendre la culture betterave-blé, à cause des soins que cet assolement exige, si l'on ne possède au moins 1.000 fr. par hectare ; un pareil assolement ne peut être adopté

que lorsque les débouchés et les prix de vente
des produits le rendent très rémunérateur.

Mais il exige, pour être pratiqué avantageusement, que le maître ait de singulières aptitudes :
beaucoup de science agricole pour employer les
engrais et ne donner au sol que ceux dont il a
surtout besoin, beaucoup d'ordre pour soigner
un matériel considérable, beaucoup d'activité
pour faire exécuter en temps opportun les travaux nécessaires pour les semailles et les récoltes,
beaucoup de fermeté et en même temps d'affabi-
lité pour tirer bon parti d'un nombreux personnel
et s'en faire obéir et respecter tout en s'en faisant
aimer. Si un maître n'a pas toutes ces qualités,
il fera sagement de choisir un autre assolement
que l'assolement betterave-blé. Les autres assolements alternes n'exigent pas cet ensemble de
qualités au même degré. L'assolement de trois
ans, lorsqu'une partie importante de la troisième
sole est réservée aux betteraves, exige encore
beaucoup du maître, et il n'est pas douteux que
les assolements avec prairies temporaires ne
soient les plus faciles à pratiquer. Le plus difficile sera sans doute de faire entrer cette vérité
dans l'esprit des cultivateurs.

C'est un fait d'expérience que la plus rare des
connaissances est la connaissance de soi-même :
il est donc rare que le cultivateur, dans le choix
de son assolement, tienne compte de ses qualités
personnelles ; il semble dès lors que ce soient
tout d'abord les prix des denrées qui doivent le
fixer. Or les prix, sur lesquels il n'a jamais eu
qu'une minime influence, échappent complètement aujourd'hui à son action ; les marchés régu-
lateurs sont hors de France pour les grains, le
sucre et les laines ; la viande seule nous reste, et

son prix est loin d'être entre les mains du producteur seul, puisqu'en 1885, la consommation ayant baissé sensiblement d'un quart, les prix de vente ont aussi baissé d'un cinquième, et les cultivateurs ont eu beaucoup de peine à écouler leurs produits. Je sais bien que dans ces dernières années en particulier la culture du blé s'est perfectionnée par l'emploi de semences d'élite et d'engrais appropriés ; je sais bien que la culture de la betterave s'est transformée ; mais ces perfectionnements et transformations sont loin d'être encore généraux en France ; et dès lors, avec les cours actuels, la culture continuera de s'appauvrir par la production du blé dans toutes les contrées où les rendements seront inférieurs à 15 ou 20 hectolitres, surtout avec l'ancien assolement. Avec l'assolement de quatre ans, les frais de production sont réduits à peu près d'un quart, les rendements s'élèveront probablement d'un cinquième, la culture du blé, sans être rémunératrice, cessera au moins d'être ruineuse ; mais avec la prairie temporaire, les rendements augmentent encore, puisque tous les fumiers sont menés sur les terres en culture : et dès lors le blé peut, avec les prix actuels, donner sur les terres médiocres un petit bénéfice. Mais je vais plus loin ; dans les circonstances les plus favorables, c'est-à-dire avec un droit de douane de 5 francs imposé à l'entrée sur les blés étrangers, le blé n'a jamais atteint le prix de 27 fr., c'est-à-dire le prix moyen auquel il s'est vendu pendant les vingt dernières années qui ont précédé la crise actuelle ; or à ce prix la production du blé est encore onéreuse avec l'ancien assolement dans toutes les terres médiocres, c'est-à-dire dans la plus grande partie de la France, et

M. Moll proclamait cette vérité en 1873, à une époque de cherté, en indiquant comme remède la création de pâtures temporaires. Ajoutez qu'il y a des pays où les marchés sont éloignés, où les communications sont difficiles ; si le transport des denrées exige deux journées de route, si un cheval ne peut pas en mener plus de cinq à six quintaux dans les pays accidentés au lieu d'en mener quinze quintaux comme en Brie, le prix de revient du quintal peut se trouver augmenté de 1 fr. 50. C'est une raison d'adopter dans ces pays les assolements avec prairie temporaire.

Dans les domaines situés à proximité d'une ville, la facilité des communications et la possibilité de vendre avantageusement les légumes frais, le lait et la viande, et de se procurer à bon compte des déchets de ménage qui peuvent servir d'engrais ou des résidus de fabrication que l'on peut employer à l'engraissement des bestiaux, indiquent au cultivateur le choix d'un assolement plus épuisant, mais aussi beaucoup plus productif. L'assolement de quatre ans convenablement modifié est incontestablement plus avantageux que les assolements avec prairies temporaires. On pourrait adopter l'assolement suivant :

1° Sole légumes, choux, salades, pommes de terre, haricots, destinés à être vendus en ville, avec maïs comme récolte intercalaire partout où cela sera possible.

2° Blé, trèfle.

3° Trèfle et ray-grass (devant durer deux ans).

4° Avoine.

5° Betteraves fourragères ou sucrières, s'il y a lieu.

6° Blé ou avoine avec trèfle.

7° Avoine.

Dans le voisinage des villes, l'avoine, qui rapporte souvent 1/4 en plus que le blé, se vend souvent presque aussi cher dans les maisons particulières ; d'autre part les bouchers, pour éviter des frais de déplacement coûteux, préfèrent prendre dans leur voisinage la viande en la payant jusqu'à 5 cent. de plus par livre ; quant au lait il vaut facilement le double de ce que les cultivateurs peuvent le vendre aux fromagers. Dans ces conditions, il est avantageux de surmener les bêtes en leur donnant tout ce qu'elles peuvent manger pour en avoir le plus de lait possible et les vendre aussitôt qu'elles sont grasses.

C'est à l'écurie qu'il faut les nourrir, soit avec du vert, soit avec des fourrages ensilés, des betteraves ou des résidus ; ici l'élevage et par conséquent la prairie ne conviennent pas.

Si le maître est à peu près sans action sur les prix de vente et les débouchés, il exerce au contraire une influence considérable sur la main-d'œuvre. Celle-ci doit, il est vrai, entrer en ligne de compte dans le choix de l'assolement, mais elle est loin de le décider. Aujourd'hui, dans le nord de la France, la main-d'œuvre, surtout indigène, est très rare, les cultivateurs sont souvent obligés de recourir aux Belges, pour le sarclage des betteraves et pour la moisson. Dans l'est, on trouve sur place des moissonneurs ; mais les betteraves restent quelquefois en souffrance faute d'ouvriers, les hommes s'occupant généralement à la vigne pendant l'été, quand ils ne sont pas employés par les usines ; cette circonstance oblige à réduire un peu la sole de cultures sarclées. Quoi qu'il en soit, il y a lieu de considérer dans la main-d'œuvre la rareté, la cherté, l'habileté et la moralité. La rareté fait souvent la cherté, mais la cherté ne vient pas toujours de la rareté, elle vient le plus souvent de la concurrence que l'industrie fait à l'agriculture, et si la rareté est toujours un mal parce qu'elle expose le cultivateur à laisser les récoltes en souffrance faute de bras, il n'en est pas de même de la cherté, parce que les forts salaires attirent souvent les bons ouvriers. Or c'est une grave erreur de croire que l'habileté des ouvriers n'a pas la même importance en culture que dans l'industrie ; c'est précisément au contraire parce que le travail des champs est de sa nature très varié, qu'il exige des ouvriers intelligents et habiles. Mais un maître ferme, intelligent et juste n'aura pas de peine, lorsque la main-d'œuvre est abondante, à choisir ses ouvriers parmi les plus adroits et, lorsque les ouvriers sont inhabiles, il dressera aisément ceux qui ont bonne volonté, pourvu toutefois que les mœurs et les habitudes du pays ne s'y opposent pas, surtout pour les domestiques. Or il est certain qu'il y a des contrées en France, la Lorraine par exemple, où l'habitude de louer le domestique au mois a fait de lui un rouleur, pour parler son langage pittoresque, et rouleur veut dire à la fois homme qui change de place et qui aime le plaisir, deux conditions également mauvaises dans toute culture, mais plus encore dans toute culture perfectionnée sans prairie temporaire. La facilité de la main-d'œuvre doit donc avoir une influence sur l'assolement. Si les ouvriers sont rares et changeants, l'assolement avec prairie temporaire convient mieux ; s'ils sont chers, mais habiles, on ne court pas au-devant d'un échec avec les assolements alternes, surtout s'ils sont en même temps soumis et respectueux, ce qui est moins rare qu'on ne croit, ainsi qu'on pourrait le voir dans le nord de la France. Les ouvriers malhabiles sont quelquefois difficiles à dresser, mais il est rare qu'un maître persévérant n'en vienne pas à bout, et comme on les rencontre ordinairement dans les pays où la culture n'est pas assez avancée, c'est-à-dire là où la terre n'est pas assez fertile, il est avantageux de les dresser pendant que le domaine est soumis à l'assolement avec prairie, le seul qui soit profitable dans son état initial.

La rente de la terre, les impôts qu'elle supporte sont généralement en rapport avec son état de fertilité. Un domaine à faible rente s'accommode parfaitement de l'assolement avec prairie temporaire, c'est même le seul qui lui convienne. Les domaines à rente élevée étaient généralement exploités d'après un autre assolement jusqu'à ces dernières années. Aujourd'hui l'engouement pour les cultures à grand produit brut commence à faire place au découragement ; la prairie temporaire gagne du terrain ; mais en même temps une idée fausse a commencé à s'accréditer parmi les cultivateurs, qui finissent par croire que la prairie temporaire exige à la fois un sol très propre et très riche, au lieu que l'herbe est certainement, de toutes les productions du sol, celle qui s'accommode le mieux d'une culture et d'une fertilité médiocres. Ce serait un malheur pour notre pays qu'une pareille opinion fît des progrès, car elle rendrait impossible l'amélioration des domaines de peu de valeur.

CHAPITRE IV

J'ai assez fait voir dans ce qui précède qu'il n'est généralement pas possible de soumettre un domaine à un assolement fixe. Quand la situation des terres, la grandeur des pièces, un sol peu varié le permettrait, les conditions matérielles de la culture s'y opposent souvent. Les plus variables parmi elles sont les conditions météorologiques ; rien de plus variable chaque année, chaque mois, chaque jour, et le cultivateur industrieux qui profite toujours des belles journées, est cependant souvent à la merci du mauvais temps, qui a la plus grande influence sur l'état physique des terres. Si la pluie favorable exalte la fertilité de la terre en dissolvant les engrais, des pluies de très longue durée les font passer dans le sous-sol, ne permettent pas de donner au sol les façons nécessaires par un temps favorable et, à l'époque des semailles, elles transforment en mortier les terres fraîchement labourées, elles les tassent, et, lorsque la sécheresse vient ensuite, la terre durcit ; ce n'est plus un réservoir d'humidité et de fertilité sur lequel les agents atmosphériques peuvent exercer leurs influences, c'est un sol qui ne laisse prospérer que le chiendent et les mauvaises herbes. Voilà une terre déjà sale qui a produit une avoine sur trèfle semée dans les conditions que je viens d'indiquer, il est certain que le sol, après l'enlèvement de la récolte, est dans de très mauvaises conditions pour porter une récolte de betteraves ; ce n'est que par un supplément de culture que l'on parviendra à la mettre en état de les recevoir ; or, il est clair qu'il peut être impossible de donner ces façons en temps opportun. D'autres fois la gelée détruit les récoltes, la grêle frappe ses coups imprévus, il faut ressemer les champs de blé en avoine et en orge quand il en est temps, plus tard en betteraves, en navets, etc. Il faut conclure de là, que, s'il est toujours nécessaire de choisir un assolement, il est souvent indispensable de s'en écarter pour demander au sol les récoltes qu'il peut porter, plutôt que celle qu'il devait porter. L'assolement primitif, avec ces changements nécessaires en certain cas, devient alors un assolement libre.

L'adoption d'un assolement libre convenable en tout temps à cause des accidents atmosphériques, est absolument indispensable au commencement d'une entreprise agricole. Ici, en effet, les accidents atmosphériques sont secondaires ; les mécomptes auxquels ils peuvent donner lieu sont sans importance, comparés à ceux qui proviennent de l'ignorance des qualités du sol, du stock d'engrais qu'il contient, de sa richesse relative en azote, en phosphate et en potasse, enfin souvent de l'insuffisance des attelages et des engrais. J'ajoute que l'assolement nouveau s'écarte presque toujours de l'assole-

ment ancien, et cette transformation seule nécessite l'adoption d'un assolement libre. J'accorde que ce n'est pas une méthode, moins
encore un système d'exploitation ; mais c'est un
expédient qui a une importance majeure, puisque
d'un changement opportun dans l'assolement
dépend souvent l'avenir de la récolte.

Il est temps maintenant de résumer ce travail
et de conclure. Nous avons étudié dans la première partie la fertilité des terres et nous avons
reconnu qu'elle dépendait surtout de la quantité
d'azote assimilable qu'elles contiennent, puisque
la plupart des récoltes lui enlèvent des quantités
importantes de cet élément précieux, que l'atmosphère en enlève aussi et qu'une autre partie
engagée dans des combinaisons insolubles devient
inutilisable.

Les matières minérales, à la différence de
l'azote dont une grande partie est perdue dans la
fermentation putride, retournent presque intégralement à la terre lorsque les purins sont
utilisés. Du reste, elles sont toujours moins
chères que l'azote. Dès lors tout cultivateur
intelligent doit se préoccuper avant tout d'augmenter dans ses terres le stock d'azote et de le
rendre assimilable par la culture. Il y arrivera
d'une manière générale en réduisant dans son
exploitation l'étendue consacrée aux céréales et
en leur faisant succéder les racides, les légumineuses et surtout le trèfle, dont les débris forment un engrais autrement assimilable que le
fumier ; il y arrivera en augmentant sa production fourragère, puisque dans la plupart des cas
la production du fourrage ne coûte pas d'engrais,
tout en enrichissant le sol, et qu'elle rend dispo-

nible pour les terres arables une grande quantité de fumier.

Passant à l'étude des assolements, nous avons vu que l'assolement triennal ne se soutient plus aujourd'hui que par la suppression de la jachère remplacée par la culture de la betterave et des plantes fourragères, de telle sorte que dans cet assolement la fertilité de la terre n'est plus seulement entretenue tous les trois ans par une culture médiocre avec une faible quantité de fumier, mais qu'elle s'est accrue petit à petit par des façons plus nombreuses et plus parfaites, par des fumures plus abondantes et surtout par l'engrais laissé par l'éteule des plantes légumineuses. Mais nous avons reconnu aussi que par ces perfectionnements divers la fertilité ne peut être augmentée par l'assolement triennal au-delà d'une certaine limite qui est atteinte aujourd'hui dans les pays de bonne culture, de sorte que toute la question est de savoir si ce maximum de production donne encore aujourd'hui un bénéfice sérieux.

Nous avons vu au contraire que dans l'assolement de quatre ans avec trèfle, une moindre quantité de fumier que dans l'assolement de trois ans fait produire à la terre des récoltes au moins aussi considérables de racines et de blé, parce que la fumure ne produit que deux récoltes au plus et que la récolte d'avoine qui suit l'éteule de trèfle laisse toujours la terre convenablement garnie d'engrais ; au lieu que dans l'assolement de trois ans la même fumure doit faire pousser trois récoltes qui l'épuisent à peu près complètement, sans compter que les causes de déperdition d'engrais sont ici beaucoup plus considérables à cause de leur durée ; or, nous avons reconnu aussi que, toutes choses égales d'ailleurs, lorsque tous les fourrages sont consommés sur le domaine, l'assolement de 4 ans produit beaucoup plus de fumier que celui de trois ans, qu'il exige aussi moins d'attelages, qu'en un mot il est à la fois plus productif et plus économique que celui de trois ans, et nous avons essayé de traduire ces résultats par des chiffres qui montrent avec évidence sa supériorité.

Nous nous sommes occupé ensuite des assolements avec prairies temporaires. Ceux-ci n'augmentent peut-être pas aussi rapidement la fertilité de la terre que l'assolement de quatre ans. Nous avons examiné dans quelles conditions devait être établie la prairie pour que l'enrichissement ait lieu, et nous avons insisté sur l'importance d'avoir des prairies composées au début pour plus de moitié de légumineuses. Mais il est clair que dans l'examen des assolements la question du bénéfice joue un rôle prépondérant : or le bénéfice ne dépend pas seulement des produits mais encore de la dépense ; et, si dans les assolements avec prairies temporaires, le produit est toujours moindre que dans l'assolement de 4 ans, il est certain qu'à cause du pâturage la dépense est certainement moindre, et qu'en définitive la comparaison est à l'avantage des prairies temporaires.

Dans les domaines où la prairie temporaire réussit, il n'y a point de doute que les assolements qui la comprennent l'emportent sur l'assolement de 4 ans. Avec moins de peine, un moindre capital, moins de risques aussi probablement, ils donnent un résultat supérieur ; et l'on peut sûrement conclure, à ne considérer l'assolement qu'indépendamment des conditions économiques, des qualités du sol, des variations du climat, que l'assolement de 4 ans l'emporte sur celui de 3 ans et que tous deux valent moins que l'assolement avec prairie temporaire.

Ce n'était pas assez d'étudier les assolements d'une manière absolument théorique. Nous avons mis l'agriculteur aux prises avec les difficultés de la pratique, avec les alternatives de succès et de revers qui tiennent au sol, au climat, aux conditions économiques. Nous avons montré que l'examen des propriétés physiques du sol devait avant tout décider du choix de l'assolement ; le climat, qui est en définitive assez peu variable, et les conditions économiques ne viennent qu'ensuite. Mais il n'y a pas de sol bien traité par les amendements et les engrais minéraux qui ne s'accommode de la prairie temporaire convenablement modifiée. Aux sols riches et profonds, la prairie avec trèfle et graminées mélangées, plantes précoces dans les terres fraîches mais perméables, plus tardives dans les sols humides. Aux sols secs, la luzerne et le sainfoin suivant l'état de fertilité de la terre. Que si la prairie présente cet immense avantage de convenir à tous les sols, n'en est-ce pas un encore plus grand de permettre d'exploiter avantageusement les terres éloignées et pauvres, les terres en mauvais état dans lesquelles tout autre assolement ne peut guère donner que de la perte. La prairie convient aux sols morcelés qui forment la plus grande partie de la France. Ce n'est pas un de ses moindres avantages que de pouvoir sauver de la ruine la petite culture aussi bien que la grande.

Il est permis de recevoir des leçons même de nos ennemis. Nos ennemis sont ici nos voisins ; l'étude du climat nous a fourni l'occasion de reconnaître encore une fois cette vérité, en rendant justice aux agriculteurs de la Suisse et de l'Angleterre, qui ont tiré si bon parti de leur sol et de leur climat. Le climat plus varié de la France permet cependant plus que partout d'établir avec profit la prairie temporaire. Dans le midi, il est vrai, la luzerne pourra sans doute remplacer avantageusement la prairie à base de graminées. La verte Irlande préfère la culture de la pomme de terre, et il ne convient pas qu'un agriculteur la loue pour ce choix, mais un économiste et un patriote peuvent lui rendre justice sans réserve : c'est la pomme de terre qui a sauvé la population de l'Irlande et lui a permis de vivre opprimée par l'Anglais, son ennemi. Malheureux les peuples pasteurs ! qu'ils sont éloignés de l'énergie des peuples cultivateurs ! L'Irlandais dépouillé du sol n'a pu être déraciné. La souche puissante, parce qu'elle était bien attachée, a étendu ses branches jusqu'en Amérique ; l'Irlandais n'est plus le dernier des hommes, il fait peur à l'Anglais.

La France a été la première nation du monde tout le temps que les bras français ont suffi à cultiver le sol de la patrie. Avec la pénurie de travailleurs français, la décadence a commencé, les lois économiques l'ont continuée. C'est un dieu, c'est l'État, mais c'est une divinité jalouse lorsqu'elle n'est pas mauvaise, qui nous a fait des loisirs en nous obligeant ainsi à laisser nos champs incultes, à moins que nous ne les transformions en prairies. La prairie temporaire est à coup sûr la meilleure solution du problème agricole au point de vue économique ; elle permet à la culture de ne plus se ruiner et même peut-être de faire quelques petits bénéfices ; elle réduit la surface ensemencée en blé, sans mettre le marché français à la merci de l'étranger, parce qu'elle permet d'augmenter les rendements dans une proportion importante. Ce n'est peut-être pas exagérer que d'estimer l'augmentation probable du rendement à la moitié du rendement actuel ; dans cette hypothèse, 5.000.000 hectares de blé suffiraient à nourrir la France. C'est le 1/6 à peu près du sol cultivable, et l'adoption de la prairie temporaire permettrait encore d'ensemencer cette surface.

Avec la prairie temporaire, l'agriculture française peut gagner en intelligence plus qu'elle n'a perdu de forces par l'émigration des ouvriers vers les villes. Combien de propriétaires ruraux obligés par la pénurie des fermiers de rentrer en possession de leurs terres, et incapables aujourd'hui, faute de connaissances suffisantes, d'entreprendre l'exploitation de leurs domaines à l'aide des assolements ordinaires, verront augmenter leurs revenus par l'emploi d'un assolement avec prairies temporaires ! Combien d'hommes de bonne volonté, mais ignorants des choses de la culture et peu habitués aux luttes de la vie, peu propres par conséquent à affronter les périls d'une entreprise agricole, pourront aujourd'hui, à l'aide de la prairie temporaire, éviter les revers et les difficultés des débuts !

Je conclus donc en disant que la prairie temporaire convient à peu près à toutes les conditions et qu'elle contribuera pour sa part à sauver la culture française, pour peu que ceux qui ont la charge des destinées du pays n'y mettent pas obstacle.

TABLE DES MATIÈRES

DEUXIÈME PARTIE

L'ART DES ASSOLEMENTS

ANGERS, IMPRIMERIE GERMAIN ET G. GRASSIN

www.ingramcontent.com/pod-product-compliance
Lightning Source LLC
Chambersburg PA
CBHW051520060726
47597CB00001B/126